科学出版社"十四五"普通高等教育本科规划教材

仪 器 分 析

曾元儿　陈丰连　曹 骋　主 编

科学出版社

北　京

内 容 简 介

本书由广州中医药大学仪器分析课程教学团队编写而成。仪器分析是分析化学的组成部分,内容有光谱分析、色谱分析和质谱等。本书内容包括绪论、光学分析法概论、紫外-可见分光光度法、荧光分析法、原子吸收分光光度法、红外分光光度法、核磁共振波谱法、质谱法、色谱法概论、经典液相色谱法、气相色谱法、高效液相色谱法、毛细管电泳法、质谱联用技术,共 14 章,章后附有思考与练习题。每章后附的"课程人文"是本书的特色,挖掘课程中蕴含的丰富人文元素,充分发挥课程育人的作用和优势。本书融合了作者多年的教学体验和感悟,内容简明扼要,层次清晰,重点突出,理论联系实际,符合课程教学和课程育人的要求。

本书可供高等医药院校中药学和药学类专业使用,亦适合化学、食品科学与工程等其他相关专业类使用,还可供有关科研单位或药品质量检验部门的科研、技术人员参阅。

图书在版编目(CIP)数据

仪器分析 / 曾元儿,陈丰连,曹骋主编. —北京:科学出版社,2021.1
ISBN 978-7-03-067685-6

Ⅰ. ①仪… Ⅱ. ①曾… ②陈… ③曹… Ⅲ. ①仪器分析–高等学校–教材 Ⅳ. ①O657

中国版本图书馆 CIP 数据核字(2021)第 001863 号

责任编辑:郭海燕 / 责任校对:邹慧卿
责任印制:李 彤 / 封面设计:蓝正设计

科 学 出 版 社 出版
北京东黄城根北街 16 号
邮政编码:100717
http://www.sciencep.com

北京盛通商印快线网络科技有限公司 印刷
科学出版社发行 各地新华书店经销
*
2021 年 1 月第 一 版 开本:787×1092 1/16
2022 年 1 月第二次印刷 印张:16 3/4
字数:412 000
定价:**69.80 元**
(如有印装质量问题,我社负责调换)

目　录

第1章

绪　　论

仪器分析（instrumental analysis）是指采用比较复杂或特殊的仪器设备，通过测量物质的某些物理或物理化学性质的参数及其变化来获取物质的化学组成、成分含量及化学结构等信息的一类方法。根据被测物质的某种物理性质与组分的关系，不经化学反应直接进行定性或定量分析的方法，叫物理分析（physical analysis），如光谱分析法等。根据被测物质在化学反应中的某种物理性质与组分之间的关系，进行定性或定量分析的方法叫做物理化学分析（physicochemical analysis），如电位分析法、可见分光光度法等。由于进行物理和物理化学分析时，大都需要精密仪器，故这类分析方法又称为仪器分析。根据所测物理量的原理（光、电、热、吸附等）及分析目的不同，仪器分析的方法多种多样，各方法特点和测定对象不同，有其独立性。

第1节　仪器分析法分类

一、根据所测物理量原理分类

1. 电化学分析　应用电化学原理来进行物质成分分析的方法称为电化学分析，可分为电导法、电位分析法及电解分析法等。由于篇幅原因这部分内容在教材《分析化学》*中一并讲述。

2. 光学分析　可分为光谱法及非光谱法两大类方法。

（1）光谱法：利用物质的光谱特征，进行定性、定量及结构分析的方法称为光谱法或光谱分析法。按物质能级跃迁的方向，可分为吸收光谱（如紫外-可见分光光度法、红外分光光度法、原子吸收分光光度法、核磁共振波谱法等）及发射光谱法（如原子发射光谱法、荧光分光光度法等）。按能级跃迁类型，可分为电子光谱、振动光谱及转动光谱等类别。按被测物质粒子的类型，可分为原子光谱、分子光谱及核磁共振波谱等。

（2）非光谱法：检测被测物质的某种物理光学性质，进行定性、定量分析的方法，如折射法、旋光法、圆二色散法及浊度法等。

3. 色谱分析　按物质在固定相与流动相间分配系数的差别而进行分离、分析的方法称为色谱分析法。按流动相的分子聚集状态分为液相色谱、气相色谱及超临界流体色谱法。按分离原理可分为吸附、分配、空间排阻、离子交换等诸多类别。按操作形式可分为柱色谱法、平面色谱法等。

4. 质谱分析　利用物质的质谱图（相对强度-质核比关系图）进行成分与结构分析的方法称为质谱法。质谱可给出被分析物的大量结构信息，为有机物结构分析不可或缺的手段。色谱-质谱联用法为复杂样品分析的最重要手段。

---

*与本教材配套《分析化学》教材，曾元儿、陈丰连、曹骋主编。

5. 热分析 当一种物质或混合物加热至不同温度时，会发生物理或化学变化，如溶解、沸腾、分解或反应等。这些物理或化学变化与物质的基本性质如成分、各组分含量有关。通过指定控温程序控制样品加热过程，并检测加热过程中产生的各种物理、化学变化的方法通称热分析法。常见的有热重分析、差热分析、差示扫描量热分析等。本教材未讲述热分析法。

二、根据分析目的分类

1. 成分分析 对物质的组分及元素组成进行分析。光谱法为其主要分析方法。

2. 分离分析 对物质的各组分先行分离并同时进行定性、定量分析。色谱法为其主要分析方法。

3. 结构分析 确定未知物质的分子结构或晶体结构。主要应用红外吸收分光光度法、核磁共振波谱法、质谱法、X 射线衍射分析法等。

4. 表面分析 包括表面化学状态、表面结构和表面电子态的分析。

第2节 仪器分析法特点与发展趋势

一、仪器分析法特点

仪器分析的分析对象一般是半微量（0.01～0.1 g）、微量（0.1～10 mg）、超微量（<0.1 mg）组分的分析，灵敏度高。与经典化学分析法相比，有如下 6 个主要特点。

（1）灵敏度高：仪器分析法的检测限相当低，通常为 10^{-6}～10^{-12} g 级，甚至更低。因此，仪器分析法特别适用于微量和痕量成分的分析，这对于超纯物质、药物成分分析具有重要和特殊意义。

（2）选择性好：某些仪器分析方法可不需要对样品进行处理，只需选择适当条件，即可对混合物中某一种或多种成分进行分析。因此，可应用于药物（特别是中草药）等复杂体系中成分的分析。

（3）相对误差大：仪器分析法不能给出高精密度和高准确度的结果，一般准确度为 1%～5%，一般不适于常量分析。

（4）以标准物质作参考：几乎所有的仪器分析法都是比较法，需要以标准物质作参考。

（5）分析速度快：仪器分析方法简单、快速、易于实现自动化。对于批量样品的分析非常有利。

（6）设备复杂、昂贵：一般来说，仪器分析设备费用较高，一次性投入大。另外，大部分仪器设备对环境条件要求较高，需在恒温、恒湿条件下方可正常工作。对于操作者来说要有较高素质，不但要学习和掌握扎实的理论基础，而且要有一定的工作经验和高度的责任感。

二、仪器分析法发展趋势

仪器分析自 20 世纪初问世以来，随着科技的发展和社会的进步，将面临更深刻、更广泛和更激烈的变革。现代分析仪器的更新换代和仪器分析新方法、新技术的不断创新与应用，是这些变革的重要内容。仪器分析就是利用能直接或间接地表征物质的各种特性（如物理的、化学的、生理的性质等）的实验现象，通过探头或传感器、放大器、分析转化器等转变成人可直接感受的已认识的关于物质成分、含量、分布或结构等信息的分析方法。也就是说，仪器分析是利用各种学科的基本原理，采用电学、光学、精密仪器制造、真空、计算机等先进技术探知物质化学特性的分析方法。因此仪器分析是体现学科交叉、科学与技术高度结合的一个综合性极强的科技分支。仪器分析的发展极为迅速，应用前景极为广阔。

仪器分析发展总的方向是更高灵敏度（达原子级、分子级水平）、更高选择性（复杂体系）和更加快速地完成分析；分析仪器日趋向自动化、数字化、智能化、信息化纵深发展。可概括为 20 世纪 50 年代仪器化，60 年代电子化，70 年代计算机化，80 年代智能化，90 年代信息化，21 世纪仿生化。化学传感器发展小型化、仿生化，如生物芯片；化学和物理芯片发展组合化，如电子鼻、电子舌等。

各类分析方法的联用是分析化学发展的另一热点，特别是分离与检测方法的联用。如气相、液相或超临界流体色谱和光谱技术（核磁、红外光谱、原子光谱等）、质谱技术相结合，各种技术各有优缺点（色谱识别缺乏可靠性，质谱及光谱技术需要高纯的分析物；色谱分离的效能高，光谱识别的可靠性高），将其优势互补建立联用技术，如 GC-MS、HPLC-MS、GC-FTIR-MS 等。

原位（in situ）、在体（in vivo）、实时（real time）、在线（on line）分析是仪器分析今后发展的主流。现今仍然是以离线（off line）分析为主，所报告结果绝大多数都是静态的非直接的现场数据，不能瞬时直接准确地反映生产实际和生命环境的情景实况。

综上所述，仪器分析与化学分析相比各有优缺点，各有适用范围，应相互配合，发挥各自优势。化学分析是分析科学的基础，用于常量分析。由于科学技术的进步及科学研究对象的变化，人们主要面临生命、材料、环境等诸多方面的难题，从而对痕量分析和复杂体系分析提出了更高要求。因此，仪器分析的发展前景广阔，代表了分析科学的发展方向。

第 3 节　仪器分析法应用

当今全球竞争已从政治转向经济，实际上就是科技竞争，整个社会要长期发展须考虑人类社会的五大危机：资源、能源、人口、粮食和环境，以及四大理论：天体、地球、生命、人类起源和演化。这些问题的解决都与分析化学特别是仪器分析密切相关，仪器分析在工农业生产、科学技术和保障人民健康等领域发挥重要作用。结合专业特点，下面重点叙述在药物研究与应用领域中的作用。

我国的药物研究，由仿制国外药物转向自主创新药物，一种创新药物在报批时，除需提交有关生产工艺、药效、药理、毒性的资料外，还需提供涉及分析化学特别是仪器分析的多种资料：确定化学结构或组成的试验资料；质量研究工作的资料；稳定性研究试验资料；临床研究用样品及其检验报告书；药代动力学试验资料，等。

中药化学成分十分复杂，有效成分难于确定，与合成药相比，中药材及其制剂的质量控制和安全性评价，就更为复杂和困难。随着仪器分析方法的推广和使用，在我国广大药物分析工作者的努力下，近年来，逐步建立起现代中药质量标准体系。例如，《中国药典》2020 年版（一部）收载药材及饮片、植物油脂和提取物、成方制剂和单味制剂等，合计 2711 种。其中有 1791 个品种项的含量测定采用高效液相色谱法（HPLC），18 个品种项的含量测定采用薄层色谱法（TLC），93 个品种项的含量测定采用气相色谱法（GC），53 个品种项的含量测定采用紫外-可见（UV-Vis）分光光度法。此外，这些方法还广泛地应用于原料和制剂的鉴别和检查等。

药物的质量好坏，最终要靠临床效果判定。药物的药理作用强度取决于血药浓度而不完全取决于剂量，血药浓度应控制在一定范围内，该范围称为有效血药浓度（治疗浓度）。由于进入血液中的药物浓度很低，波动范围很大，血液样品又不能大量采集，再加上血液成分复杂，药物会降解，还可能和血液成分结合等，血液中药物成分的分析成为仪器分析研究中的一大难题。近年来随着 HPLC-MS 等方法的成熟和应用，血药浓度的检测才成为可能。

总之，仪器分析是中药学、药学类专业的重要专业基础课程，是从事药物研究和应用的重要工具和手段。

课程人文

各司其职，各得其所。每一种方法都有其特点和适用范围，没有优劣之分。正所谓"尺有所短，寸有所长。"实际应用中，应以问题为导向，以准确、快速、经济适用为原则来选择分析方法。

第 2 章
光学分析法概论

物质与电磁辐射相互作用后，可能产生能量形式或强度、物质性质等系列的变化，通过分析该种变化而建立起来的分析方法称为光学分析法。任何光学分析法的建立都主要包含三个方面的内容：①提供能量的能源。用来进行分析的能量又可称为光或电磁辐射。②能量与被测组分相互作用。首先，能量与物质能够发生相互作用；其次，能量与物质相互作用后，能产生新的光辐射或是其他能量形式。③产生能被检测的信号。物质与辐射相互作用后，可产生各种新的信息和信号，但必须有能检测到相应信号的仪器才能建立一个完整的分析方法。随着光学、电子学、数学和计算机技术的发展，各种光学分析方法已成为仪器分析的重要组成部分，越来越多地应用于医药及生命科学各个领域。

第 1 节　电磁辐射及其与物质的相互作用

一、电磁辐射

电磁辐射又称电磁波，光是电磁辐射，具有波粒二象性，即波动性与微粒性。光具有波动性，与物质的相互作用体现在具有反射、干涉、折射、衍射以及偏振等现象。光具有微粒性，其与物质的相互作用体现在光的吸收、发射、光电效应等方面。

通常可用波长（λ）、波数（σ）、频率（v）、能量（E）等参数来表征光的特性，其关系如下

$$v = c / \lambda \tag{2-1}$$

$$\sigma = 1 / \lambda = v / c \tag{2-2}$$

$$E = hv = hc / \lambda = hc\sigma \tag{2-3}$$

式中，c 是光在真空中的传播速度，$c=2.998\times10^{10}$ cm/s；波长 λ 单位可用 m（米）、μm（微米）、nm（纳米）等表示，其换算关系为：1 m$=10^6$ μm$=10^9$ nm；频率 v 单位为 Hz；波数 σ 表示每厘米长度中波的数目，单位为 cm^{-1}；h 是普朗克常量，其值等于 6.626×10^{-34}J·s；能量 E 的单位常用 eV（电子伏特）和 J（焦耳），1 eV$=1.6022\times10^{-19}$J。

二、电磁波谱

把电磁辐射按照波长或频率的顺序排列起来，就是电磁波谱（electromagnetic spectrum）。由前述电磁波波长、频率、波数、能量的关系可知，频率越大的电磁辐射，能量越高，波长越短，波数越大，电磁波谱中电磁波的特征参数是按一定规律排列的。由于不同电磁波的能量不同，其与物质的作用结果也不同，根据物质与辐射的相互作用产生的结果，可把电磁波谱分为 γ 射线光谱、X 射线光谱、紫外-可见光谱、红外光谱、顺磁共振、核磁共振等。表 2-1 列出了

电磁波谱的分区、能量等特征常数的范围、与物质相互作用的结果及产生的光谱类型。

表 2-1　电磁波谱分区示意表

频率/Hz	波长/nm	波数 σ/cm^{-1}	辐射波段	光谱类型	能级跃迁类型
$10^{21}\sim10^{18}$	$10^{-3}\sim10^{-1}$	$10^{11}\sim10^{7}$	γ射线	γ射线光谱	核反应
$\sim10^{16}$	~10	$\sim10^{6}$	X射线	X射线光谱	内层电子跃迁
$\sim7.5\times10^{14}$	~400	$\sim2.5\times10^{4}$	紫外线	紫外光谱	外层电子跃迁
$\sim4.0\times10^{14}$	~760	$\sim1.3\times10^{4}$	可见光	可见光谱	外层电子跃迁
$\sim10^{11}$	$\sim10^{6}$	~10	红外线	红外光谱	分子振动、转动跃迁
$\sim10^{8}$	$\sim10^{8}$	~0.01	微波	顺磁共振	电子自旋跃迁
$\sim10^{7}$	$\sim10^{9}$	$\sim10^{-5}$	射频	核磁共振	核自旋跃迁

三、电磁辐射与物质相互作用

电磁辐射与物质间发生相互作用较复杂。所发生的相互作用中，有涉及物质内能变化的吸收、发射、拉曼散射等，也有不涉及物质内能变化的透射、反射、折射、衍射和旋光等。

1. 吸收与发射　物质吸收电磁辐射后由基态跃迁至激发态的过程称为光的吸收。物质吸收能量后，处于激发态的粒子不稳定，从激发态跃迁回至基态，并以光或热的形式释放能量的过程称为光的发射。物质对光的吸收和发射是有选择性的、量子化的。当电磁辐射照射在物质上时，如果入射的电磁辐射能量正好与分子（或原子）基态与激发态之间的能量差相等，分子（或原子）就会选择性地吸收该辐射，从基态跃迁至激发态；处于激发态的分子（或原子）寿命很短，通常以光或热的形式释放出能量，回到基态。如果入射的电磁辐射能量与分子（或原子）基态与激发态之间的能量差不相等，则电磁辐射不被吸收。

2. 散射　电磁辐射与物质微粒发生碰撞时，其会改变传播方向，且宏观上来说传播方向具有不确定性，这种现象称为光的散射。当光子与微粒发生弹性碰撞时，其相互之间没有能量交换，散射光波长与入射光波长相同，称为瑞利散射；当光子与微粒发生非弹性碰撞时，其相互之间有能量交换，散射光波长与入射光波长不相同，称为拉曼（Raman）散射。

3. 折射与反射　当电磁辐射从介质1进入介质2中时，若辐射在两种介质界面上改变方向返回介质1，称为光的反射；若辐射改变一定的角度进入介质2中，称为光的折射。

4. 干涉与衍射　在一定条件下，两辐射相互叠加时，会产生干涉现象。当两相位相同的辐射相互干涉时，相互加强，得到亮条纹；当两相位相差180°的辐射相互干涉时，相互抵消，得到暗条纹。光波绕过障碍物或狭缝而弯曲地向它后面传播的现象，称为光的衍射。

不同的物质与辐射发生作用的结果也不同。以紫外-可见光为例，对于分子来说，当其吸收该波长辐射后，外层价电子产生能级跃迁，同时振动及转动能级也产生能级跃迁（图2-1），分子内能变化为：$\Delta E_总=E_{电子}+E_{振动}+E_{转动}$，也可能产生不

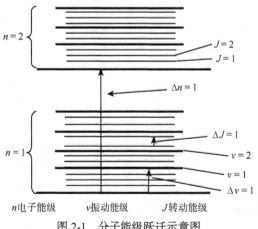

图 2-1　分子能级跃迁示意图

涉及内能变化的相互作用；而对于原子来说，当其吸收辐射后，仅引起外层价电子产生能级跃迁，无振动及转动能级变化，原子内能变化为：$\Delta E_{总}=E_{电子}$，同时也可能发生折射等不涉及内能变化的相互作用。

第 2 节　光学分析法分类

电磁辐射的频率不同，能量不同，与物质发生相互作用的结果不同，所产生的物理、化学变化的现象也不同，由此可建立不同的光学分析方法（表 2-2）。根据所建立的方法中物质间的作用原理、参与作用的物质主体等不同，又可将表中的分析方法分为以下几类。

表 2-2　常用的光学分析方法

物质与辐射相互作用	分析方法
光的发射	1. 发射光谱法（可见、紫外、X 射线光谱法等）
	2. 荧光光谱法
	3. 磷光光谱法
	4. 化学发光法
光的吸收	1. 比色法
	2. 分子分光光度法（可见、紫外、红外光谱法等）
	3. 原子吸收法
	4. 核磁共振法
	5. 电子自旋共振法
光的散射	1. 拉曼光谱法
	2. 散射浊度法
光的折射	1. 折射法
	2. 干涉法
光的衍射	1. X 射线衍射法
	2. 电子衍射法
光的旋转	1. 偏振法
	2. 旋光法
	3. 圆二色光谱法

一、光谱法与非光谱法

当物质与辐射能相互作用时，物质内部发生能级跃迁，记录物质内能增加或减少强度与辐射波长的关系，所得到的谱图称为光谱（spectrum，也称波谱）。利用物质的光谱进行定性、定量和结构分析的方法称为光谱分析法（spectroscopic analysis）或光谱法。光谱法又可分为吸收光谱法、发射光谱法和散射光谱法等。

非光谱法是指当物质与辐射相互作用时，物质内部不发生能级跃迁，物质内能不随辐射波长的变化而变化，仅通过测量电磁辐射的某些基本性质（反射、折射、干涉、衍射和偏振等）变化而建立的分析方法。这类方法主要有折射法、旋光法、浊度法、X 射线衍射法和圆二色法等。

二、吸收光谱法与发射光谱法

物质与辐射在相互作用时，可以吸收辐射，也可以发射辐射，由此建立起来的方法分别称为吸收光谱法和发射光谱法。根据物质所吸收和发射的辐射能量不同，又可以分为不同的分析方法。如基于分子、原子内层电子能级跃迁的光谱法有 X 射线吸收光谱法、X 射线荧光光谱法和 X 射线衍射法等；基于分子、原子外层电子能级跃迁的光谱法有紫外-可见分光光度法、原子吸收分光光度法、原子发射分光光度法、原子荧光分光光度法、分子荧光分光光度法等；基于分子转动、振动能级跃迁的光谱法有红外吸收分光光度法；基于原子核自旋能级跃迁的光谱法有核磁共振波谱法。

三、原子光谱法与分子光谱法

原子光谱法是以原子与辐射相互作用为基础的分析方法。由于原子存在不同的电子能级，原子与辐射相互作用时，引起电子能级跃迁仅仅在不同的电子能级之间进行，其相互作用相对简单，跃迁所产生的光谱为线状光谱（图 2-2）。原子线状光谱是由一条条彼此分开的谱线组成，每一条谱线对应于一定的波长，原子光谱法利用线状光谱的波长及强度对物质进行定性、定量分析。基于原子外层电子的吸收跃迁建立了原子吸收光谱法；基于原子外层电子的发射跃迁建立了原子发射光谱法等。

分子光谱法是以物质分子与辐射的相互作用为基础的分析方法。对于分子来说，其外层电子能级和电子跃迁相对复杂，不仅存在电子能级间跃迁，还存在分子中不同的振动和转动能级间跃迁，因此分子光谱是由分子中电子能级（n）、振动能级（v）和转动能级（J）的跃迁产生，跃迁所产生的光谱为带状光谱（图 2-3）。分子光谱法就是以测量分子电子能级跃迁、转动及振动能级跃迁所产生的分子光谱为基础的定性、定量和物质结构分析方法。

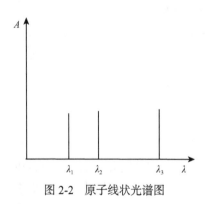

图 2-2　原子线状光谱图

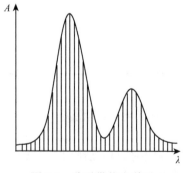

图 2-3　分子带状光谱图

分子光谱比原子光谱复杂得多，分子中存在电子、振动和转动三种不同的能级，这三种不同的能级都是量子化的，如图 2-1。当分子吸收一定能量的电磁辐射时，分子就由较低的能级跃迁到较高的能级，吸收辐射的能量与分子的这两个能级差相等，因为在同一电子能级上还有许多间隔较小的振动能级和间隔更小的转动能级，当用紫外-可见光照射时，则不仅发生电子能级的跃迁，同时又有许多不同振动能级的跃迁和转动能级的跃迁，所以分子光谱实际上是电子-振动-转动光谱组合，是复杂的带状光谱。

一般来说，电子能级的能量差 ΔE_e 为 $1\sim20\,eV$，相当于紫外线和可见光的能量。基于分子外层电子的吸收跃迁，建立了紫外-可见吸收光谱法；基于分子外层电子的发射跃迁，建立了分子荧光光谱法和分子磷光光谱法。振动能级间的能量差 ΔE_v 一般比电子能级差要小很多，相当于红外线的能量，转动能级间的能量差 ΔE_J 相当于远红外至微波的能量，基于分子的振动-转动吸收跃迁建立起了红外分光光度法。

思考与练习

1. 简述光学分析法的概念及建立光学分析法的三个要素。
2. 描述光的参数有哪些，其相互间有何关系？
3. 何为电磁波谱？简述不同电磁波与物质的相互作用结果及其建立的分析方法。
4. 简述物质吸收或发射辐射的特点是什么。
5. 分子和原子与紫外-可见光相互作用后，其能量的变化主要包括哪些方面？
6. 光学分析法有哪些类型，各有何特点？光谱法和非光谱法的本质区别是什么？为什么分子光谱是带状光谱、原子光谱是线状光谱？

课程人文

波粒二象性

"波"描述整体性、关联性，"粒"描述个体性、独立性。

波粒二象性（wave-particle duality）：指的是所有的粒子或量子不仅可以部分地以粒子的术语来描述，也可以部分地用波的术语来描述。这意味着经典的有关"粒子"与"波"的概念失去了完全描述量子范围内的物理行为的能力。爱因斯坦这样描述这一现象："好像有时我们必须用一套理论，有时候又必须用另一套理论来描述（这些粒子的行为），有时候又必须两者都用。我们遇到了一类新的困难，这种困难迫使我们要借助两种互相矛盾的观点来描述现实，两种观点各自是无法完全解释光的现象的，但是合在一起便可以。"波粒二象性是微观粒子的基本属性之一。

光的波动说与微粒说之争从 17 世纪初笛卡儿提出的两点假说开始，至 20 世纪初以光的波粒二象性告终，前后共经历了三百多年的时间。牛顿、惠更斯、托马斯·杨、菲涅耳等多位著名的科学家成为这一论战双方的主辩手。

第3章
紫外-可见分光光度法

紫外-可见分光光度法（ultraviolet-visible spectrophotometry，UV-Vis）是利用物质对紫外-可见光谱区辐射（近紫外波长为 200～400 nm，可见光波长为 400～760 nm）的吸收特性建立起来的分析测定方法，也称为紫外-可见吸收光谱法。该光谱主要由于分子价电子在电子能级间的跃迁产生，属于电子光谱。该法所具有的特点如下：

（1）灵敏度较高，可以测定 10^{-4}～10^{-7} g/mL 的微量组分；

（2）准确度较高，其测定的准确度取决于仪器的性能，结果的相对误差在 5%以内；

（3）适用面广，可以对物质成分进行鉴别、定量分析，也可用于分子结构解析；

（4）仪器设备简单，操作方法方便。紫外-可见分光光度计不但可作为独立的仪器使用，还可以作为色谱法中的检测器使用。

第1节　基本原理

一、跃迁类型及其特点

（一）常见的跃迁类型

紫外-可见吸收光谱是讨论分子中价电子在不同的分子轨道之间跃迁的能量关系。根据价键理论及分子轨道理论可知，有机化合物分子中主要含有三种类型的价电子，即处于 σ 轨道上的 σ 电子（单键中含有），π 轨道上的 π 电子（不饱和键中含有）及未成键而仍处于原子轨道的 n 电子。原子轨道在组合形成分子轨道后，轨道数目不变，但轨道能量发生分化。能量低的分子轨道称为成键轨道，用 ψ 表示，能量高的分子轨道称为反键轨道，用 ψ^* 表示，例如分子轨道中有 σ 成键轨道和 σ* 反键轨道，π 成键轨道和 π* 反键轨道。分子中这三种电子的成键和反键分子轨道能级高低顺序是：

$$\sigma < \pi < n < \pi^* < \sigma^*$$

分子中不同轨道的价电子具有不同的能量，处于较低能级的价电子吸收一定的能量后，可以跃迁到较高能级。在紫外-可见光区内，有机化合物的吸收光谱主要由 σ→σ*、π→π*、n→σ* 及 n→π* 跃迁吸收能量产生。图 3-1 定性地表示了各种不同类型的电子跃迁所需能量的大小。

（二）吸收强度

吸收强度是指电子跃迁时对辐射吸收的程度，如图 3-2 所示，若辐射入射光的强度为 I_0，经被测物质吸收后强度为 I，I 也称为透射光强度。I_0 与 I 相差越大，吸收强度就越大。吸收强度常用 ε 表示，通常当 $\varepsilon > 10^4$，为强吸收，$\varepsilon < 10^3$ 为弱吸收，介于 10^3～10^4 为中强吸收。

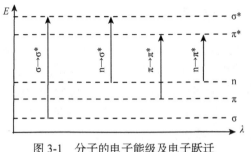

图 3-1　分子的电子能级及电子跃迁

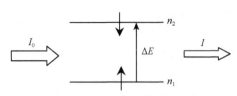

图 3-2　吸收强度与吸收波长示意图

物质对辐射的吸收体现在两个方面，一方面是吸收辐射的波长是多少，另一方面是吸收此辐射的强度如何。吸收辐射的波长由产生跃迁的两能级能量差 ΔE 决定的，ΔE 越大，吸收光波长越短；吸收强度大小是与电子跃迁时的跃迁概率有关，电子跃迁概率越大，吸收强度越大。而价电子跃迁的概率与跃迁时轨道类型有关，一般来说，同型轨道跃迁概率大，异型轨道跃迁概率小。如 σ→σ*跃迁、π→π*跃迁概率大；n→σ*跃迁、n→π*跃迁概率小，而 σ→π*跃迁、π→σ*跃迁几乎不产生。

（三）各类电子跃迁的特点

1. σ→σ*跃迁　处于成键轨道上的 σ 电子吸收辐射后跃迁到 σ*反键轨道，称为 σ→σ*跃迁。由图 3-1 可知，σ 和 σ*轨道能量相差最大，σ→σ*跃迁所需的能量 ΔE 最大，根据公式 $E=h\nu$ 可知，所需吸收的辐射频率最大，波长最短，吸收峰一般都小于 150 nm，在远紫外区。例如饱和烃类分子中含有 σ 键，因此只能产生 σ→σ*跃迁，吸收峰处于远紫外区，在 200～800 nm 波长范围内无吸收。

2. π→π*跃迁　处于成键轨道上的 π 电子吸收辐射后跃迁到 π*反键轨道上，称为 π→π*跃迁。该跃迁所需能量比 σ→σ*跃迁小。π→π*跃迁存在于双键、叁键等不饱和键中。一般可分为两种情形，一种为单个不饱和键中的 π→π*跃迁，吸收峰的波长在 200 nm 附近，产生末端吸收，其吸收强度大（$\varepsilon>10^4$）；另一种情形为共轭双键中的 π→π*跃迁，吸收峰的波长移至大于 210 nm，其吸收峰的吸收强度大（$\varepsilon>10^4$），且共轭程度越大，π→π*跃迁所需能量越低，其吸收峰的波长越长。该跃迁存在于不饱和有机化合物中，如具有 $\diagup C = C \diagdown$、$C = O$ 等基团的有机化合物都会产生 π→π*跃迁。

3. n→π*跃迁　未成键轨道中的 n 电子吸收辐射后向 π*反键轨道跃迁，称为 n→π*跃迁。实现这种跃迁所需能量最小，吸收峰位通常都处于近紫外线区，甚至在可见光区，但由于该跃迁属于异型轨道跃迁，跃迁概率低，吸收强度弱（ε 在 10～100 之间）。该跃迁存在于含有杂原子的不饱和基团如 $\diagup C = O$、—N=O 等化合物中。例如丙酮中含有 $\diagup C = O$，产生 n→π*跃迁的 $\lambda_{max}=279$ nm，ε 为 10～30。

4. n→σ*跃迁　未成键轨道中的 n 电子吸收辐射后向 σ*反键轨道跃迁，称为 n→σ*跃迁。这种跃迁所需的能量也较低，吸收峰位一般在 200 nm 附近，处于末端吸收区，由于该跃迁属于异型轨道跃迁，其吸收强度弱。该跃迁存在于含有杂原子的饱和基团如含—OH、—NH$_2$、—X 等基团的化合物中。例如 CH$_3$OH 中 n→σ*跃迁的 $\lambda_{max}=183$ nm。

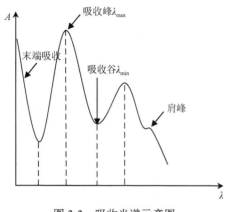

图 3-3　吸收光谱示意图

二、常用术语

1. 吸收光谱（absorption spectrum） 又称吸收曲线，是以波长 λ（nm）为横坐标，以吸光强度 A 为纵坐标所绘制的曲线，如图 3-3 所示。吸收光谱表示的是物质在不同波长下对光的吸收程度，每种物质对光的吸收均有各自的特点，因此每种物质都对应相应的吸收光谱。吸收光谱的特征可用以下光谱术语加以描述。

（1）吸收峰（absorption peak）：吸收光谱曲线上相对吸光强度最大处，所对应的波长称为最大吸收波长，可用 λ_{max} 表示。

（2）吸收谷（absorption valley）：曲线上相对吸收最小处，所对应的波长称为最小吸收波长，可用 λ_{min} 表示。

（3）肩峰（shoulder peak）：较大色谱峰一侧未完全分离的小峰称为肩峰，通常用 λ_{sh} 表示。

（4）末端吸收（end absorption）：在吸收曲线的 200 nm 波长附近，只呈现强吸收而不呈峰形的部分称为末端吸收。

2. 生色团（chromophore） 是指能在紫外-可见波长范围内（200～800 nm）产生吸收的基团。实际上是结构中具有不饱和键和孤对电子的基团，可产生 $\pi \rightarrow \pi^*$ 或 $n \rightarrow \pi^*$ 跃迁，如 $\backslash C = C /$、$\backslash C = O$、$-C \equiv C-$、$-N = O$ 等基团。

3. 助色团（auxochrome） 是指在 200～800 nm 范围内不能产生吸收，但与生色团相连时，可使生色团的吸收峰向长波方向移动并使吸收强度增大的基团。如—OH、—NH₂、—SH、—Cl 等含有杂原子的饱和基团。例如，苯的 λ_{max} 在 256 nm 处，而苯酚的 λ_{max} 移至 270 nm 处。

4. 蓝移（blue shift）**和红移**（red shift） 吸收峰向短波方向移动的现象称为蓝移，亦称短移或紫移；吸收峰向长波方向移动的现象称红移，亦称长移。引起蓝移或红移的原因有很多，比如化合物的结构改变、溶剂的改变等。

5. 增色效应（hyperchromic effect）**和减色效应**（hypochromic effect） 使化合物吸收强度增加的效应称为增色效应；反之称为减色效应。

6. 强带和弱带（strong band and weak band） 化合物的紫外-可见吸收光谱中，凡 ε_{max} 值大于 10^4 的吸收带称为强带；ε_{max} 值小于 10^3 的吸收带称为弱带。

三、吸收带及其影响因素

（一）吸收带

吸收带（absorption band）指吸收峰在紫外-可见光谱中的位置。吸收带与化合物的结构密切相关，根据电子跃迁的类型，常见的紫外-可见光区的吸收带分为以下四类。

1. K 带 从德文 konjugation（共轭作用）得名，是由共轭双键中 $\pi \rightarrow \pi^*$ 跃迁引起的吸收带。K 带存在于含有共轭体系的有机化合物中，其特点是吸收峰 $\lambda_{max} > 210$ nm，吸收强度大（$\varepsilon_{max} > 10^4$），并且随着共轭程度的增加，K 带吸收峰向长波方向移动。如：$CH_2 = CH - CH = CH_2$

的 $\lambda_{max} = 218\ nm$ ， $\varepsilon_{max} = 21000$ 。

2. R 带　从德文 radikal（基团）得名，是由 $n \to \pi^*$ 跃迁引起的吸收带。R 带存在于含杂原子的不饱和基团，如—C=O、—N=O、—N=N—、—C≡N 等的有机化合物中。其特点是吸收峰波长 $\lambda_{max} > 250\ nm$ ，吸收强度弱（ $\varepsilon_{max} < 100$ ）。如：⬡=O 中， $\lambda_{max} = 290\ nm$ ， $\varepsilon_{max} = 15.8$ 。

3. B 带　从 benzenoid（苯环的）得名，是芳香族化合物的特征吸收带。苯的 B 带的吸收峰出现在 $230 \sim 270\ nm$ 之间，其中心吸收在 256 nm，其 ε_{max} 为 200 左右。分子之间的作用力不同，B 带的表现形式也有所不同。例如苯蒸气由于在蒸气状态下分子间相互作用弱，在 $230 \sim 270\ nm$ 处出现精细结构，如图 3-4（a）所示；在苯的非极性溶液中，因分子间相互作用增强，所以谱带变宽，如图 3-4（b）所示；在极性溶剂中，溶质与溶剂间的相互作用更大，使得苯的精细结构消失而呈一宽峰，如图 3-4（c）所示。

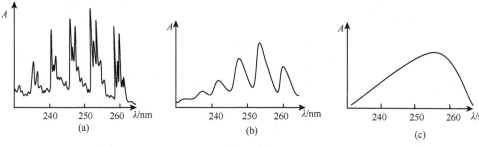

图 3-4　苯的 B 带吸收光谱
（a）苯蒸气；（b）苯的己烷溶液；（c）苯的乙醇溶液

4. E 带　也是芳香族化合物的特征吸收带，可细分为 E_1 及 E_2 两个吸收带。E_1 带的吸收峰约在 180 nm，ε_{max} 在 $10^4 \sim 10^5$ 之间；E_2 带的吸收峰在 200 nm 左右，ε_{max} 在 $10^3 \sim 10^4$ 之间。苯的异辛烷溶液紫外吸收光谱图见图 3-5。

掌握以上各吸收带的特点及其与物质结构的关系后，我们可以通过化合物的结构预测其可能出现的吸收带类型及波长范围，即其紫外-可见吸收光谱图。反之，也可通过某化合物的吸收光谱图来推测其可能的结构，即可利用吸收光谱图进行初步的结构鉴定。部分化合物的跃迁类型和吸收带的关系如表 3-1 所示。

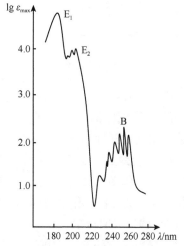

图 3-5　苯的异辛烷溶液紫外吸收光谱

表 3-1　部分化合物的跃迁类型和吸收带

化合物	跃迁	λ_{max}/nm	ε_{max}	吸收带
CH_4	$\sigma \to \sigma^*$	125		
CH_3Br	$n \to \sigma^*$	175	200	
C_3H_7I	$n \to \sigma^*$	262	531	
CH_3OH	$n \to \sigma^*$	184	150	

化合物	跃迁	λ_{max}/nm	ε_{max}	吸收带
CH_3CH_2OH	$n \to \sigma^*$	182	320	
$CH_2{=}CH_2$	$\pi \to \pi^*$	162	10000	
$HC \equiv CH$	$\pi \to \pi^*$	173	6000	
$CH_3{-}\overset{O}{\overset{\|}{C}}{-}CH_3$	$\pi \to \pi^*$	195	9000	
	$n \to \pi^*$	274	13.6	R
$CH_2{=}\underset{CH_3}{\overset{\|}{C}}{-}CH{=}CH_2$	$\pi \to \pi^*$	223	10800	K
$CH_2{=}CH{-}CH{=}CH{-}CH{=}CH_2$	$\pi \to \pi^*$	268	43000	K
$CH_3{-}CH_2{-}\overset{O}{\overset{\|}{C}}{-}H$	$\pi \to \pi^*$	182	10000	
	$n \to \pi^*$	289	13	R
$CH_2{=}CH{-}CHO$	$\pi \to \pi^*$	210	16000	K
	$n \to \pi^*$	315	14	R
苯	芳香族 $\pi \to \pi^*$	184	68000	E_1
	芳香族 $\pi \to \pi^*$	204	8800	E_2
	芳香族 $\pi \to \pi^*$	254	210	B
甲苯	芳香族 $\pi \to \pi^*$	189	55000	E_1
	芳香族 $\pi \to \pi^*$	208	7900	E_2
	芳香族 $\pi \to \pi^*$	262	260	B
苯乙烯	芳香族 $\pi \to \pi^*$	248	15000	K
	芳香族 $\pi \to \pi^*$	282	740	B

（二）影响吸收带的主要因素

物质的吸收光谱及其吸收带的位置并不是固定不变的,而是会受分子中结构因素和外部测定条件等多种因素的影响,在较宽的波长范围内变动。但不管哪种因素的影响,其核心是对物质分子结构的共轭程度大小的影响。下面介绍一些常见的影响因素。

1. 共轭效应 从前面的知识可知,分子结构共轭程度越大,其 K 带吸收峰波长越长。这是由于共轭体系形成大 π 键,结果使各能级间的能量差减小,使跃迁所需能量也相应减少,波长变长。共轭的不饱和键越多,K 带吸收红移越明显,同时吸收强度也随之增大,如在化合物 $CH_3(CH{=}CH)_nCH_3$ 中,若 $n{=}2$,则其 $\lambda_{max}=227\,nm$,$\varepsilon_{max}=24000$;若 $n{=}3$,则其 $\lambda_{max}=263\,nm$,$\varepsilon_{max}=45000$;若 $n{=}4$,则其 $\lambda_{max}=299\,nm$,$\varepsilon_{max}=80000$;若 $n{=}5$,则其 $\lambda_{max}=326\,nm$,$\varepsilon_{max}=122000$。

2. 位阻效应 在分子结构中,若两个共轭的发色团由于空间位置妨碍它们处于同一平面上,就会影响其共轭效应,从而导致吸收带发生变化。如肉桂酸,反式结构的 K 带 λ_{max} 比顺式的明显长移,且吸收系数增加,其原因是顺式结构中苯环与羧基处于同一侧,由于这两个基团的体积较大,处于同一侧时有立体阻碍,苯环、乙烯双键及羧基难以完全处于同一平面上,共轭程度减弱,而反式结构中,苯环与羧基各置一侧,空间足够大,苯环、乙烯双键及羧基可处于同一平面上,共轭程度大。

λ_{max} 280 nm（ε_{max}=13500）

顺式肉桂酸

λ_{max} 295 nm（ε_{max}=27000）

反式肉桂酸

3. 溶剂效应　溶剂效应是指溶剂极性对物质分子紫外-可见吸收光谱的影响。溶剂极性不仅影响吸收峰位置，还影响吸收强度和光谱形状。溶剂的极性不同，会使 $n \to \pi^*$ 和 $\pi \to \pi^*$ 跃迁所产生的吸收峰位置向不同方向移动。

溶剂极性对 $\pi \to \pi^*$ 跃迁谱带的影响：当溶剂极性增大时，由 $\pi \to \pi^*$ 跃迁产生的吸收峰长移。这是因为激发态的极性比基态极性大，因而激发态与极性溶剂之间相互作用所降低的能量程度，比基态与极性溶剂之间相互作用所降低的能量大，因而跃迁能级差变小，所以吸收峰长移，见图 3-6（a）。

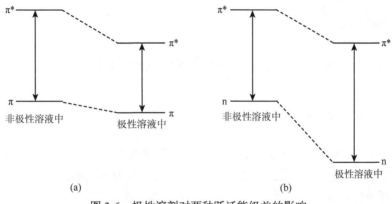

图 3-6　极性溶剂对两种跃迁能级差的影响

溶剂极性对 $n \to \pi^*$ 跃迁的影响：溶剂极性增大时，$n \to \pi^*$ 跃迁吸收峰向短波方向移动。这是因为 n 电子与极性溶剂之间能形成较强的氢键，使基态能量降低程度大于激发态 π^* 与极性溶剂相互作用所降低的能量，因而跃迁能级差变大，故产生短移，见图 3-6（b）。

由此可见，化合物在溶液中的紫外吸收光谱受溶剂极性影响较大，所以，在描述某物质的吸收光谱时应注明所用溶剂。例如异丙叉丙酮（$CH_3—CO—CH=C(CH_3)_2$）的溶剂效应见表 3-2。

表 3-2　溶剂极性对异丙叉丙酮的两种跃迁吸收峰的影响

跃迁类型	在不同溶剂中的 λ_{max}/nm				迁移
	正己烷	三氯甲烷	甲醇	水	
$\pi \to \pi^*$	230	238	238	243	长移
$n \to \pi^*$	329	315	309	305	短移

4. pH 的影响　体系的 pH 对紫外吸收光谱的影响主要是对弱酸性或弱碱性物质而言，其本质也就是体系的 pH 不同，对弱酸性和弱碱性物质的离解平衡产生影响。如苯酚由于体系的 pH 不同，其离解情况不同，在碱性介质以苯酚阴离子形态为主，在酸性介质中以苯酚分子形态为主，而这两种形态的吸收峰相差很大，从而产生不同的吸收光谱。

$\lambda_{\max}$ 210.5 nm，270 nm $\lambda_{\max}$ 236 nm，287 nm

$\varepsilon_{\max}$ 6200   1450 $\varepsilon_{\max}$ 9400   2600

再如，我们在酸碱滴定法中所用的酚酞指示剂，在不同的 pH 下所显示的颜色不同，其本质也是由于不同 pH 导致酚酞以不同结构存在，碱式色结构共轭程度增加，吸收波长红移。

无色（酸式色）结构   红色（碱式色）结构

第 2 节　Lambert-Beer 定律

一、Lambert-Beer 定律

如图 3-7，当一束平行单色光通过溶液时，一部分被吸收，一部分透过溶液。设入射光强度为 I_0，透射光强度为 I_t，透射光强度与入射光强度之比称为透光率，用 T 表示，透光强度占入射光强度的百分比称为百分透光率，用 $T\%$ 表示，其关系为

$$T = \frac{I_t}{I_0} \qquad (3-1)$$

$$T\% = \frac{I_t}{I_0} \times 100\% \qquad (3-2)$$

溶液的透光率越大，表示物质对光的吸收越小；相反，透光率越小，表示物质对光的吸收越大。为了反映物质对光的吸收程度大小，还可以用吸光度（absorbance）来表示，吸光度可简写为 A，A 越大，物质对光的吸收越强，其与透光率的关系为

$$A = -\lg T = \lg \frac{I_0}{I_t} \qquad (3-3)$$

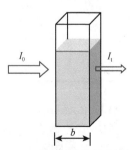

图 3-7　光辐射吸收示意图

朗伯（J. H. Lambert）和比尔（A. Beer）分别于 1760 年和 1852 年研究了物质对光的吸收程度与溶液层的厚度及溶液浓度的定量关系。Lambert 定律表明了物质对光的吸光度与吸光物质的液层厚度（物质液层厚度用 b 表示）成正比，Beer 定律表明了物质对光的吸光度与吸光物质的浓度成正比（物质浓度用 c 表示），二者结合称为朗伯-比尔定律（Lambert-Beer 定律），这是吸收光度法进行定量分析的依据和基础。其关系式可表示为

$$A=abc \tag{3-4}$$

式（3-4）是 Lambert-Beer 定律的数学表达式，它的物理意义是：当一束平行单色光通过均匀溶液时，溶液的吸光度与液层厚度及吸光物质的浓度呈正比关系。

式（3-4）中 a 值为吸收系数，其物理意义为吸光物质在单位浓度及单位液层厚度时的吸光度。吸收系数反映了物质在一定条件下吸光能力的大小，是物质的特征常数，不同物质对同一波长的单色光，可有不同的吸收系数，吸收系数愈大，表明该物质的吸光能力愈强，灵敏度愈高，所以吸收系数可以作为吸光物质定性分析的依据和定量分析灵敏度的估量。但需注意，物质的吸收系数为常数是有条件的，即只有当入射光的波长、溶剂和温度等固定不变的条件下吸收系数才为常数，吸收系数随这些条件的变化而改变。在 Lambert-Beer 定律中，浓度所取单位不同，吸收系数也随之不同，常用的有摩尔吸收系数和百分吸收系数，分别用 ε 和 $E_{1cm}^{1\%}$ 表示。

（1）摩尔吸收系数：如果浓度 c 以摩尔浓度（mol/L）表示，则式（3-4）可以写成

$$A = \varepsilon bc \tag{3-5}$$

式中，ε 称为摩尔吸收系数，单位为 L/（mol·cm）。

ε 是指溶液浓度为 1 mol/L，液层厚度为 1 cm 时的吸光度。通常物质的摩尔吸收系数大于 10^4 为强吸收，小于 10^3 为弱吸收，介于两者之间的为中强吸收。

（2）百分吸收系数：如果浓度 c 以质量百分浓度（g/100 mL）表示，则式（3-4）可以写成

$$A = E_{1cm}^{1\%}bc \tag{3-6}$$

式中，$E_{1cm}^{1\%}$ 称为百分吸收系数，单位为 100 mL/（g·cm）。

$E_{1cm}^{1\%}$ 是指当溶液质量百分浓度为 1%（即 100 mL 溶液中含有 1 g 溶质），液层厚度为 1 cm 时的吸光度。百分吸收系数在药物定量分析中应用广泛，我国现行版药典均采用百分吸收系数。

两种吸收系数表示方式之间的关系是

$$\varepsilon = \frac{M}{10} \cdot E_{1cm}^{1\%} \tag{3-7}$$

在含有多种吸光物质的溶液中，由于各种吸光物质对某一波长的单色光均有吸收作用，如果各吸光物质之间相互不发生化学反应，各组分的吸光度仅与本身的性质和浓度有关，而与溶液中存在的其他物质无关。当某一波长的单色光通过这种含有多种吸光物质的溶液时，溶液的总吸光度应等于各吸光物质的吸光度之和，这一规律称为吸光度的加和性。

二、偏离 Beer 定律的因素

由 Beer 定律可知，在一定条件下，吸光度 A 与物质的浓度 c 成正比，即 A-c 曲线应为一条通过原点的直线。但实际工作中，只有当溶液浓度在一定的范围内，A-c 曲线才具有线性关系，超出此浓度范围时，常会出现偏离直线的现象，即偏离 Beer 定律，如图 3-8 所示。很明

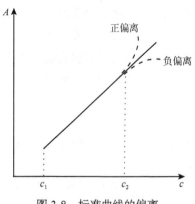

图 3-8 标准曲线的偏离

显，若采用偏离 Beer 定律的 A-c 曲线进行计算时，会产生较大的误差。因此利用朗伯-比尔定律进行定量计算时，物质浓度必须在 A-c 曲线直线范围内，此浓度范围称为测定的线性范围（如图 3-8 中 $c_1 \sim c_2$ 范围）。随着 c 改变，若实际吸光度大于其相应的符合 Beer 定律时的吸光度，则称为正偏离；反之，称为负偏离。引起偏离 Beer 定律的因素主要有化学因素、光学因素及透光率测量误差等。

（一）化学因素

溶液对光的吸收程度取决于吸光物质性质和浓度，溶液中的吸光物质可因浓度的增大或减少而发生离解、缔合或者与溶剂发生作用等的变化，使吸光物质的结构发生变化而偏离 Beer 定律。

如某一浓度为 c 的重铬酸钾水溶液中存在以下平衡：$Cr_2O_7^{2-}+H_2O \Longrightarrow 2H^+ +2CrO_4^{2-}$，铬酸钾与重铬酸钾的吸收光谱见图 3-9，铬酸钾的吸收峰为 372 nm，而重铬酸钾的吸收峰为 350 nm。若在 350 nm 处测得该溶液的吸光度为 A，然后将此重铬酸钾溶液稀释 10 倍，则溶液中 $Cr_2O_7^{2-}$ 离子的浓度理论上应降为原来的 1/10，溶液吸光度应为稀释前的 1/10，但是由于受稀释平衡向右移动的影响，$Cr_2O_7^{2-}$ 离子的浓度实际上降得更多，稀释后溶液中铬酸钾浓度的比重相对增加，此时溶液的在 350 nm 下测得的吸光度小于稀释前吸光度的 1/10，结果导致偏离 Beer 定律而产生误差。

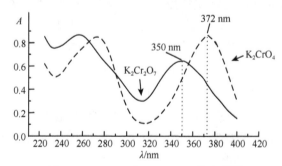

图 3-9 $K_2Cr_2O_7$ 与 K_2CrO_4 吸收光谱图

（二）光学因素

1. 非单色光 入射光的波长不同，其吸收系数也不同，因此，Beer 定律只适用于单色光。但实际光谱仪器中，采用的光源为连续光谱，单色器把所需要的波长从连续光谱中分离出来，其入射光波长宽度取决于单色器中色散元件的分辨率和出口狭缝宽度。这就使分离出来的光，同时包含了所需波长的光和附近波长的光，把所分离出来光的宽度称为谱带宽度（band width），常用半峰宽来表示，如图 3-10 中，谱带宽度为 $S=\lambda_2-\lambda_1$。谱带宽度越小，入射光单色性越好。但入射光仍是复合光，由于吸光物质对不同波长光的吸收系数不同，随着物质浓度的改变会导致偏离 Beer 定律。

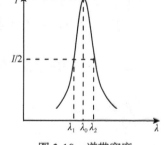

图 3-10 谱带宽度

下面以入射光为 λ_1、λ_2 两种波长的混合光为例来说明：若设 λ_1、λ_2 两种光的吸收系数分别为 E_1、E_2，入射光强度分别为 I_{01}、I_{02}，试样吸收 λ_1、λ_2 的光后透射光强度分别为 I_1、I_2，则 $I_1 = I_{01} \cdot 10^{-E_1 cl}$、$I_2 = I_{02} \cdot 10^{-E_2 cl}$，这时 $A = -\lg\left(\dfrac{I_1 + I_2}{I_{01} + I_{02}}\right) = -\lg\left(\dfrac{I_{01} \cdot 10^{-E_1 cl} + I_{02} \cdot 10^{-E_2 cl}}{I_{01} + I_{02}}\right)$。由此

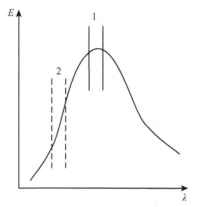

图 3-11 测定波长的选择

可见只有当 $E_1 = E_2$ 时，$A = Ecl$ 才成立，若 $E_1 \neq E_2$ 时，A-c 不是线性关系，即对 Beer 定律发生了偏离。E_1 与 E_2 相差越大，偏离越多。在实际工作中，选择测定波长时应选择物质的吸收峰处，且应尽量选择较平坦吸收峰进行测定。如图 3-11 所示的吸收光谱，用谱带 1 所对应的波长进行测定，E 随波长的变化较小，引起吸光度的偏离就比较小。用谱带 2 对应的波长进行测定，E 随波长的变化较明显，就会产生较大的偏离。

2. 杂散光 入射光中，还有一些不在谱带范围内的与测定波长相隔甚远的光，称为杂散光（stray light）。它是由于仪器光学系统的缺陷或仪器保养不当而引起的。一般来说，样品不吸收杂散光，但杂散光对吸光度的测定产生干扰作用。

设入射光的强度为 I_0，透过光的强度为 I，杂散光强度为 I_s，则测得的吸光度为

$$A = -\lg\left(\frac{I + I_s}{I_0 + I_s}\right) \tag{3-8}$$

由于 $\dfrac{I + I_s}{I_0 + I_s} > \dfrac{I}{I_0}$，使 A 变小，Beer 定律产生负偏离。随着仪器制造工艺的提高，绝大部分波长内杂散光的影响可忽略不计。

3. 散射光和反射光 朗伯-比尔定律测定的是溶液中物质对光的吸收度，但若待测溶液为悬浮液、乳浊液、胶体溶液或者溶液中有大量的气泡，入射光通过溶液时，除了一部分被物质吸收外，还有一部分被散射或反射，由于散射光和反射光的方向发生了改变，没有进入检测器中，使测定的吸光度比真实值大。克服方法一是保证所测溶液为均一透明的真溶液，并避免溶液中大量气泡的存在；二是利用空白溶液校正；三是所使用的吸收池需干净、无损坏，以减少光的散射。

4. 非平行光 为了简便和适宜计算，Beer 定律中的光程均采用比色皿的厚度来代替，这就要求光是垂直照射进入溶液中的。若通过吸收池的光不是平行光，倾斜光通过吸收池的实际光程将比垂直照射的平行光的光程长，使吸光度增加。克服的方法是测定时保证比色皿在仪器中放置的位置正确。

（三）透光率测量误差

在分光光度分析中，仪器测量不准确也是误差的主要来源。任何光度计都有一定的测量误差，透光率测量误差（ΔT）来自仪器的噪声，是测量的绝对误差。吸光度在什么范围内具有较小的浓度测量误差？浓度测定结果的相对误差与透光率测量误差间的关系可由定律导出：

$$c = \frac{A}{a \cdot b} = -\frac{\lg T}{a \cdot b}$$

对该式进行微分后，可得

$$dc = -\frac{1}{a \cdot b} \cdot \frac{\lg e}{T} dT$$

两式相除，可得浓度的相对误差 $\Delta c / c$ 为

$$\frac{\Delta c}{c} = \frac{0.434 \Delta T}{T \cdot \lg T} \qquad (3-9)$$

式（3-9）表明，浓度测量的相对误差，不但与分光光度计的读数误差 ΔT 有关，而且与透光率 T 有关。ΔT 由分光光度计透光率读数精度所确定，对一固定仪器来说可视为一常数，如某型号分光光度计为 $\pm 0.5\%$。以仪器的读数误差 ΔT 代入式（3-9），计算不同透光率或吸光度时的浓度相对误差，列于表3-3。

表 3-3 不同 $T\%$ 或 A 时的浓度相对误差（$\Delta T = 0.5\%$）

$T\%$	95	90	80	70	65	60	50	40	30	20	10	5
A	0.022	0.046	0.097	0.155	0.187	0.222	0.301	0.398	0.523	0.699	1.000	1.30
$\frac{\Delta c}{c} \times 100\%$	10.3	5.27	2.80	2.00	1.78	1.63	1.44	1.36	1.38	1.55	2.17	3.34

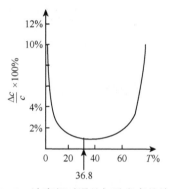

图 3-12 浓度相对误差与透光率的关系

以浓度相对误差（$\frac{\Delta c}{c} \times 100\%$）对 $T\%$ 作图，如图 3-12。从表 3-3 及图 3-12 分析中可见，当透光率 $T\% < 20\%$ 或 $T\% > 63\%$ 时，浓度测量的相对误差都很大；$T\%$ 值在 $20\% \sim 63\%$ 或 A 值在 $0.2 \sim 0.7$ 之间，浓度相对误差较小，是测量的适宜范围。当 $T\% = 36.8\%$，即 $A = 0.434$ 时，浓度测量的相对误差达极小值。在实际工作中，一般要求测量的吸光度 A 落在 $0.2 \sim 0.7$ 范围内。由式（3-9）可知，仪器的 ΔT 越小，测量最适宜吸光度范围越大，所以在实际工作中可以根据仪器性能和实际测量结果确定适宜的测量范围。

第 3 节 显色反应及其显色条件的选择

在近紫外线区或可见光区（$200 \sim 800$ nm）有吸收的物质可利用紫外-可见分光光度法进行分析测定，但有些物质在紫外-可见光区没有吸收、吸收很弱或是直接测定时干扰很大，为了能对此类物质进行测定，通常选用显色反应来进行该物质的可见光谱分析。所谓显色反应，是指选用适当的试剂与被测物质定量反应生成有色的物质再进行测定的分析方法。显色反应中所用的试剂称为显色剂。

一、显色反应的选择

显色反应有各种类型，如配位反应、氧化还原反应与缩合反应等，其中配位反应是最主要的显色反应。同一组分，常可有多种显色反应，但用于定量分析的显色反应必须考虑以下几方面：

（1）有明确的定量关系：待测组分和显色剂反应及生成显色产物三者之间必须有明确的定

量关系，才能通过测定显色产物的吸光度来计算出待测物质的含量。

（2）显色产物测定灵敏度高：显色产物测定的灵敏度越高，可测定的待测组分的含量越低。由于分光光度法常用于微量组分的测定，因此显色反应的选择应考虑显色产物的测定灵敏度，通常要求 $\varepsilon = 10^3 \sim 10^5$。

（3）显色产物稳定性好：在进行紫外-可见分光光度法测定时，显色产物必须有足够的稳定性，以保证测量结果有良好的重现性和可操作性。

（4）显色剂应对测定无干扰：通常显色剂本身在紫外-可见光区有吸收，若显色剂与显色产物的最大吸收波长太近，则测定显色产物的吸光度时，显色剂本身的吸收对结果产生干扰，因此，选择显色剂时，应考虑不会对显色产物的测定产生干扰才可。

（5）显色反应的选择性好：所选择的显色反应应专属性强，选择性好，显色剂与待测组分选择性反应，从而排除溶液中干扰组分的干扰。

二、显色条件的选择

显色反应都是在一定的条件下进行的，这些条件包括选用的溶剂、显色剂用量、溶液酸碱度、显色时间、反应温度等方面。反应条件很大程度地影响了反应的进行，只有控制好反应条件，才能提高反应的灵敏度、选择性和稳定性。

1. 溶剂的选择 溶剂的选择一是需考虑待测物质在其中的溶解度，由前述可知，紫外-可见分光光度法应在均一稳定的溶液中进行，因此，所选溶剂应能完全溶解待测物质。二是选择溶剂还应考虑待测物质与溶剂的相互作用。待测组分的光谱性质受溶剂极性的影响，相同的物质溶解于不同的溶剂中，有时会出现不同的颜色。例如，苦味酸在水溶液中呈黄色，而在三氯甲烷中呈无色。同时显色反应产物的稳定性也与溶剂有关，如硫氰酸铁红色配合物在正丁醇中比在水溶液中稳定。

2. 显色剂用量 选择显色剂需考虑显色反应的灵敏度、稳定性及选择性等方面的要求，为了使显色反应进行完全，常需要考虑显色剂的用量。部分显色反应的生成物与显色剂用量有关，如 Fe^{3+} 与 SCN^- 的配位反应，当 SCN^- 加入量不同，分别可生成配位数为 $1 \sim 6$ 的配位化合物。因此，显色反应时显色剂用量一般是通过实验来确定的。其方法是将被测组分浓度及其他反应条件固定，然后加入不同量的显色剂，测定其吸光度，绘制吸光度（A）-显色剂用量（c）曲线如图 3-13，选恒定吸光度值时（a～b）为显色剂用量范围。

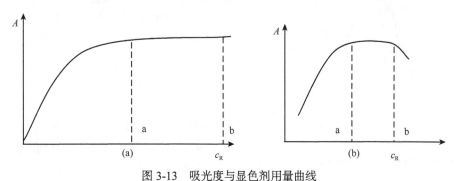

图 3-13 吸光度与显色剂用量曲线

3. 溶液酸碱度 若参与反应的物质或显色产物是有机弱酸或弱碱，或者显色反应中有酸或碱的参与，这时溶液的酸碱度会直接影响溶液中物质存在的形式和显色产物的浓度变化。因此，进行显色反应时常常需要用缓冲溶液保持溶液的 pH，控制一定的酸碱度。如 Fe^{3+} 与磺基水杨酸根（$C_7H_4SO_6^{2-}$）在不同 pH 条件下生成配比不同的配合物，见表 3-4。

表 3-4　Fe^{3+} 与磺基水杨酸根（$C_7H_4SO_6^{2-}$）在不同 pH 条件下配合物生成表

pH 范围	配合物组成	颜色
1.8～2.5	$Fe(C_7H_4SO_6)^+$	红褐色（1:1）
4～8	$Fe(C_7H_4SO_6)_2^-$	褐色（1:2）
8～11.5	$Fe(C_7H_4SO_6)_3^{3-}$	黄色（1:3）

4. 显色时间　显色反应达平衡，显色产物稳定时，才能进行紫外-可见分光光度法测定。由于不同显色反应的反应速度不同，因此反应达到平衡状态所需的时间不同；同时，显色产物在放置过程中也可能发生进一步的变化，有的显色产物稳定的时间长，有的稳定时间短。因此，必须通过实验，来确定测定时间。方法是通过绘制显色产物吸光度（A）-时间（t）关系曲线，选择显色产物吸光度数值较大且恒定的时间为适宜的显色时间，该实验也称为稳定性实验。

5. 反应温度　大部分显色反应都是在室温下进行的，室温的变动一般对结果影响不大。但有些反应需在特定的温度下进行，如玉竹多糖的测定，需在 40℃ 的条件下进行显色。故确定显色反应的适合温度应建立在实验的基础上，其方法为固定被测组分浓度及其他条件，绘制显色产物吸光度（A）-反应温度（T）关系曲线，选择显色产物吸光度数值较大且稳定的温度为适宜的显色温度。

三、测量条件的选择

1. 反应条件的控制　需通过实验确定显色反应的最适宜条件，如显色剂的用量、溶液的 pH、显色时间、显色温度等。条件确定后，不应随意改变显色条件，若需要改变条件或新建方法，必须重新通过实验来考察。

2. 选择适当的测量波长　选择测定波长的原则是"吸收最大，干扰最小"。一般选择待测组分 λ_{max} 处进行测定，此处测定的灵敏度最高，准确度也容易提高。如果被测组分有多个吸收峰时，可选择杂质干扰吸收少、摩尔吸收系数大且吸收峰顶比较平坦的最大吸收波长进行测定。如 $KMnO_4$ 的测定一般选择 $\lambda_{max}=525$ nm，此时灵敏度最高。但若在 $K_2Cr_2O_7$ 存在下测定 $KMnO_4$ 时，则不选择 $\lambda_{max}=525$ nm，而是选择另一较大吸收波长 $\lambda=545$ nm，因为此波长处 $K_2Cr_2O_7$ 几乎不干扰 $KMnO_4$ 溶液吸光度的测定，如图 3-14。

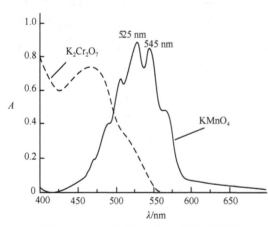

图 3-14　$KMnO_4$ 及 $K_2Cr_2O_7$ 吸收光谱图

3. 选择适宜空白溶液　空白溶液又叫参比溶液，可用于校正仪器透光率 100% 或吸光度为零，主要作用是减少或消除物质测量过程中的各种干扰。在进行紫外-可见光区样品吸光度测量时，可能存在吸收池、溶剂或溶液中除被测组分外的其他成分对入射光有散射、反射或吸收的情况，这必将带来吸光度的测量误差。为了使所测的吸光度仅与溶液中待测物质的浓度有关，必须对这些影响因素进行校正。为此，采用光学性质相同、厚度相同的吸收池装入空白溶液作为参比，调节仪器，使透过参比吸收池的吸光度 $A=0$ 或透光率 $T\%=100\%$。然后将装有待测溶液的吸收池移入光路中测量，得到被测物质的吸光度，这样测得的溶液的吸光度数值就比较真实地反映了被测物质对光的吸收，从而计算出被测物质的浓度。

在显色反应中，溶剂、试剂、器皿及试样都可能引入相应的干扰，而空白溶液的作用正是用以消除各种干扰因素的吸收。常见的空白溶液有：

（1）溶剂空白：溶剂空白是指在相同测定条件下只取用待测溶液的溶剂作为参比溶液。此空白溶液配制简单、方便，但其运用受到一定的限制。仅适用于在测定波长下，待测溶液中只有被测组分对光有吸收，而显色剂及其他组分对光没有吸收或仅产生误差范围内的吸收，在此种情况下可用溶剂作为空白溶液。

（2）试剂空白：试剂空白是指在相同条件下不加待测组分溶液，而依次加入各种试剂和溶剂所得到的空白溶液。试剂空白适用于在测定条件下，显色剂或其他试剂、溶剂等对待测组分的测定有干扰的情况。试剂空白的适用范围比较大，是紫外-可见分光光度法中常采用的参比溶液。

（3）试样空白：试样空白是指在与显色反应同样测定条件下取相同量待测组分溶液，不加显色剂，依次加入其他试剂所制备的空白溶液。试样空白适用于待测组分溶液基体有色并在测定条件下有吸收，而显色剂溶液不干扰测定的情况。

4. 控制吸光度测量范围　为了减少测量误差，在进行吸光度测定时，被测组分的吸光度值应控制在 0.2～0.7 范围内。若是测定过程中，吸光度太大或太小，可通过调节溶液的浓度如增浓或稀释溶液来改变被测组分的吸光度。

第 4 节　紫外-可见分光光度计

紫外-可见分光光度计是指用来测定物质在紫外-可见光区任一波长下吸光度的仪器。主要由五部分构成，即光源、单色器、吸收池、检测器和信号显示系统。

一、主要部件

（一）光源

紫外-可见分光光度计要求光源产生的辐射强度足够大且稳定性要好，并且在紫外-可见光区产生连续光谱。常用的可见光光源有钨灯和卤钨灯，紫外线光源有氢灯和氘灯。

可见光区的光源是发射波长 350 nm 以上的连续光谱。紫外线区的光源是发射 150～400 nm 的连续光谱。

1. 钨灯和卤钨灯　传统的可见光源是钨灯，又称白炽灯。发射光谱的波长范围 320～2500 nm。卤钨灯的灯泡内含碘和溴的低压蒸气，可延长钨丝的寿命，且发光强度比钨灯高。

2. 氢灯和氘灯 氢灯和氘灯通过电激发的方法产生紫外连续光谱,光谱范围为 160~375 nm。氘灯比氢灯昂贵,但发光强度比氢灯高,灯的使用寿命比氢灯长,现在仪器多用氘灯。

（二）单色器

单色器的作用是将光源的复合光分离成单色光,主要由色散元件、狭缝及准直镜组成,见图 3-15。色散元件的作用是使光发生色散,按不同的波长顺序排列;狭缝包括进光狭缝、出光狭缝,进光狭缝主要作用是使进入单色器的光成为点光源,出光狭缝的作用是采集所需波长的光进入吸收池;准直镜 1 的作用是使非平行光变为平行光后,照射到色散元件上,准直镜 2 的作用是使色散后的平行光聚焦,投射于出光狭缝上。

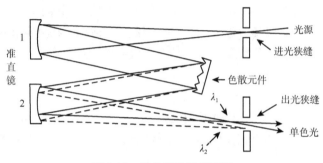

图 3-15 单色器光路示意图

1. 色散元件 在单色器中,最重要的是色散元件,常用的色散元件有棱镜和光栅（见图 3-16）。

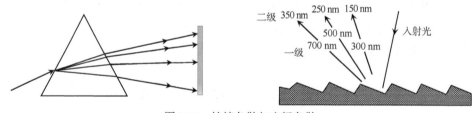

图 3-16 棱镜色散与光栅色散

（1）棱镜:早期生产的仪器多用棱镜,棱镜的色散作用是依据其对不同的光有不同的折射率,波长短的折射率大,波长长的折射率小,因此可将复合光按波长顺序依次分散成为一个连续光谱。由棱镜分光得到的光谱其按波长顺序排列是疏密不均的、非线性的,长波长区密,短波长区疏。

（2）光栅:光栅是一高度抛光的表面上刻出大量平行、等距离的槽,射到槽上的光发生衍射与干涉作用,使不同波长的光有不同的方向,从而达到将连续光谱的光进行色散的目的。光栅色散后的光谱与棱镜不同,各谱线间距离相等且为均匀分布的连续光谱,分辨率高,是目前应用最多的色散元件。

2. 狭缝 狭缝的作用是采光,即采集色散元件分光后的按波长顺序排列的一定波段的光。狭缝宽度直接影响了分光质量,这是由于从出光狭缝射出的并不是严格意义上的单色光,而是有一定的波长范围。狭缝过宽,单色光不纯,可引起对 Beer 定律的偏离;狭缝太窄,光通量小,灵敏度降低,此时若单纯依靠增大放大器放大倍数来提高灵敏度,则会使噪声同步增大,影响准确度，所以狭缝宽度要恰当。一般来说，狭缝的位置是不变的，进行光谱扫描时通常通过转动单色器的色散元件来实现。

（三）吸收池

吸收池（absorption cell）也称比色皿，是用于盛放被测试液的容器，由无色透明、耐腐蚀、化学性质稳定的玻璃或石英制成，按其厚度分为 0.5 cm、1 cm、2 cm、5 cm 等，但最常用的为 1 cm 的吸收池。可见光区可使用石英或玻璃吸收池，紫外线区使用石英吸收池，因玻璃在紫外线区有吸收，所以不能在紫外线区使用。使用时应注意保持吸收池清洁、透明、避免磨损吸收池透光面。在分析测定中，用于盛放待测试液和空白液的吸收池，除应选用相同厚度外，两只吸收池的透光率之差应小于 0.5%。

（四）检测器

检测器（detector）是将所接收到的光经光电效应转换成电信号进行测量，故又称光电转换器，如光电池、光电管和光电倍增管。最近几年来采用了光电二极管阵列检测器，可用于实时测量，提供时间-波长-吸光度的三维谱图。

1. 光电池　光电池有硒光电池和硅光电池两种。光电池是一种光敏半导体，当光照射时产生光电流，在一定范围内光电流大小与照射光强成正比。但光电池电流不易放大，测定灵敏度低。另光电池易"疲劳"，即照射光强度不变，随着照射时间增加，产生的光电流会逐渐下降，所以不能用强光长时照射，使用过久。光电池目前仅在少数低端仪器中使用。

2. 光电管　如图 3-17 所示，光电管是由阳极和光敏阴极组成的真空二极管,在阴极的凹面镀有碱金属或碱金属氧化物等光敏材料。当光照射阴极内表面时，光敏物质发射出电子，在外加电压的作用下,发射出的电子向阳极运动而产生电流，该电流大小取决于照射光的强度。光电管产生的电流很小,但通过电路中负载电阻及电流放大器放大后，即可进行测定。光电管也易产生"疲劳"现象。

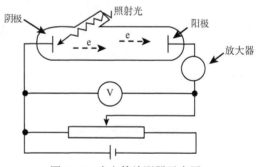

图 3-17　光电管检测器示意图

3. 光电倍增管　光电倍增管的原理和光电管相似，是一种加上多级倍增电极的光电管，同时具有光电转换和电流放大功能。如图 3-18 所示，光敏阴极 A 和阳极 C 之间有一系列电子倍增极 D1、D2、…，在阴极和阳极之间施加电压，每个相邻倍增极之间均存在电压差。当光照射在阴极上时，光敏材料发射出电子，此电子被电场加速后撞击 D1，产生更多的电子；这些电子又进一步撞击 D2、D3、…，如此依次撞击，最后电子流极大地被放大，电信号放大加强，因此，光电倍增管检测器大大提高了仪器测量的灵敏度。

4. 光电二极管阵列检测器（PDAD）　光电二极管阵列检测器（photo-diode array detector）属于光学多通道检测器，当前该检测器的使用越来越广泛。其结构是在晶体硅上紧密排列系列硅二极管，每一个硅二极管都是光电转换器（图 3-19）。当色散后的光按波长顺序分别照射在阵列中的各个对应硅二极管上,进行光电转换后，可在同一时间内测得不同波长的电信号大小。二极管阵列分光光度计中，硅二极管数量越多，分辨率越高，每一个二极管阵列检测器可在极

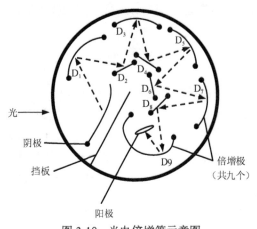

图 3-18 光电倍增管示意图

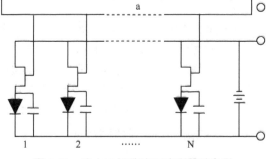

图 3-19 光电二极管阵列检测器示意图

短时间内获得紫外-可见波长范围内的全光光谱。例如：在波长 190～820 nm 范围内，由 315 个二极管组成的光电二极管阵列检测器可在 1/10 s 的时间内，每隔 2 nm 由 1 个二极管测定一次，可同时采集得 315 个数据，获得全光光谱。而普通的光电检测器若每隔 2 nm 测定一次，要获得 190～820 nm 范围内的全光光谱，共需测定 315 次，若每测一次需要 1 s，那么 315 s 才能获得全光光谱。所以二极管阵列检测器特点之一是能快速采集光谱。

（五）信号显示系统

信号显示系统主要包括信号处理器和显示器。信号处理器可对所测信号进行放大、过滤杂质信号、对信号进行数学运算或把电信号从直流电变为交流电等处理。显示器有记录仪、电表指示、数字显示、荧光屏显示等方式，显示结果一般都是吸光度或透光率，有时还可转换成浓度、吸收系数等。现代紫外-可见分光光度计常常配有电脑或处理器，以便操作控制和信息处理。

二、分光光度计的类型

紫外-可见分光光度计的光路系统，目前常见的有单光束、双光束、双波长和二极管阵列等几种。

1. 单光束分光光度计　光路图如图 3-20 所示，在单光束光路系统中，从光源发出的光经一个单色器分光后，获得一束单色光，通过吸收池，最后进入检测器，整个过程仅有一束光。测定时先用参比溶液在此单色光下调零，再把待测溶液置入同一单色光下进行吸光度的测量。

单光束紫外-可见分光光度计的特点是仪器结构简单，价格比较便宜；由于光强度整个测定过程无额外的消耗，因此具有较高的信噪比，灵敏度高；但由于参比溶液和待测溶液是在不同时间段先后放入比色池光路中，为了所测数据的准确度，对光源发光强度稳定性要求高，若光源强度不稳定易引起测量误差，因此，必须配备一个很好的稳压电源。

2. 双光束分光光度计　双光束分光光度计的光路设计基本与单光束的相似，不同的是在单色器与吸收池之间加了一个斩光器。斩光器把单色光均匀地分成二束强度相同的光，一束通过参比池，一束通过样品池，一次测量即可得到样品溶液的吸光度(或透光率)，其光路图如图 3-21。

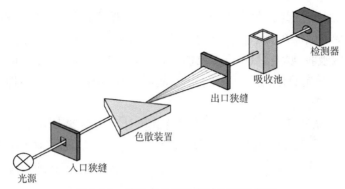

图 3-20　单光束分光光度计光路示意图

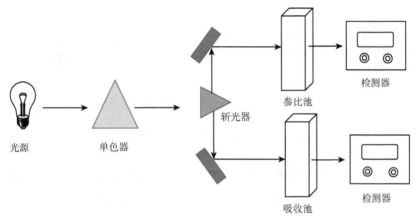

图 3-21　双光束分光光度计光路示意图

　　双光束分光光度计的特点是由于采用双光路方式，两光束同时分别通过参比池和样品池，样品和参比信号进行反复比较，因而消除了光源不稳定、放大器增益变化以及光学、电子元件对两条光路的影响，测定结果的稳定性增强；但由于从单色器中出来的光分为二束光，仪器的灵敏度较单光束的差。

　　3. 双波长分光光度计　双波长分光光度计（图 3-22）具有两个单色器，同一光源发出的光经过两个单色器得到两束不同波长（λ_1 和 λ_2）的单色光，这两个波长的单色光交替地照射同一待测溶液，最后所得结果是该待测液在这两个波长下的吸光度差值，利用该差值与浓度成正比的关系测定含量。

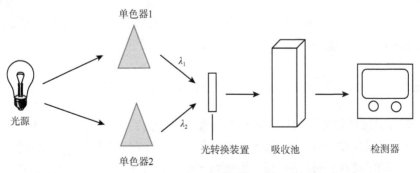

图 3-22　双波长分光光度计光路示意图

双波长分光光度计的特点是可测定有共存吸收干扰或背景干扰严重的待测试样；用双波长法测量时，利用同一待测试样在两个波长下的吸光度差值进行含量测定，可以不需要配制参比溶液，从而可以消除因吸收池的参数不同、位置不同及制备参比溶液等带来的误差；另外，双波长分光光度计是用同一光源得到的两束单色光，故可以减小因光源强度不稳定带来的影响，得到高灵敏度和低噪声的信号。

4. 二极管阵列分光光度计 二极管阵列分光光度计如图 3-23 所示。由光源发出并聚焦的复合光通过样品池，聚焦于入口狭缝，经色散元件色散后投射到二极管阵列检测器上进行检测。该仪器的特点是可对待测试样全波长同时进行扫描，得到试样全波长的紫外-可见吸收光谱图，且扫描速度特别快。

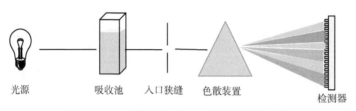

光源　　　　吸收池　　入口狭缝　　色散装置　　　　　　检测器

图 3-23　二极管阵列分光光度计光路示意图

三、分光光度计的光学性能

紫外-可见分光光度计型号很多，不同生产厂家的仪器操作方法和功能可能相差较大，但不管是哪种型号的分光光度计，都有各自的光学性能规格，现以国产中档分光光度计光学性能为例来说明。

（1）波长范围（nm）：190～1000。

（2）光谱宽度（nm）：2±0.4。

（3）波长的准确度（nm）：±0.8。

（4）透射比最大允许误差（%）：±0.5。

（5）波长重复性（nm）：±0.4。

（6）杂散光：≤0.20%（在 220、360 nm 处）。

第5节　分析方法

紫外-可见分光光度法可用于有机化合物的定性分析，包括鉴别和结构分析，又可对有机化合物进行纯度检查及定量分析，或用于测定某些化合物的物理化学数据。

一、鉴别

1. 比较吸收光谱的特征 表征有机化合物紫外光谱的特征主要有吸收峰的波长 λ_{max}、吸收系数 ε 或 $E_{1cm}^{1\%}$、吸收峰的数目及吸收光谱的形状等，这也是用于鉴别有机化合物的主要依据。由于紫外-可见光谱的吸收谱带是特征基团吸收产生的，并不能表现整个分子的结构特征，结构完全相同的化合物具有完全相同的吸收光谱特征，但吸收光谱特征完全相同的化合物不一定具有相同的结构，因此，该法的运用有一定的局限性。利用紫外-可见吸收光谱进行物质鉴别，通常采用比较的方法进行，即将样品与对照品的紫外光谱进行对照、比较，也可以将测定样品与文献所载的紫外标准图谱进行比较。

例 3-1 乙胺嘧啶的鉴别 在 272 nm 的波长处有最大吸收，其吸收系数 $E_{1cm}^{1\%} = 319$，在 261 nm 的波长处有最小吸收。

例 3-2 醋酸可的松、醋酸氢化可的松与醋酸泼尼松的 λ_{max}（240 nm）、ε 值（1.57×10^4）与 $E_{1cm}^{1\%}$ 值（390），几乎完全相同，但从它们的吸收曲线（图 3-24）上可以看出存在少许差别，据此可以得到鉴别。

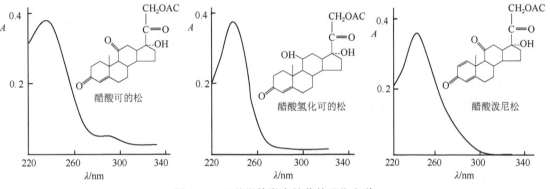

图 3-24 三种甾体激素的紫外吸收光谱

2. 比较吸光度（吸收系数）**比值** 有些化合物的吸收光谱有多个吸收峰时，可根据在此物质不同吸收峰处测得的吸光度的比值 A_1/A_2 或 $\varepsilon_1/\varepsilon_2$ 作为鉴别的依据。

例 3-3 《中华人民共和国药典》（2020 年版）对维生素 B$_{12}$ 采用下述方法鉴别：将试样按规定方法配成 25 μg/mL 的溶液，分别测定 278 nm、361 nm 和 550 nm 处的吸光度 A_1、A_2 和 A_3，A_2/A_1 应为 1.70～1.88；A_2/A_3 应为 3.15～3.45。

二、结构分析

有机化合物的紫外-可见吸收光谱主要取决于分子中的发色团、助色团及它们的共轭情况，其体现出的分子结构特征有限。所以仅利用紫外-可见吸收光谱不能完全确定化合物的分子结构，紫外-可见吸收光谱可以用来推测分子骨架、判断发色团之间的共轭关系、估计共轭体系中取代基的种类、位置及数目等。可提供的结构信息如下：

（1）化合物在 200～700 nm 内无吸收峰，说明该化合物是饱和有机化合物或含单个不饱和键的化合物，如脂肪烃、脂环烃或它们的简单衍生物，也可能是非共轭烯烃。

（2）在紫外-可见光谱范围内有强吸收带如 K 带吸收（$\lg \varepsilon = 4 \sim 5$），说明分子结构中存在共轭体系，吸收带波长越长，共轭程度越高。

（3）230～270 nm 内存在弱或中等强度吸收带（$\lg \varepsilon = 2 \sim 4$）或显示不同程度的精细结构，说明分子结构中有苯基存在。

（4）在大于 250 nm 内有弱吸收带（R 带），说明分子结构中含有醛、酮、羧基等含有杂原子的不饱和基团。

三、纯度检查

1. 杂质检查　如果化合物在某波长下没有吸收，而所含杂质在此波长下有较强的吸收，那么含有少量杂质就可用光谱检查出来。如乙醇中杂质检查方法为：取本品，以水为空白，测定吸光度，在 240 nm 的波长处不得超过 0.08；250～260 nm 的波长范围内不得超过 0.06；270～340 nm 的波长范围内不得超过 0.02。乙醇中如果含有少量杂质苯，在 256 nm 处，乙醇无吸收，苯有较强吸收，即使乙醇中含苯量低至 10 ppm，也能从光谱中检出。若化合物有较强的吸收峰，而所含杂质在此波长处无吸收峰或吸收很弱，杂质的存在将使化合物的表观吸收系数值比真实吸收系数值低（注：表观吸收系数值是指假设物质中不存在杂质时的浓度计算出来的吸收系数值）；若杂质在此吸收峰处有比化合物更强的吸收，则将使化合物的表观吸收系数值增大。因此，通过比较试样中待测组分的表观吸收系数值与真实吸收系数值大小，可用作检查杂质是否存在。

2. 杂质限量检测　药物中的杂质，通常不能超出一定量的范围，否则会影响药物的有效性和安全性。利用待测物与杂质在紫外-可见光区吸收的差异，选用适当波长可以进行待测物的纯

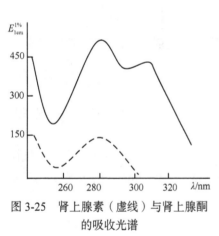

度检查。如在合成肾上腺素（　　　　　　）过程中，中间体肾上腺酮（　　　　　　）不能完全转化为肾上腺素，从而影响肾上腺素的疗效，因此肾上腺素的药品中应规定肾上腺酮的限量。由于肾上腺素紫外-可见光谱在大于 300 nm 处没有吸收峰，而肾上腺酮在 310 nm 处有吸收峰，如图 3-25 所示。因此可以依据上述的差异，检查肾上腺素中存在的肾上腺酮的限量。检查肾上腺素中肾上腺酮限量的方法为：取 2 mg/mL 的样品溶液于 1 cm 的吸收池中，测得 310 nm 处的吸收度不得超过 0.05。

图 3-25　肾上腺素（虚线）与肾上腺酮的吸收光谱

四、定量分析

根据 Beer 定律，溶液对一定波长的光的吸光度与该溶液中吸光物质的浓度成正比。因此，只要选择一定的波长测定溶液的吸光度，即可求出浓度。选择测定波长的原则根据前文所提到的"吸收最大，干扰最小"的原则。

进行测定时，所测溶液要求均一、透明、对待测成分无严重干扰。这就涉及如何选择溶剂的问题，选择溶剂的原则是：①溶剂尽可能安全，毒性小；②对待测样品的溶解度尽可能大；③许多溶剂自身在紫外-可见光区有吸收，选用的溶剂应不干扰被测组分的吸光度测定。溶剂的截止波长是指当小于此波长的辐射通过溶剂时，溶剂对此辐射产生强烈吸收，此时溶剂会严重干扰组分的吸收测定；反之，当大于此波长的辐射通过溶剂时，溶剂对此辐射的吸收可通过空白溶液等方法校正。因此选择溶剂时，组分的测定波长必须大于溶剂的截止波长，一些溶剂的截止波长列于表 3-5。

表 3-5　一些常用溶剂的截止波长

溶剂	截止波长/nm	溶剂	截止波长/nm	溶剂	截止波长/nm
水	200	无水乙醇	205	乙酸乙酯	260
甲醇	205	异丙醇	210	甲酸甲酯	260
乙醚	210	正丁醇	210	甲苯	285
丙酮	330	三氯甲烷	245	正己烷	220
环己烷	200	二氯甲烷	235	吡啶	305

（一）单组分分析

单组分分析是指测定某一种组分时，溶液中无其他组分的干扰。紫外-可见分光光度法主要用于单组分分析。常用的单组分定量分析方法有吸收系数法、标准曲线法、标准对照法等。

1. 吸收系数法　根据 Beer 定律 $A=\varepsilon bc$ 或 $A=E_{1cm}^{1\%} bc$，若光程 b 和吸收系数已知，即可根据供试品溶液测得的 A 值求出被测组分的浓度。通常 ε 和 $E_{1cm}^{1\%}$ 可从手册、文献或药典中查到。

$$c_{样}=\frac{A_{样}}{E_{1cm}^{1\%}\cdot b} \quad 或 \quad c_{样}=\frac{A_{样}}{\varepsilon\cdot b} \tag{3-10}$$

例 3-4　胆红素溶液在 453 nm 处的 $E_{1cm}^{1\%}$ 值是 1038，盛于 1 cm 吸收池中，测得溶液的吸光度为 0.525，则该溶液浓度为

$$c=0.525/（1038\times1）=0.00051\%$$

应注意：计算结果是 100 mL 溶液中所含溶质的克数，这是由百分吸收系数的定义所决定的。

吸收系数法适用于吸收系数已知的待测组分的含量测定。应注意的是由于吸收系数受仪器波长、溶剂及温度等条件的影响，手册等文献资料中所测吸收系数的条件和当前测定条件不一定完全相符，测定结果可能存在一定的误差。

2. 标准曲线法　标准曲线法又称工作曲线法或校正曲线法，本法在药物分析中应用广泛，测定结果准确。其具体方法为：

（1）配制一系列不同浓度的标准溶液，在相同条件下分别测定吸光度。

（2）以浓度为横坐标，相应的吸光度为纵坐标，绘制 A-c 标准曲线，如图 3-26，计算吸光度与浓度的回归方程，同时计算相关系数。

（3）在相同的条件下测定待测液的吸光度，从标准曲线或回归方程中求出被测组分的浓度。

标准曲线中相关系数是表示物质浓度与吸光度的线性关系，常用 γ 表示，$0<\gamma\leqslant1$，γ 越接近于 1，其线性关系越好。若相关系数太低，则制作的标准曲线不符合定量要求，需重新制作。造成相关系数不达要求的原因很多，如标准曲线所测浓度范围太大或者是操作者的操作不规范等。

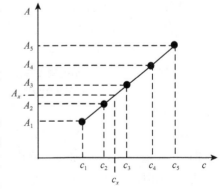

图 3-26　标准曲线

制备一条标准曲线至少需要 5～7 个浓度梯度，并不得随意延长；标准曲线只能保证在所测浓度范围内的线性关系，因此待测液浓度必须在标准曲线浓度范围内才能进行定量；供试品

溶液和对照品溶液必须在相同的操作条件下进行测定；若是仪器重新更换元件、维修或者重新校正波长时，需重新制作标准曲线。

理想的标准曲线应该是一条通过原点的直线，但实际工作中，标准曲线很可能不通过原点。其原因主要是空白溶液的选择不当、显色反应的灵敏度不够、成对使用的吸收池的光学性能不一致等，应当采取适当措施加以改善。

3. 标准对照法 在相同条件下配制对照品溶液和供试品溶液，在选定波长处，分别测定其吸光度，根据 Beer 定律计算供试品溶液中被测组分的浓度。计算公式为

$$A_标 = a \cdot b \cdot c_标$$
$$A_样 = a \cdot b \cdot c_样$$

因对照品溶液和供试品溶液是同种物质，两者在同台仪器及同一波长处且于厚度相同的吸收池中进行测定，故 a 和 b 均相等，所以

$$\frac{A_标}{A_样} = \frac{c_标}{c_样} \tag{3-11}$$

标准对照法计算简便，但其应用的前提是先需绘制标准曲线，确定浓度范围，且所得的标准曲线应通过原点；或者对照品溶液中所含被测成分的量应为供试溶液中被测成分量的 $100\% \pm 10\%$。

（二）多组分分析

若样品中有两种或两种以上的组分共存时，可根据吸收光谱相互重叠的情况分别采用不同的测定方法。最简单的情况是各组分的吸收峰不重叠，我们可按单组分的测定方法分别测定各组分的浓度；第二种情况是 a、b 两组分的吸收光谱有重叠，组分测定时有干扰的情况，这时可采用计算分光光度法来测定，但由于此方法过于复杂，目前较少运用，所以在此就不再赘述。

第 6 节　应用与示例

紫外-可见分光光度法仪器结构简单，操作简便易行，目前主要运用于单组分的含量测定及总成分如总黄酮、总皂苷、总生物碱、总有机酸等成分的测定，是中药材及其制剂、化学药及生物制品分析中常用的手段。

例 3-5 玉竹中多糖的测定

对照品溶液的制备　取无水葡萄糖对照品适量，精密称定，加水制成每 1 mL 含无水葡萄糖 0.6 mg 的溶液，即得。

标准曲线的绘制　精密量取对照品溶液 0.0 mL、1.0 mL、1.5 mL、2.0 mL、2.5 mL、3.0 mL，分别置 50 mL 量瓶中，加水至刻度，摇匀。精密量取上述各溶液 2 mL，置具塞试管中，分别加 4%苯酚溶液 1 mL，混匀，迅速加入硫酸 7.0 mL，摇匀，于 40℃水浴中保温 30 min，取出，置冰水浴中 5 min，取出，以第一份溶液为空白，在 490 nm 的波长处测定吸光度，以吸光度为纵坐标，浓度为横坐标，绘制标准曲线。

测定法　取本品粗粉约 1 g，精密称定，置圆底烧瓶中，加水 100 mL，加热回流 1 h，用脱脂棉滤过，如上重复提取 1 次，两次滤液合并，浓缩至适量，转移至 100 mL 量瓶中，加水

至刻度，摇匀，精密量取 2 mL，加乙醇 10 mL，搅拌，离心，取沉淀加水溶解，置 50 mL 量瓶中，并稀释至刻度，摇匀，精密量取 2 mL，照标准曲线的绘制项下的方法，自"加 4%苯酚溶液 1 mL"起，依法测定吸光度，从标准曲线上读出供试品溶液中无水葡萄糖的质量（mg），计算，即得。

例 3-6 独一味片中总黄酮的测定

对照品溶液的制备 取芦丁对照品 0.2 g，精密称定，置 100 mL 量瓶中，加 70%乙醇 70 mL，置水浴上微热使溶解，放冷，加 70%乙醇至刻度，摇匀。精密量取 10 mL，置 100 mL 量瓶中，加水至刻度，摇匀，即得。

标准曲线的绘制 精密量取对照品溶液 1 mL、2 mL、3 mL、4 mL、5 mL、6 mL，分别置 25 mL 量瓶中，加水至 6 mL，加 5%亚硝酸钠溶液 1 mL，混匀，放置 6 min，加 10%硝酸铝溶液 1 mL，摇匀，放置 6 min，加氢氧化钠试液 10 mL，再加水至刻度，摇匀，放置 15 min，以相应的溶剂为空白，在 500 nm 波长处测定吸光度，以吸光度为纵坐标、浓度为横坐标绘制标准曲线。

测定法 取本品 20 片，糖衣片除去糖衣，精密称定，研细，取 0.6 g，精密称定，置 100 mL 量瓶中，加 70%乙醇 70 mL，置水浴上微热并时时振摇 30 min，放冷，加 70%乙醇至刻度，摇匀，取适量，离心（转速为每分钟 4000 转）10 min，精密量取上清液 1 mL，置 25 mL 量瓶中，照标准曲线的绘制项下的方法，自"加水至 6 mL"起，依法测定吸光度，从标准曲线上读出供试品溶液中芦丁的量，计算，即得。

例 3-7 二甲双胍格列本脲片（I）中盐酸二甲双胍的测定

取本品 20 片，精密称定，研细，精密称取适量（约相当于盐酸二甲双胍 50 mg），置 100 mL 量瓶中，加水适量，超声约 5 min 使盐酸二甲双胍溶解，放冷，加水稀释至刻度，摇匀，滤过，精密量取续滤液 1 mL，置 100 mL 量瓶中，加水稀释至刻度，摇匀，在 233 nm 的波长处测定吸光度，另精密称取盐酸二甲双胍对照品适量，加水溶解并稀释制成每 1 mL 中约含 5 μg 的溶液，作为对照品溶液，同法测定，计算，即得。

思考与练习

1. 简述电子跃迁的类型及其特点。
2. 电子跃迁的吸收波长和吸收强度分别由什么决定？
3. 吸收带的种类有哪些？其各自特点是什么？影响因素有哪些？
4. 简述朗伯-比尔定律中各字母所代表的意义，吸收系数的特点有哪些。
5. 简述偏离比尔定律的因素，及其在实际工作中克服方法。
6. 显色反应的条件包括哪些？应如何确定其具体条件？
7. 选择测量条件时，应从哪些方面来考虑？请简述如何控制测量条件。
8. 简述紫外-可见分光光度计的各部件及其结构特点。
9. 紫外-可见分光光度法定性分析依据是什么？简述其在哪些方面运用。
10. 定量测定时，选择溶剂的要求有哪些？
11. 简述吸收系数法、标准曲线法和标准对照法三种定量分析方法的运用条件和具体操作过程。
12. 标准曲线法操作中应注意的问题有哪些？相关系数变低的原因可能有哪些？
13. 推测下列化合物在紫外-可见光谱图上含有哪些跃迁类型和吸收带。

(1)

(2)

(3)

(4)

(5) $CH_3CH_2CH_2OH$

(6) $CH_2\!=\!CH\!-\!CH\!=\!CH\!-\!CH\!=\!CH_2$

(7)

(8)

(9)

14. 某化合物在紫外光谱中有 B 带吸收，还有 $\lambda_1=240$ nm，$\varepsilon=1.3\times10^4$ 及 $\lambda_2=319$ nm，$\varepsilon=50$ 两个吸收峰，此化合物中有哪些电子跃迁类型？可能含有什么基团？

15. 将紫草素（$C_{16}H_{16}O_5$）20.00 mg 溶于 1000.0 mL 乙醇中配制成溶液后，于 $\lambda_{max}=516$ nm 处，在 1.00 cm 吸收池中测得的百分透光率为 32.8%，试计算：

（1）此溶液的吸光度；

（2）紫草素的 ε_{max} 和 $E_{1cm}^{\%}$ 。 （$A=0.484$，$E_{1cm}^{\%}=242$，$\varepsilon_{max}=6970$）

16. 某化合物的摩尔吸收系数为 15000 L/（mol·cm），该化合物的水溶液在 1.00 cm 吸收池中的吸光度为 0.514，试计算此溶液的透光率及浓度。 （$T\%=30.6\%$，$c=3.427\times10^{-5}$ mol/L）

17. 丹皮酚在 274 nm 处 $E_{1cm}^{1\%}=862$，该化合物配成溶液后在 1.00 cm 吸收池中，274 nm 处的透光率为 39.5%，求此溶液的浓度。 （$c=4.68\times10^{-4}$ %）

18. 测得呋塞米纯物质在 271 nm 处 $E_{1cm}^{1\%}=580$，在相同条件下分析某企业生产的该药物制剂，测得该制剂的 $E_{1cm}^{1\%}=560$，试计算该制剂呋塞米药效成分的含量。 （96.55%）

19. 配制某一元弱酸 HIn 的 HCl 体系，NaOH 体系和邻苯二甲酸氢钾缓冲液（pH=4.00）体系中的三种溶液，其浓度均为含该弱酸 0.001 g/100 mL，在 1 cm 吸收池中，$\lambda=520$ nm 处分别测出其吸光度如下表，求该弱酸的 pK_a。

酸碱度情况	A（$\lambda_{max,\,520\,nm}$）	主要存在形式
pH4.00	0.480	[HIn]和[In⁻]
NaOH 体系	0.628	[In⁻]
HCl 体系	0.314	[HIn]

（3.95）

课程人文

一、紫外线效应和分类

根据生物效应的不同，将紫外线按照波长划分为四个波段：

UVA 波段：波长 320～400 nm，又称为长波黑斑效应紫外线。有很强的穿透力，可以穿透大部分透明的玻璃以及塑料。日光中含有的长波紫外线有超过 98%能穿透臭氧层和云层到达地球表面，UVA 可以直达肌肤的真皮层，破坏弹性纤维和胶原蛋白纤维，将皮肤晒黑。360 nm 波长的 UVA 紫外线符合昆虫类的趋光性反应曲线，可制作诱虫灯。300～400 nm 波长的 UVA 紫外线可透过完全截止可见光的特殊着色玻璃灯管，仅辐射出以 365 nm 为中心的近紫外线，可用于矿石鉴定、舞台装饰、验钞等。

UVB 波段：波长 275～320 nm，又称为中波红斑效应紫外线。中等穿透力，波长较短的部分会被透明玻璃吸收，日光中含有的中波紫外线大部分被臭氧层所吸收，只有不足 2% 能到达地球表面，在夏天和午后会特别强烈。UVB 紫外线对人体具有红斑作用，能促进体内矿物质代谢和维生素 D 的形成，但长期或过量照射会令皮肤晒黑，并引起红肿脱皮。紫外线保健灯、植物生长灯发出的就是使用特殊透紫玻璃（不透过 254 nm 以下的光）和峰值在 300 nm 附近的荧光粉制成。

UVC 波段：波长 100～275 nm，又称为短波灭菌紫外线。穿透能力弱，无法穿透大部分的透明玻璃及塑料。日光中含有的短波紫外线几乎被臭氧层完全吸收。短波紫外线对人体的伤害很大，短时间照射即可灼伤皮肤，长期或高强度照射还会造成皮肤癌。紫外线杀菌灯发出的就是 UVC 短波紫外线。

UVD 波段：波长小于 100 nm，又称为真空紫外线。

二、光电二极管

发光二极管（light emitting diode，简称 LED）是一种常用的发光器件，通过电子与空穴复合释放能量发光，在照明领域应用广泛。发光二极管可高效地将电能转化为光能，在现代社会具有广泛的用途，如照明、平板显示、医疗器件等。

第4章
荧光分析法

物质吸收光子能量后，外层电子被激发而跃迁到更高的电子能级，这种处于激发态的电子是不稳定的，它以辐射跃迁过程或非辐射跃迁过程回到基态。其中激发态电子回到低能级而伴随的辐射过程，称为光致发光，最常见的两种光致发光现象是荧光和磷光。电子从激发态的最低振动能级返回到基态时所发射出的光称为荧光（fluorescence），荧光分析法（fluorometry）是根据物质发射的荧光波长及其强度进行定性和定量分析的方法。荧光可分为不同的类型，如果物质是分子，称为分子荧光，若物质是原子，则称为原子荧光；根据照射能量的不同，又分为 X 射线荧光、紫外线荧光等，本章主要介绍的是紫外-可见光作为激发光源的分子荧光法。荧光分析法的优点是测定灵敏度高和选择性好，其检出限可达到 10^{-10} g/mL，甚至 10^{-12} g/mL，所以荧光分析法在医药和临床分析中有着特殊的重要性。

第1节 基本原理

一、分子荧光的产生

（一）基本概念与名词术语

1. 分子的电子能级与振动能级　物质的分子中存在着一系列不同能量的电子能级，而每个电子能级中又包含一系列的振动能级。在正常状态下，分子中的电子处于基态的最低振动能级，当吸收辐射后，电子跃迁至激发态的不同振动能级。

2. 单线态与三线态　在基态时，物质分子的电子填充在低能级的各轨道中。根据 Pauli 不相容原理，一个给定轨道中的两个电子，自旋方向相反，即自旋量子数分别为 1/2 和–1/2，其总自旋量子数 S 等于 0，因此基态电子能级的多重性 $M=2S+1=1$，此时分子所处的电子能态称为基态单线态，用符号 S 表示。当物质分子吸收光辐射后，低能级轨道中一个电子跃迁至较高的电子能级，通常电子不发生自旋反转，即两个电子的自旋方向仍相反，总自旋量子数 S 仍等于 0，分子多重性为 1（$M=2S+1=1$），处于激发的单线态，用符号 S*表示；如果电子在跃迁的过程中同时伴随着自旋方向的改变，这时两个电子的自旋量子数均为 1/2，因而总自旋量子数 S 等于 1（$S=1/2+1/2$），分子多重性为 3（$M=2S+1=3$），这时分子处于激发的三线态，用符号 T*表示。分子的单线态与三线态表示如图 4-1。

激发单线态与激发三线态相比较有如下特点：三线态的能级差比单线态的能级差小，因此由基态跃迁至激发三线态所需能量较跃迁至激发单线态小；由基态跃迁至激发三线态是禁阻跃迁，产生的概率很小，约为激发单线态产生概率的 $10^{-6}\sim10^{-7}$ 倍，因而其摩尔吸收系数也很小；

电子的激发单线态的寿命比三线态的寿命短得多，单线态的寿命约为 10^{-9} s，而三线态的寿命约为 10^{-3} s。

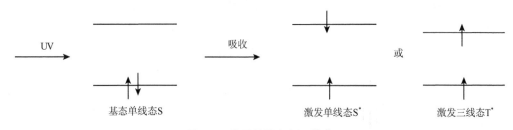

UV　　　　　　　　　吸收　　　　　　　　　　或

基态单线态S　　　　　　　　激发单线态S*　　　　　　　激发三线态T*

图 4-1　分子单线态与三线态

3. 振动弛豫　分子吸收能量后，电子跃迁至激发态的不同振动能级，激发态分子与溶剂分子碰撞后，将部分能量传递给溶剂分子，其电子返回到同一电子激发态的最低振动能级的过程称为振动弛豫（vibrational relaxation）。振动弛豫能量是以热的形式释放，属于无辐射跃迁，振动弛豫只能在同一电子能级内进行，其发生时间约为 $10^{-11}\sim10^{-13}$ s 数量级。

4. 内部能量转换（internal conversion of energy）　是指分子中激发态的两个电子能级能量相差较小，各电子能级中的振动能级有部分重叠时，激发态分子由高电子能级以热的形式释放能量，无辐射跃迁方式转移至低电子能级，简称内转换。图 4-2 中，激发态 S_1^* 的较高振动能级与激发态 S_2^* 的较低振动能级的能量非常接近，因此极易发生内转换过程。

5. 外部能量转换　在溶液中，激发态分子与溶剂分子或其他分子相互碰撞而失去能量，常以热能的形式放出，称为外部能量转换（external conversion），简称外转换。外转换常发生在第一激发单线态或第一激发三线态的最低振动能级向基态转换的过程中，外转换可降低荧光强度。若激发态分子用 Q^* 表示，M 表示溶液中其他的分子，则 Q^* 与 M 之间发生碰撞后，发生外转换可表示为：$Q^*+M\longrightarrow Q+M^*$，我们把这种由于其他物质的存在导致荧光强度降低甚至消失的现象，叫荧光猝灭，M 叫荧光猝灭剂。

6. 系间跨越（intersystem crossing）　是指处于激发态分子的电子发生自旋反转，其分子的多重性由 1 变为 3，分子由激发单线态 S^* 变为激发三线态 T^*，荧光强度减弱甚至熄灭。图 4-2 中，如果激发单线态 S_1^* 的振动能级同三线态 T_1^* 的振动能级重叠，则处于激发单线态的电子可能发生系间跨越。一般来说，含有重原子如碘、溴等的分子及溶液中存在氧分子等顺磁性物质容易发生系间跨越。

（二）荧光的产生

正常状态下，分子绝大多数处于电子能级的基态，当吸收了紫外-可见光后，基态分子中的电子跃迁到不同激发态的各个不同振动能级上，且根据 Pauli 不相容原理，处于激发态的电子为单线态。处于激发态的分子不稳定，必须通过释放能量回到基态，能量的释放方式可以是辐射形式（光）也可以是无辐射形式（热）。分子吸收激发光的能量不同，电子跃迁到不同的激发态能级上，但无论分子最初处于哪一个激发单线态，通过内转换及振动弛豫，均可返回到第一激发单线态的最低振动能级，然后再以辐射形式向外发射光量子而返回到基态的任一振动能级上，此过程发射的光量子即为荧光（图 4-2）。

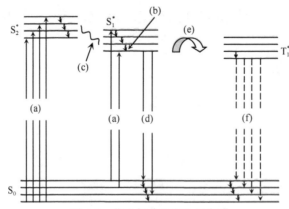

图 4-2 荧光与磷光产生示意图

（a）吸收；（b）振动弛豫；（c）内部能量转换；（d）荧光发射；（e）系间跨越；（f）磷光发射

由于振动弛豫和内转换损失了部分能量，因此荧光的能量小于激发光能量，即产生荧光的波长比激发光波长要长。发射荧光的过程约为 $10^{-7} \sim 10^{-9}$ s，由于电子可以返回到基态的任一振动能级上，所释放的荧光波长稍有不同，因此得到的荧光谱线是一带状光谱。不同振动能级的基态电子再通过进一步的振动弛豫，而回到基态的最低振动能级。

（三）磷光的产生

处于第一激发态最低振动能级的单线态分子经过系间跨越，再通过振动弛豫至三线态的最低振动能级，然后返回至基态的各个振动能级而发出光辐射，这种光辐射称为磷光。分子处于激发三线态时其寿命较单线态长，因此发射磷光所需要的时间约为 $10^{-4} \sim 10$ s。但在室温下溶液较少呈现磷光，是由于激发三线态的保持时间较长，荧光物质分子与其他分子间相互碰撞机会增大等因素的影响，处于三线态的分子常常通过外部能量转化的过程回到基态。

由此可见，处于激发态的分子可通过外部能量转换、荧光的产生及磷光的产生等途径回到基态，其中以速度最快、激发态寿命最短的途径占优势。

二、激发光谱与发射光谱

当分子吸收激发光后，激发态分子回到基态时发射荧光，此过程中涉及两种特征光谱，激发光谱和发射光谱。激发光谱（excitation spectrum）指不同波长的激发光引起物质发射某波长荧光的相对强度。即记录荧光波长（λ_{em}）不变时，荧光强度 F 与激发波长之间的关系。由于荧光强度与物质吸收光量子的多少有关，吸收光越多，荧光越强，因此激发光谱相当于荧光物质的紫外-可见吸收光谱。激发光谱的测定方法可结合荧光分光光度计结构（图 4-7）来理解，固定荧光单色器于某一波长处，扫描激发单色器，不断改变激发光波长，以固定波长的荧光强度（F）为纵坐标，激发光波长（λ_{ex}）为横坐标作图，即可得到激发光谱。

荧光光谱又称为荧光发射光谱（fluorescence emission spectrum），是指在某一固定激发光波长下，产生不同波长荧光的强度。荧光的产生是由处于第一激发态的最低振动能级的电子向基态的不同振动能级跃迁所致，因此，产生的荧光有多个吸收峰，是带状光谱，荧光光谱是表示在所发射的荧光中各种波长的相对强度。荧光光谱的测定方法可结合荧光分光光度计结构

（图 4-7）来理解，固定某一激发波长，扫描荧光单色器，不断改变荧光发射波长，以荧光强度（F）为纵坐标，荧光发射波长（λ_{em}）为横坐标作荧光光谱。

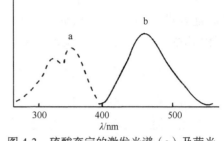

图 4-3　硫酸奎宁的激发光谱（a）及荧光光谱（b）

激发光谱和荧光光谱是荧光物质的特征光谱，对物质进行荧光测定时，一般选择激发光谱中最大吸收波长作为激发波长；选择荧光光谱中最大发射波长作为测定波长。如图 4-3 是硫酸奎宁的激发光谱及荧光光谱。荧光光谱与激发光谱的特征比较如下：

（1）斯托克斯位移：通常情况下，某物质荧光光谱的发射波长总是大于激发光波长的现象称为斯托克斯位移（Stokes shift）。物质吸收激发光后，电子跃迁到不同激发态电子能级及振动能级，但均通过内转换和振动弛豫过程而到达第一激发单线态的最低振动能级而发射荧光，内转换和振动弛豫过程所损失的能量是 Stokes 位移产生的主要原因。

（2）荧光光谱的形状与激发波长及强度无关：激发光谱是物质的吸收光谱，其吸收带的种类与分子中官能团有关，若分子中有多种官能团，则激发光谱可能有多个吸收带。不同波长的激发光，可使电子激发到不同的电子能级，但即使电子被激发到更高的激发态能级，均通过内转换和振动弛豫回到第一激发单线态最低振动能级，然后发射荧光回到基态，因此，荧光光谱只有一个发射带。从以上分析可知，荧光光谱形状通常与激发波长及强度无关，但荧光强度受到跃迁总电子数的影响，跃迁电子数越多，产生的荧光越强，由此荧光强度与激发光波长和强度有关。

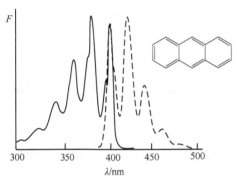

图 4-4　蒽的激发光谱（实线）和荧光光谱（虚线）

（3）荧光光谱与激发光谱的镜像关系：如果将某一物质的激发光谱和它的荧光光谱进行比较，就可发现这两种光谱之间存在着"镜像对称"的关系，如图 4-4 所示的蒽的激发光谱和荧光光谱。

三、荧光与分子结构的关系

荧光的产生及其强度受各种因素影响，影响荧光的内因主要是分子结构，影响荧光的外因主要有温度、溶剂的极性、黏度等。在影响荧光产生及其强度的因素中，分子结构占主要作用。

（一）荧光效率

荧光效率（fluorescence efficiency）又称荧光量子产率，是指荧光物质吸收光后发射荧光的光子数与吸收光的光子数之比，常用 φ_f 表示，φ_f 在 0～1 之间。荧光效率是荧光物质的重要发光参数。

$$\varphi_f = \frac{发射荧光的光子数}{吸收激发光的光子数} \qquad (4-1)$$

激发态分子回到基态的方式主要有辐射（荧光）跃迁和非辐射跃迁，若以辐射跃迁为主，则其荧光效率高,若以非辐射跃迁方式为主,则荧光效率低,荧光效率是电子跃迁过程中两种跃迁方式竞争的结果。荧光效率低的物质虽然有紫外-可见光的吸收,但所吸收的能量大多以无辐射跃迁形式释放,所以难以检测到荧光。

(二)荧光与分子结构的关系

由荧光产生的过程可知,荧光产生前提一是物质要具有强吸收紫外-可见光的结构,二是须有较高的荧光效率。一般来说,分子结构中存在共轭结构产生 K 带吸收时,其吸光强度大,可能产生的荧光强度大;分子的刚性和共平面性越强,荧光效率越高;共轭体系上的取代基的性质对荧光的波长和强度也产生较大的影响。总体来说,分子结构的共轭程度越高,其荧光波长越长,荧光强度越大,下面具体介绍。

1. 共轭体系　具有共轭 π 键体系的分子,其非定域 π 电子易被激发,且共轭体系越长,π 电子越易被激发,往往荧光强度更强;另一方面,随着体系共轭程度的增加,吸收峰向长波方向移动,发射的荧光也向长波方向移动。绝大多数能产生荧光的物质都含有芳香环或杂环,如苯、萘、蒽、丁省四个化合物的共轭结构与荧光的关系如下:

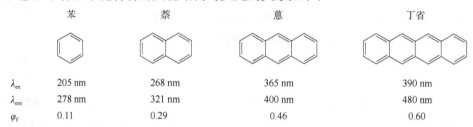

	苯	萘	蒽	丁省
λ_{ex}	205 nm	268 nm	365 nm	390 nm
λ_{em}	278 nm	321 nm	400 nm	480 nm
φ_f	0.11	0.29	0.46	0.60

除芳香烃外,含有长共轭双键的脂肪烃也可能有荧光,如维生素 A 是能发射荧光的脂肪烃之一。

2. 分子的刚性和共平面性　共轭键相同的分子,分子的刚性和共平面性越大,其电子云重叠程度越高,共轭程度越大,荧光效率越大,且荧光波长长移。例如,在相似的测定条件下,联苯(⬡—⬡)和芴(⬡⬡)的荧光效率 φ_f 分别为 0.2 和 1.0,二者的结构差别在于联苯间两个苯环由单键相连,由于单键可以自由旋转,使得两苯环的共平面性减弱,而芴的分子中加入亚甲基,使两个苯环不能自由旋转,成为刚性分子,共轭 π 电子的共平面性增加,使芴的荧光效率大大增加。

本身没有荧光或荧光较弱的物质与其他物质形成配合物后,若分子的刚性和共平面性增强,则其荧光也增强。如具有 5-羟基黄酮(结构)类结构的物质荧光较弱,与 Al^{3+}

形成配合物(结构)后,荧光就增强。相反,如果原来结构中共平面性较好,但在

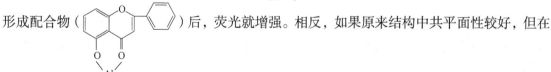

分子中取代了较大基团后,由于位阻的原因使分子共平面性下降,则荧光减弱。例如 1,2-二苯乙烯的反式异构体有强烈荧光,而其顺式异构体没有荧光,这是由于顺式分子的两个基团在同一侧,由于位阻原因使分子不能共平面而没有荧光。

3. 取代基效应　取代基可分为三类：第一类为给电子基团，取代基的存在常使荧光效率提高，荧光波长长移。如—NH$_2$、—OH、—OCH$_3$、—NHR、—NR$_2$、—CN 等，这类基团易与不饱和键发生 p-π*共轭，扩大了共轭结构的体系，即使分子的共轭程度增加；第二类为吸电子基团，取代基的存在导致荧光减弱甚至熄灭，如—COOH、—NO$_2$、—C=O、—F、—Cl、—Br、—I 等，这类基团的表现为吸电子效应，减弱分子的 π 电子共轭性，且其发生系间跨越的概率大，致使其荧光减弱甚至消失；第三类取代基对 π 电子共轭体系作用较小，如—R、—NH$_3^+$等，对荧光的影响不明显。

四、影响荧光强度的外部因素

影响物质荧光强度的外部因素主要包括温度、溶剂的性质、溶液的 pH、其他干扰物质的存在等，这些因素有些是影响物质的结构，有些会影响荧光效率，下面具体介绍。

1. 溶剂　溶剂的极性和黏度对物质发射的荧光波长和强度有很大的影响。在紫外-可见分光光度法中提到，溶剂的极性越大，由于溶剂与键的相互作用，π→π*跃迁所需的能量差 ΔE 越小，从而使荧光物质的激发波长和荧光发射波长均长移，荧光强度也有所增强。溶剂黏度减小，溶液中分子的运动速度增加，各分子间碰撞概率增加，外部能量转换的概率变大而使荧光强度减弱，反之，溶剂黏度越大，荧光强度越强。

2. 温度　溶液温度对物质的荧光强度有显著的影响。一方面，温度越高，溶液中分子的运动速度越快，分子间碰撞概率增加，外部能量转换的概率变大，荧光物质的荧光效率和强度将降低。另一方面，温度对溶剂的黏度有影响，通常温度越高，溶剂黏度越小，荧光强度下降。

3. pH　pH 对荧光波长和强度的影响，本质上是 pH 改变了荧光物质的结构。当荧光物质是弱酸或弱碱时，在溶液中有共轭酸式和共轭碱式两种物质存在且达平衡，这两种物质的结构不同，其荧光波长及强度均不相同，当溶液的 pH 改变时，其共轭酸式和共轭碱式相对浓度发生变化，因此溶液中总的荧光波长和强度也发生相应变化。每一种荧光物质都有它最适宜的发射荧光的存在形式，也就是有它最适宜的 pH 范围。例如苯胺在不同 pH 下有下列平衡关系：

pH<2　　　　　　pH 7～12　　　　　　　　pH>13

溶液 pH 7～12 时苯胺主要以分子形式存在，苯胺分子会发生蓝色荧光；但当溶液 pH<2 和 pH>13 时，均以苯胺离子形式存在，不能发射荧光。因此，测定苯胺荧光的最佳酸度范围为 pH 7～12。

4. 荧光猝灭剂　荧光猝灭是指溶液中由于其他物质的存在导致荧光物质的荧光强度降低甚至消失的现象。引起荧光猝灭的物质称为荧光猝灭剂（quenching medium）。如卤素离子、重金属离子、硝基化合物、重氮化合物、羰基和羧基化合物等均为常见的荧光猝灭剂。

荧光猝灭的原因主要有：①荧光物质的分子与猝灭剂分子碰撞而损失能量；②荧光物质分子与猝灭剂分子发生了反应生成无荧光物质；③在荧光物质的分子中引入溴或碘等物质发生系

间跨越而转变成三线态；④由于荧光物质浓度过高而产生自猝灭现象，当荧光物质的浓度超过 1 g/L 时，由于荧光物质分子间相互碰撞的概率增加，产生荧光自猝灭现象，溶液浓度越高，这种现象越严重。

5. 散射光 照在待测溶液中的入射光经吸收后，剩余的光一部分透过溶液成为透射光，另一部分的光和待测物质分子发生碰撞，致使其运动方向发生改变而向不同角度散射，这种光称为散射光（scattering light）。

根据光子与分子发生碰撞时，能量是否损失，散射光又分为瑞利散射光（Rayleigh scattering light）和拉曼散射光（Raman scattering light）。当发生碰撞时，光子的能量不损失，其波长与入射光波长相同，仅是运动方向发生变化，称为瑞利散射光；当发生碰撞时，光子的运动方向发生变化，且光子的能量部分损失，发射出比入射光波长稍长的光，称为拉曼散射光（简称拉曼光）。散射光方向与荧光方向相同，拉曼光波长与物质发射的荧光波长相近，因此，其对荧光测定有干扰，测定荧光时采注意减少散射光干扰。

由于拉曼光的波长随着激发光的波长变化而改变，激发光波长越长，拉曼光的波长也越长；而荧光波长是不随激发光波长变化而改变的，因此，选择适当的激发波长可消除拉曼光的干扰。如图 4-5，在 0.1 mol/L 硫酸溶液中，硫酸奎宁的激发波长为 320 nm 时，其拉曼光波长为 360 nm，当激发波长为 350 nm 时，其拉曼光波长为 400 nm；而硫酸奎宁在不同的激发光波长下，荧光光谱的最大发射波长均为 448 nm。当在 448 nm 波长下测定荧光强度时，400 nm 的拉曼光比 360 nm 的拉曼光对荧光测定的干扰大，此时，应选择的激发光波长为 320 nm，可减少拉曼光对荧光的测定干扰。

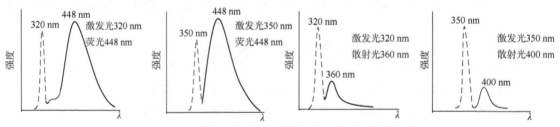

图 4-5　硫酸奎宁在不同激发波长下的荧光与散射光谱

表 4-1 为水、乙醇、环己烷、四氯化碳、三氯甲烷五种常用溶剂在不同波长激发光照射下拉曼光的波长，在选择激发波长或溶剂时可作为参考。从表中可见，四氯化碳的拉曼光与激发光的波长极为相近，所以其拉曼光几乎不干扰荧光测定，但因其化学毒性较强，一般不作为溶剂使用。而水、三氯甲烷、乙醇及环己烷的拉曼光波长较长，使用时必须注意。

表 4-1　不同激发波长下主要溶剂的拉曼光波长（nm）

溶剂	248	313	365	405	436
水	271	350	416	469	511
乙醇	267	344	409	459	500
环己烷	267	344	408	458	499
四氯化碳	—	320	375	418	450
三氯甲烷	—	346	410	461	502

第 2 节 定量分析方法

一、荧光强度与物质浓度的关系

荧光物质发射荧光的强度（F）与物质吸收光的强度（I）及荧光效率（φ_f）呈正向关系。若设溶液中荧光物质浓度为 c，液层厚度为 b，入射光强度为 I_0，透射光强度为 I_t。由于 $F = K'I$，$I = I_0 - I_t$，则

$$F = K'(I_0 - I_t) \tag{4-2}$$

根据 Beer 定律 $A = abc = \lg(I_0 / I_t)$，

$$I_t = I_0 \cdot 10^{-abc} \tag{4-3}$$

将式（4-3）代入式（4-2），得到

$$F = K'I_0(1 - 10^{-abc}) = K'I_0(1 - e^{-2.3abc}) \tag{4-4}$$

将式中 $e^{-2.3abc}$ 展开，得

$$e^{-2.3abc} = 1 + \frac{(-2.3abc)^1}{1!} + \frac{(-2.3abc)^2}{2!} + \frac{(-2.3abc)^3}{3!} + \cdots \tag{4-5}$$

将式（4-5）代入式（4-4）

$$F = K'I_0\left[1 - \left(1 + \frac{(-2.3abc)^1}{1!} + \frac{(-2.3abc)^2}{2!} + \frac{(-2.3abc)^3}{3!} + \cdots\right)\right]$$

$$= K'I_0\left[2.3abc - \frac{(-2.3abc)^2}{2!} - \frac{(-2.3abc)^3}{3!} - \cdots\right] \tag{4-6}$$

若当 $abc > 0.05$ 时，荧光强度与物质浓度的关系复杂，不呈线性关系；当 $abc \leqslant 0.05$，式（4-6）中括号内第二项起后面的各项可以忽略，可得

$$F = 2.3K'I_0abc = Kc \tag{4-7}$$

由式（4-7）可知，在低浓度时（$abc \leqslant 0.05$），溶液的荧光强度与溶液中荧光物质的浓度成正比，可利用此关系式对荧光物质浓度进行定量分析，同时进一步说明荧光分析法进行定量分析的前提是所测荧光物质浓度较低。

荧光的产生是荧光物质先吸收入射光（激发光）、被激发之后才发射荧光。如图 4-6 所示，入射光部分被吸收后，剩余的透射光沿入射光的方向从溶液中射出；同时溶液中荧光物质被激发后，可在溶液的各个方向观察到所发射的荧光。为了避免入射光的干扰，在与激发光源垂直的方向测定荧光。

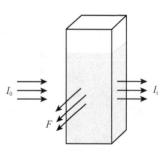

图 4-6 溶液荧光的测定方向

二、荧光定量分析方法

物质的荧光分析测定分为直接测定法和间接测定法。若待分析物质自身可发射荧光，可通过直接测定其荧光强度而测定浓度，称为直接测定法；若待分析物本身不发射荧光，则可通过

间接法测定，例如加入其他化学试剂使待测物发生荧光衍生化反应，使不发射荧光的物质转变为适合测定的荧光物质。对荧光物质进行定量测定的方法与紫外-可见分光光度法相似，主要包括工作曲线法和比例法。

1. 工作曲线法　工作曲线法也称标准曲线法，是荧光分析最广泛采用的方法。其具体方法可参考第 3 章中紫外-可见分光光度法的含量测定方法，主要包括三个步骤：①标准曲线的绘制，即配成一系列标准溶液，测定荧光强度，以荧光强度为纵坐标，标准溶液的浓度为横坐标，绘制标准曲线；②在同样条件下测定试样溶液的荧光强度；③计算标准曲线的回归方程及相关系数，由标准曲线方程求出试样中荧光物质的含量。

2. 比例法　比例法类似于紫外-可见分光光度法中的单点校正法，如果荧光分析的标准曲线通过原点，则荧光强度之比等于物质浓度之比，荧光物质浓度可用比例法进行测定。在浓度线性范围之内，测定某一浓度为 c_s 对照品溶液的荧光强度（F_s），在同样条件下测定试样溶液的荧光强度（F_x），根据比例关系计算试样中荧光物质的含量（c_x）。若空白溶液的荧光强度不能调至 0% 时，必须从 F_s 及 F_x 值中扣除空白溶液的荧光强度（F_0），然后利用下式计算

$$\frac{F_s - F_0}{F_x - F_0} = \frac{c_s}{c_x} \tag{4-8}$$

第 3 节　荧光分光光度计

荧光分光光度计组成

荧光分光光度计是用来测定物质荧光强度的仪器，一般由光源、激发和发射光单色器、样品池、检测系统等组成。其结构如图 4-7 所示。

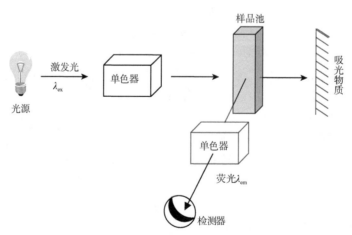

图 4-7　荧光分光光度计的光路示意图

1. 光源　荧光分光光度计常用的光源有氙灯和汞灯。高压氙灯是目前应用最广的一种光源，氙灯所发射的谱线强度大，在 250～700 nm 波长范围内为连续光谱，且在 300～400 nm 范围内强度几乎相等，其使用寿命约为 2000 h。氙灯工作时压力为 2 MPa，使用时注意有爆裂

危险，另外，氙灯光很强，应避免直视光源，以免眼睛受损。汞灯的能量主要集中在紫外线区，目前还出现了高压汞-氙弧灯，这种灯结合了汞灯及氙灯各自的优点，提供了更宽的光谱输出。激光光源的强度大，单色性好，可大大提高荧光测定的灵敏度，其使用也越来越广泛。

2. 单色器　荧光分光光度计有两个单色器。一个是对激发光进行分光的单色器，称为激发单色器，其作用是获得入射单色光；另一个是对发射的荧光进行分光的单色器，称为发射单色器，发射单色器的作用是分离某一波长的荧光，消除散射光的干扰。绝大多数单色器均采用光栅分光，其分光原理见第 3 章紫外-可见分光光度计。光栅单色器有两个主要性能指标，色散能力和去除杂散光水平，对于荧光分光光度计来说，去除杂散光水平是一个重要参数。荧光测定时散射光的影响较大，如生物样品浊度较大，试样溶液中散射光较多，会干扰荧光的测定。

3. 样品池　测定荧光用的样品池必须用低荧光的玻璃或石英材料制成。其形状以散射光较少的方形为宜，并且适用于 90°测量，以消除透射光的干扰。

4. 检测器　绝大多数荧光分光光度计均采用光电倍增管作为检测器，其检测原理见第 3 章紫外-可见分光光度法。电感耦合器件（CCD）是一种多通道检测器，也可用于荧光分光光度计。

荧光分析法特点之一是灵敏度高，这是由于测定荧光强度的灵敏度取决于检测器的灵敏度，即只要改进光电倍增管和放大系统，使荧光信号足够放大，极微弱的荧光能被检测到，就可以测定很稀的溶液浓度，因此荧光分析法的灵敏度很高。紫外-可见分光光度法定量的依据是透射光强和入射光强的比值，即使检测器将光强信号放大，但是由于同时放大透射光强和入射光强，其比值仍然不变，其检测灵敏度不变，故荧光分析法的灵敏度远高于紫外-可见分光光度法。

第 4 节　应用与示例

荧光分析法的灵敏度高，选择性好，取样量少，方法快速，已成为医药学、生物学、农业和工业等领域进行科学研究工作的重要手段之一。

在药物研究中，荧光分析法可用于鉴别和含量测定，特别是在利用薄层色谱分析法鉴别药物时，通过物质的荧光斑点进行定性分析运用很广，其具体分析方法可见第 10 章。荧光分光光度法可用于药物成分含量测定、体内药物的分析、生物样品的分析等方面。

一、直接荧光分析法

利用直接荧光分析法可对待测物质进行定性和定量分析,通过观察其荧光斑点颜色或测定其荧光波谱特征对物质成分进行定性分析、通过测量其荧光强度对物质成分进行定量分析。如测定血浆中盐酸阿扑吗啡的含量：由于血浆中盐酸阿扑吗啡的含量极低，一般的检测方法灵敏度不够，无法进行测定，荧光测定法灵敏度高，检测限低，可测定含量极低的组分。盐酸阿扑吗啡可发射荧光，其激发波长为 270 nm，发射波长为 450 nm，因此可利用荧光分析法测定血浆中盐酸阿扑吗啡的含量。

二、间接荧光测定法

间接荧光测定法又可分为荧光衍生法和荧光猝灭法。荧光衍生法是通过本来不发荧光的被分析物质与荧光试剂的作用，被分析物质转变为另一种可发射荧光的化合物，再通过观察其荧光斑点颜色或测定该化合物的荧光强度进行定性、定量分析。例如，利血平片的含量测定中，由于其本身的荧光效率低，可通过加入五氧化二钒试液的方法使其转化为氧化产物，该氧化产物呈现出强的绿黄色荧光，可在激发光波长 400 nm、发射光波长 500 nm 处测定其荧光强度，从而计算出利血平的含量。

荧光猝灭法是指当被测组分不发射荧光，但却具有使荧光物质发生荧光猝灭的能力时，由于荧光猝灭的程度与待分析物质浓度有定量关系，可通过该荧光猝灭斑点对被测组分进行定性、定量分析。例如在含有牛血红蛋白及双氧水的弱碱性体系中，丙二醛可使 L-酪氨酸发生荧光猝灭，由此可用于测定体系中丙二醛的含量。

思考与习题

1. 荧光分析法与紫外-可见分光光度法有何异同？该法的特点有哪些？
2. 激发三线态与激发单线态各有何特点？
3. 简述荧光发射及磷光发射的过程，并比较荧光及磷光的特点。
4. 处于激发态的分子回到基态的途径有哪些？
5. 简述激发光谱及荧光光谱的绘制方法及其各自特点。
6. 简述影响物质荧光强度的结构因素有哪些，如何影响。
7. 简述影响物质荧光强度的外部因素有哪些，如何影响。
8. 简述荧光分光光度计的组成，其各部件与紫外-可见分光光度计比较有何异同。
9. 用荧光法测定某试样中牛磺酸的含量，取供试品 1 g，制备成供试品溶液 10 mL，取 1 mL 定容至 10 mL 后，在激发波长 365 nm 和发射波长 450 nm 处测定荧光强度为 1563.2。同时分别精密量取牛磺酸对照品溶液（0.1000 mg/mL）0.2 mL、0.4 mL、0.8 mL、1.2 mL、1.6 mL、2.0 mL，分别定容至 10 mL 后测定荧光强度为 290.1、560.14、1100.22、1640.3、2180.38、2720.46，试求该试样中牛磺酸的含量，以 mg/g 计。

（1.143 mg/g）

课程人文

一、荧光增白剂

荧光增白剂（fluorescent brightener）：是一种荧光染料，又称白色染料，是一种复杂的有机化合物。该物质受激发后能产生荧光，使所染物质获得类似萤石的闪闪发光的效应，使肉眼看到的物质很白。在纸张、塑料、皮革、洗涤剂等产品中广泛使用，同时在许多高科技的领域也在使用，如：荧光探测、染料激光器、防伪印刷等。

二、萤火虫

萤火虫有专门的发光细胞，在发光细胞中有两类化学物质，一类被称作荧光素，另一类被称为荧光素酶。荧光素能在荧光素酶的催化下消耗 ATP，并与氧气发生反应，反应中产生激发态的氧化荧光素，当氧化荧光素从激发态回到基态时释放出光子，发出黄绿冷光。

第 5 章

原子吸收分光光度法

物质与辐射发生相互作用,根据其作用的基本粒子不同可分为原子光谱和分子光谱,根据其相互作用后能量的传递方式不同可分为吸收光谱和发射光谱。原子光谱法可分为原子吸收分光光度法(atomic absorption spectrophotometry, AAS)、原子发射分光光度法(atomic emission spectrophotometry, AES)和原子荧光分光光度法(atomic fluorescence spectrophotometry, AFS),本章只讨论原子吸收分光光度法。

原子吸收分光光度法也称为原子吸收光谱法,是指被测物质的基态原子在蒸气状态下,选择性地吸收特征电磁辐射,根据其对辐射的吸收程度而进行元素定量分析的方法。18 世纪初科学家沃拉斯顿(W. H. Wollaston)和夫琅禾费(J. Fraunhofer)首次发现原子吸收光谱现象;1859 年本生(R. Busrn)和基尔霍夫(G. Kirchoff)研制了第一台光谱仪,并确定了光谱与相应原子性质之间的关系,奠定了光谱定性分析的基础;1873 年洛克尔(Lockyer)和罗伯茨(Robents)发现了谱线强度、谱线宽度与分析物含量的关系,开始建立起光谱的定量分析方法;目前,随着高技术的引入及微电子技术和数字化技术的结合,原子光谱分析仪器向高精度、高灵敏度发展,原子吸收分光光度法广泛运用于能源、环境分析、水质分析、生化样品分析及食品药品分析等各行各业。

与紫外-可见分光光度法相比较,原子吸收分光光度法对光的吸收也遵循朗伯-比尔定律,且其仪器结构也相似,均由光源、单色器、吸收池和检测器组成。不同之处在于原子吸收分光光度法作用的物质是原子,原子吸收只有原子外层电子能级的跃迁,吸收光谱为线状光谱,测定所使用的光源为锐线光源;而紫外-可见分光光度法为分子吸收法,分子吸收除了分子外层电子能级跃迁外,同时还有振动能级和转动能级的跃迁,其吸收光谱是带状光谱,测定所使用的光源为连续光源。

根据原子化器的种类不同,原子吸收分光光度法主要分为火焰原子吸收分光光度法(flame atomic absorption spectrophotometry, FAAS)和石墨炉原子吸收分光光度法(graphite furnace atomic absorption spectrophotometry, GFAAS)。原子吸收光谱法具有灵敏度高(约为 $10^{-6}\sim10^{-9}$ 数量级,甚至更低)、选择性好、精密度高、分析速度快、应用范围广等特点。

第 1 节 基 本 原 理

一、原子吸收光谱的产生

原子吸收光谱是原子在吸收能量后,其外层电子在两个原子能级之间跃迁而产生的。原子核外电子的能量状态与电子的运动状态相关,电子的运动状态由主量子数 n、角量子数 l、磁

量子数 m 和自旋角量子数 m_s 来描述。由于核外多个价电子自旋的相互作用及电子自旋与轨道之间的相互作用，电子的能量状态与核外电子排布并非完全相同。原子核外电子的能量状态可由主量子数 n、总角量子数 L、总自旋角量子数 S 及内量子数 J 来描述，即用光谱项来表征，其符号为 $n^{2S+1}L_J$。其中主量子数 n 是来描述原子中电子所处的层次，在光谱学上常用大写字母 K、L、M、N、O、P 代表，相应的取值常为 1，2，3，…、n。总角量子数 L 是外层价电子角量子数的矢量和，光谱学上常用符号 S、P、D、F、…来表示，相应的取值为 0、1、2、3、…、(n–1)。总自旋角量子数 S 表示价电子总的自旋状态，因电子自旋只有正、反两个方面，可分为用 1/2 和 –1/2 表示，总自旋量子数是单个价电子自旋角量子数的矢量和，其值可为 0，±1/2，±1，±3/2，…。内量子数 J 表示核外电子在运动过程中，轨道磁矩与自旋磁矩产生耦合作用形成的能级分裂，其值由 L、S 决定，当 $L \geqslant S$ 时，J 可取 $2S+1$ 个数值，当 $L < S$ 时，取 $2L+1$ 个数值，其加和规律为 $J=L+S$，$L+S-1$，…，$|L-S|$。由以上可知，当 n、L、S、J 确定时，原子便处于某一确定的能级状态。在光谱项 $n^{2S+1}L_J$ 中，当 $L > S$ 时，将有 $2S+1$ 个不同 J 值的光谱支项，由于 J 值不同的支项，其能量差别极小，因而由它们产生的光谱线，波长极为接近，称为多重线系。

原子吸收辐射后价电子产生跃迁，其他核外电子呈稳定状态，且两个或多个价电子产生跃迁所需的能量很大，一般难以发生，所以原子吸收光谱法只考虑一个价电子被激发到高能级的情况。如钠原子的结构为 $1s^2\ 2s^2\ 2p^6\ 3s^1$，其价电子为 3s 上的 1 个电子，其自旋量子数 $S=1/2$，$2S+1=2$，当 $n=3$ 时，角量子数有 3 个，分别为 S、P、D。其中 S 为基态，总自旋角量子数 $S=1/2$，可用 $3^2S_{1/2}$ 表示；P 为第一激发态，此时可计算得 $J=1/2$，3/2，则第一激发态有两个光谱支项，分别表示为 $3^2P_{1/2}$ 和 $3^2P_{3/2}$。如图 5-1 是钠原子部分电子能级图，钠原子的基态价电子受到激发时两种跃迁为：589.6nm，$3^2S_{1/2} \rightarrow 3^2P_{1/2}$；589.0nm，$3^2S_{1/2} \rightarrow 3^2P_{3/2}$。

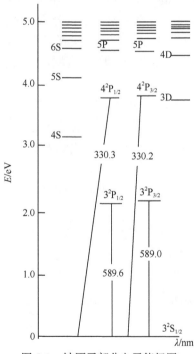

图 5-1 钠原子部分电子能级图

原子由基态吸收辐射后，被激发跃迁到不同的较高能态，产生的吸收谱线称为共振吸收线（或称共振线），每个元素有多条共振线，其中电子从基态跃迁到第一激发态所产生的吸收谱线称为第一共振吸收线或称为主共振线。在共振线中，第一共振吸收线强度通常最大，是所有谱线中最灵敏的谱线，在原子吸收分析中常选用第一共振线作为分析线进行定量分析。各种元素的原子结构和外层电子排布不同，跃迁时吸收的能量亦不相同，因此各元素的共振线不同并各有其特征性，这种共振线称为元素的特征谱线。

二、不同能级原子的分布

原子吸收光谱法是测量蒸气中基态原子对特征谱线的吸收强度进行定量分析的方法。按照热力学理论，在热平衡状态时，处于基态的原子与激发态原子分布符合玻尔兹曼（Boltzmann）

分布。即：

$$\frac{N_{\mathrm{j}}}{N_0} = \frac{g_{\mathrm{j}}}{g_0} \mathrm{e}^{-\frac{E_{\mathrm{j}} - E_0}{KT}} = \frac{g_{\mathrm{j}}}{g_0} \mathrm{e}^{-\frac{\Delta E}{KT}} \tag{5-1}$$

式中，N_{j}、N_0 分别表示激发态和基态的原子数目；g_{j}、g_0 分别为激发态和基态的统计权重；E_{j} 和 E_0 分别是激发态和基态原子的能量；T 为热力学温度；K（1.38×10^{-23} J/K）为 Boltzmann 常量。从式中可知，同一元素，温度越高，激发态原子所占的比例越大；相同温度下，跃迁能级差越小，即共振吸收线越长的元素，其激发态所占的比例越大。表 5-1 列出了几种元素在不同温度下共振激发态与基态原子数的比值。

表 5-1　几种元素的 N_{j}/N_0 值

元素	共振线的滤长/nm	g_{j}/g_0	ΔE /eV	N_{j}/N_0	
				2000 K	3000 K
Na	589.0	2	2.104	0.99×10^{-5}	5.83×10^{-4}
Pb	283.3	3	4.375	2.83×10^{-11}	1.34×10^{-7}
Ag	328.1	2	3.778	6.03×10^{-10}	8.99×10^{-7}
Mg	285.21	3	4.346	3.35×10^{-11}	1.50×10^{-7}
Sr	460.7	3	2.690	4.99×10^{-7}	9.07×10^{-5}
Ca	422.7	3	2.932	1.22×10^{-7}	3.55×10^{-5}
Zn	213.86	3	5.795	7.45×10^{-13}	5.50×10^{-10}
Cu	324.75	2	3.817	4.82×10^{-10}	6.65×10^{-7}

由于大多数元素的原子化温度不超过 3000 K，最强共振吸收线的波长都低于 600 nm，从表中可看出，在原子化温度范围内，$\dfrac{N_{\mathrm{j}}}{N_0}$ 值均小于 10^{-3}，即在原子蒸气中，原子基本是以基态的形式存在，激发态原子数可忽略不计，温度变化对 $\dfrac{N_{\mathrm{j}}}{N_0}$ 值影响不大，这也是原子吸收光谱法灵敏度高的重要原因。

三、原子吸收线的形状及谱线变宽

当辐射能量与原子跃迁所需能量相等时，原子会吸收该辐射产生吸收光谱，若原子中电子跃迁所需能量为 ΔE，则吸收光谱的频率为 $v = \Delta E / h$。原子光谱理论上为线状光谱，吸收线对应的是某一条或某几条频率线，但实际原子吸收谱线是具有一定宽度的峰形曲线。如图 5-2 所示。原子吸收曲线的特点可由吸收曲线的中心频率（v_0）、吸收强度（K_v）、半宽度（$\Delta \lambda$ 或 Δv）来表征。吸收峰的频率由原子能级决定，吸收强度由两能级之间的跃迁概率决定，半宽度是指在中心频率 v_0 吸收系数一半处，吸收

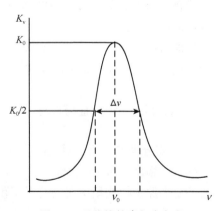

图 5-2　吸收线轮廓与半宽度

光谱轮廓上两点之间的频率差或波长差。

谱线变宽会影响原子吸收的灵敏度和准确度,造成谱线变宽的因素有多种,下面分别介绍。

1. 自然宽度(Δv_N) 自然宽度(natural width)是指无外界条件影响时的谱线固有宽度,不同谱线的自然宽度不同。它由激发态原子的平均寿命决定,激发态原子的平均寿命越短,谱线越宽。自然宽度约在 10^{-5} nm 数量级,与其他因素引起的谱线宽度相比要小得多,一般可以忽略不计。

2. 多普勒变宽(Δv_D) 多普勒(Doppler)变宽也称为热变宽,是由于原子相对于检测器的无规则热运动所引起的。当原子向着检测器作热运动时,被检测到的频率较原子静止时辐射的频率高,波长紫移;反之,则被检测到的频率较静止辐射的频率低,波长红移,于是引起谱线变宽,即产生多普勒效应。谱线多普勒变宽可由下式描述:

$$\Delta v_D = 7.16 \cdot v_0 \sqrt{T / M} \qquad (5\text{-}2)$$

式中, T 是热力学温度; M 为原子量; v_0 是谱线的中心频率。从上式可知,多普勒变宽与温度及原子量相关,温度越高, Δv_D 越大,待测物质的原子量越大, Δv_D 越小。多普勒宽度约在 10^{-3} nm 数量级,是谱线变宽的主要因素。

3. 碰撞变宽(Δv_C) 在原子化器中,原子与其他粒子发生碰撞,使原子碰撞前后的辐射能量发生改变,从而引起谱线变宽,称为碰撞变宽。由于碰撞变宽的程度与吸收区气体的压力有关,故又称为压力变宽,压力升高越高,谱线变宽越大。根据碰撞粒子的不同又可以分为霍尔兹马克(Holtsmark)变宽(Δv_R)和洛伦兹(Lorentz)变宽(Δv_L)两种。

Holtsmark 变宽是由待测原子自身碰撞而引起的变宽,又称为共振变宽,它随试样原子蒸气浓度增加而增加,随着谱线变宽,吸收值也相应减小,一般来说,原子化器中,待测元素的原子密度很低, Δv_R 约为 10^{-5} nm 数量级,可忽略不计。Lorentz 变宽是由被测元素的原子与蒸气中其他原子或分子等碰撞而引起的谱线轮廓变宽,通常 Δv_L 为 10^{-3} nm 数量级,也是谱线变宽的主要因素之一。

4. 自吸变宽 光源阴极发射的共振线被灯内待测元素的基态原子所吸收,使共振线在 v_0 处的发射强度减弱而产生自吸收现象,从而导致谱线变宽的现象称为自吸变宽。一般来说,灯电流越大,自吸现象越严重。

5. 场致变宽 在外界电场或磁场的作用下,引起原子核外层电子能级分裂而使谱线变宽现象称为场致变宽。可分为由电场效应引起的斯塔克(Stark)变宽和由磁场效应引起的塞曼(Zeeman)变宽。

通常在原子吸收光谱测定条件下,谱线的宽度主要是由 Doppler 效应和 Lorentz 效应引起。当其他共存元素密度很低时,主要受到 Doppler 效应影响。

四、原子吸收值与原子浓度的关系

1. 积分吸收 原子对光的吸收情况如图 5-2 所示,可测定该曲线所覆盖的总面积作为原子的吸收强度,称为积分吸收法,所测得的吸收强度表示吸收的全部能量,积分吸收与产生吸收的基态原子数应呈正比的关系。积分数学表达式为

$$\int K_v \mathrm{d}v = \frac{\pi e^2}{mc} \cdot f \cdot N_0 \qquad (5\text{-}3)$$

式中，e 为电子电荷；m 为电子质量；c 为光速；N_0 为单位体积内基态原子数；f 为振子强度，代表每个原子中能够吸收或发射特定频率光的电子数。式（5-3）表明，积分吸收与吸收辐射的基态原子数成正比，这是原子吸收法定量测定基础。但在实际工作中，由于多数元素吸收曲线半宽度约为 10^{-3} nm，要对如此窄的吸收曲线进行积分需要极高分辨率和灵敏度的光学系统，目前还难以做到。

2. 峰值吸收 峰值吸收法是直接测量吸收线中心频率所对应的吸收强度来确定待测原子浓度的方法，简称峰值吸收法。在原子吸收光谱分析条件下，吸收谱线展宽主要是多普勒变宽（$\Delta \nu_D$）引起，且有关系如下：

$$K_\nu = K_0 \cdot e^{-\left[\frac{2\sqrt{\ln 2}(\nu-\nu_0)}{\Delta\nu_D}\right]^2} \quad (5\text{-}4)$$

对式（5-4）积分，得

$$\int K_\nu d\nu = \frac{1}{2}\sqrt{\frac{\pi}{\ln 2}} \cdot K_0 \cdot \Delta\nu_D \quad (5\text{-}5)$$

联合式（5-3）和式（5-5），得

$$K_0 = \frac{2}{\Delta\nu_D}\sqrt{\frac{\ln 2}{\pi}} \cdot \frac{\pi e^2}{mc} \cdot f \cdot N_0 \quad (5\text{-}6)$$

若用吸光度可表示为

$$A = 0.434 \cdot \frac{2}{\Delta\nu_D}\sqrt{\frac{\ln 2}{\pi}} \cdot \frac{\pi e^2}{mc} \cdot f \cdot N_0 \cdot L = 0.434 K_0 L \quad (5\text{-}7)$$

从式（5-6）、（5-7）可以看出，由于 $\Delta\nu_D$、f 都是定值，峰值吸收系数 K_0 及吸光度 A 与基态原子总数 N_0 成正比。由于 N_0 与待被试样浓度呈正向关系，若设 $N_0 = \beta \cdot c$（β 为常数），则

$$A = 0.434 \cdot \frac{2}{\Delta\nu_D}\sqrt{\frac{\ln 2}{\pi}} \cdot \frac{\pi e^2}{mc} \cdot f \cdot \beta \cdot c \cdot L = K' \cdot C \quad (5\text{-}8)$$

式（5-8）为原子吸收光谱分析的定量基础。在实际工作中只要测得中心波长处吸光度，就可以求出待测元素的浓度和含量。

由上面的分析可知，利用原子吸收光谱法进行定量分析时，需要光源发射的特征频率与待测元素所吸收谱线的中心频率（ν_0）一致，而发射谱线的半宽度要远小于吸收谱线的半宽度，把发射这种光的光源称为锐线光源，如图 5-3 所示。

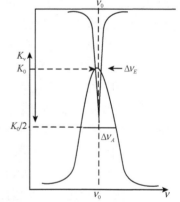

图 5-3 锐线光源发射谱线示意图

第 2 节 原子吸收分光光度计

原子吸收分光光度计又称原子吸收光谱仪，是通过测定蒸气中基态原子对共振辐射的吸收强度来进行定量分析的一种仪器。主要由光源、原子化系统、单色器、检测器、数据处理及显示系统等几个部分组成，见图 5-4。

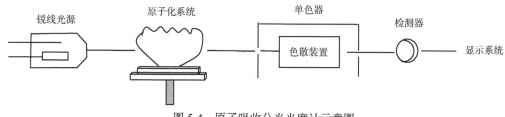

图 5-4　原子吸收分光光度计示意图

一、光源

光源所提供的辐射频率应为原子吸收所需的特征谱线,这就需要发射的特征频率比吸收线宽度更窄,故又称为锐线光源。对锐线光源的基本要求是:辐射强度大,稳定性好;发射谱线宽度小,光谱纯度高,背景低;使用和维护方便,寿命长。最常用的光源为空心阴极灯。

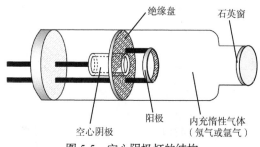

图 5-5　空心阴极灯的结构

空心阴极灯(hollow cathode lamp, HCL)又称元素灯,是由玻璃管制成的封闭式低压气体的放电管,由空心圆柱形阴极及阳极组成,其结构如图 5-5 所示。阴极由待测元素材料制成,阳极为钨棒,管内充有惰性气体,如氖或氩等,光学窗口为石英窗。

空心阴极灯是一种辉光放电灯,当在阴极和阳极间施加一定的电压后,电子由阴极向阳极作高速运动,在运动中与管内的惰性气体碰撞,产生能量交换,惰性气体分子电离,产生的正离子高速撞击阴极内壁,使阴极表面的金属原子溅射出来,溅射出来的金属原子再与高能态的电子、惰性气体原子、离子等发生碰撞而被激发,激发态原子释放能量回到低能态时,发射出阴极元素的特征共振线,同时,还有载气的谱线产生。

空心阴极灯的发光强度与工作电流有关,灯电流越大,发光强度越大。但灯电流过大,灯上原子溅射作用增强,谱线变宽,甚至引起自吸,导致灵敏度降低,灯寿命缩短;灯电流过小,放电不稳定。因此,实际工作中应选择合适的灯电流,使空心阴心极可以得到强度大、谱线窄、灵敏度高的待测元素特征谱线。

空心阴极灯一般指单元素灯,即一个灯上阴极仅涂有某一种元素,仅发射此种元素的共振谱线,单元素空心阴极灯辐射光强度大且稳定,谱线宽度窄,但测一种元素需换一个灯。若阴极物质含有多种元素,则称为多元素空心阴极灯,多元素空心阴极灯可同时辐射出多种元素的共振谱线,可利用同一多元素空心阴极灯测定不同的元素,但此类灯辐射强度较弱,灵敏度较差,光谱干扰较大。

二、原子化系统

原子化系统是指将试样转变为测定所需的气态基态原子,即将试样原子化的装置。可分为火焰原子化系统、石墨炉原子化系统、低温原子化系统等。

1. 火焰原子化系统

（1）结构：火焰原子化系统是利用化学火焰将试样原子化的一种装置。常用的是预混合型原子化器，由雾化器、预混合室和燃烧器及辅助装置组成，见图5-6。

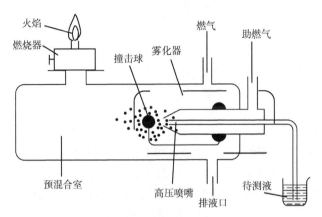

图 5-6　火焰原子化器示意图

1）雾化器：也称喷雾器，其作用是将试液雾化，形成气溶胶。试液雾粒越细、均匀性越好，在火焰中生成的气态基态自由原子就越多。目前一般采用同轴气动雾化器，如图5-6，待测溶液和助燃气从毛细管中的喷嘴喷出，经撞击球碰撞后雾化，形成气溶胶进入预混合室。经雾化器生成雾滴的直径大小、待测试液的雾化效率直接影响了测定的灵敏度、精密度和检出限。因此对雾化器的要求是喷雾速度稳定、喷雾效率高、雾粒直径小且均匀等。

2）预混合室：燃气与助燃气和气溶胶在预混合室充分混合后进入燃烧器。在该室中大的雾滴在室内凝聚并由排液口排走，这样进入火焰的气溶胶更为均匀。

3）燃烧器：燃烧器中产生火焰，使进入火焰的试样原子化。通常要求燃烧器的火焰稳定、原子化程度大；喷口不容易被试样沉积堵塞，没"记忆效应"；燃烧器设有位置控制装置，可通过调节燃烧器位置，以便光源发射的共振线通过原子蒸气密度最大的位置，以提高检测灵敏度。常用的燃烧器为单缝型，缝宽一般为 0.5 mm，长度有 5 cm 和 10 cm 两种规格，可根据具体的分析条件选择不同的燃烧器长度。

（2）火焰类型及特征

1）火焰的类型：常用的燃气有乙炔、烷烃及氢气等，常用的助燃气有空气、一氧化二氮（笑气）等。根据燃气与助燃气的比例不同，火焰可分为中性火焰、富燃火焰和贫燃火焰。

中性火焰又称为化学计量火焰，火焰中燃气与助燃气的比例与它们之间的化学反应计量关系相近，具有温度高、干扰小、稳定、背景低等特点，适用于大多数元素。

富燃火焰是指火焰中燃气与助燃气的比例大于化学计量关系，火焰燃烧不完全，具有还原性，温度较低。适用于易生成难离解氧化物的元素的测定，如 Cr，但它的干扰较多，背景值高。

贫燃火焰是指燃气与助燃气的比例小于化学计量关系，该火焰燃烧充分，温度较低，氧化性较强，适合测定易分解、易电离元素，如碱金属和碱土金属的分析。

在实际测量时应通过实验确定燃气和助燃气的最佳流量比，表 5-2 列出了常见的火焰特征。

表 5-2　常见火焰的特性

燃气-助燃气	火焰类型	燃烧速度/（cm/s）	火焰温度/K
乙炔-空气	中性	160	2300
乙炔-空气	贫燃	160	<2300
乙炔-空气	富燃	160	<2300
乙炔-氧气	中性	1140	3160
氢气-氧气	中性	900	2700
乙炔-氧化亚氮	富燃	180	2955
丙烷-空气	中性	82	2200

2）火焰的透射比：在火焰原子化过程中，除了被测元素会产生共振吸收外，火焰中燃气、助燃气及其燃烧过程中产生的其他产物均有可能产生背景吸收，不同类型的火焰，其背景吸收特征不同。测定不同波长下光源透过空白火焰后的透光率强度，称为透射比。不同类型的火焰，在不同波长下透射比不同，原子吸收光谱分析时应选择在测定波长下透射比大的火焰类型。

3）火焰燃烧速度：是指单位时间内燃烧气体的量，它影响了火焰燃烧的稳定性和燃烧安全性。要使火焰强度稳定，可燃混合气体的供应速度应稍大于燃烧速度。若供应速度过小，将使火焰不稳定，甚至会引起回火；若供应速度太大，会使火焰离开燃烧器，火焰强度不稳定。

4）火焰的温度：火焰温度是影响原子化效率的重要因素，火焰温度与火焰类型有关，还与火焰高度、位置相关。温度的选择原则是恰能使待测元素离解成基态自由原子即可，若温度太低，则原子化效率太低，若温度太高，将会使气化后的基态原子激发，使激发态原子数增加，基态原子数减少。

火焰原子化法适用范围广，易于操作、分析速度快，故应用普遍。但原子化效率低（约为 5%～10%），所需被测试液的体积较大，一般为 mL 级，由于火焰中生成的成分较杂、背景干扰较大、原子在蒸气中滞留时间较短（约为 10^{-4} s）等因素，该法的灵敏度相对较低（10^{-6} 级）。

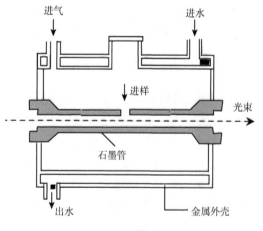

进气　进水　进样　光束　石墨管　出水　金属外壳

图 5-7　石墨炉原子化器

2. 石墨炉原子化系统

（1）结构：石墨炉原子化系统又称电热原子化系统，石墨炉通电后加热至高温（2000～3000 K），试样在高温石墨炉中原子化。其结构如图 5-7 所示，由电源、石墨炉体、石墨管等组成，石墨炉体包括内外保护气装置、冷却系统、石英窗等组成部分。

石墨管在通电后开始加热，石墨管内腔升温，加热升温以干燥、灰化、原子化和净化四步进行，每步所需温度不同。石墨管长 20～60 mm，外径 6～9 mm，内径 4～8 mm，管中央开一小孔，用于试样加入和保护气体流通。内外保护气一般选用氩气，外气路中的氩气沿石墨管外壁流动，以防石墨管氧化，内气路中的氩气由管两端流向管中心，从管中心孔流出，用来除去干燥和灰化过程中产生的基体蒸气，同时保护已原子化的原子不被氧化。冷却系统一方面可保证石墨炉高温不会对其他装置造成损坏，另一方面有利于上次分析结束后，原子化器迅速冷却，以便后继的分析。

（2）原子化过程：石墨炉原子化过程可分为干燥、灰化、原子化及净化四个阶段。干燥时一般为低温加热，应避免试样溶液的暴沸，其目的是除去试样溶液的溶剂，其干燥温度稍高于溶液中的溶剂沸点。灰化阶段的目的是尽可能把样品中的干扰组分除去，以降低原子化阶段的背景吸收，但同时又应考虑避免待测元素的损失。灰化温度高，时间长，有利干扰组分的去除；灰化温度较低，时间短，有利于减少待测元素的损失，故灰化温度和时间需根据具体情况来确定。原子化温度与时间取决于待测元素的性质和含量，其作用是使待测元素在高温下成为自由状态的基态原子。净化过程起到除去石墨炉的残留，消除"记忆效应"的作用。经过干燥、灰化和原子化的升温程序后，试样基体组分和待测组分基本被保护气携带出石墨管外，但还有一些难挥发物质残留下来，因此需要更高温度使其挥发。

与火焰原子化法相比较，由于蒸气原子在石墨管中的滞留时间较长（1～2 s），石墨炉原子化法具有灵敏度高（10^{-9}级）、检出限低的特点；又由于石墨炉原子化法的原子化效率达 90%，因此样品用量少，一般为 5～50 μL。但石墨炉原子化法需注意"记忆效应"对测定的干扰。

3. 低温原子化系统　低温原子化法也称为化学原子化法，是利用化学反应使被测元素改变存在形式，可在低温下原子化的方法，常用的有氢化物原子化法及冷原子化法。

（1）氢化物原子化法：将待测元素与强还原性物质（如 $NaBH_4$、KBH_4）反应而生成极易挥发、易分解的氢化物，然后用载气引入电热石英管中使其分解为气态原子。氢化物原子化法主要用于 As、Sb、Bi、Sn、Ge、Se、Pb、Te 等元素的测定，这些元素氢化物的原子化温度较低，一般在 700～900℃即可。

由于这种方法从溶液中分离出被测元素，故灵敏度高，选择性好，干扰少，且原子化温度低，但氢化物有毒，应在良好的通风条件下进行。

（2）冷原子化法：利用汞具有低熔点、高蒸气压的特点，测定含汞元素的物质时，用强还原剂将汞还原为金属汞，用载气（如 N_2）将汞蒸气带入原子吸收池内进行测定。该法是专用于汞元素的测定方法，具有常温测量、灵敏度高、准确度高的特点。

三、单色器

原子吸收分光光度计的单色器与紫外-可见分光光度计类似，由色散元件、准直镜和狭缝等组成。色散元件常用光栅，其主要作用是将待测元素的共振线与邻近的干扰谱线分开，然后再通过调节出口狭缝宽度使邻近干扰线被阻隔，只有被测元素的吸收共振线通过出口狭缝，进入检测器。为了阻止来自原子化器其他的辐射进入检测器，单色器放置在原子化器的后面。

四、检测系统

检测系统的作用是将光信号转变为电信号。常用的检测器是光电倍增管，是目前灵敏度较高、响应速度较快的一种光电检测器。但该检测器一次只能检测一条谱线，无法同时分析测定分析线和背景强度。随着新技术的发展，光电二极管阵列（photodiode arrays，PDA）、电荷耦合器件（charge coupled devices，CCD）及电荷注入器件（charge injection devices，CID）得到了发展。

第3节　干扰及其抑制

原子吸收分光光度法中的干扰主要有光谱干扰、物理干扰、化学干扰和电离干扰。了解测定过程中的干扰情况，可有针对性地采取克服措施，对测定条件的选择有指导作用。

1. 光谱干扰及抑制方法　光谱干扰（spectral interference）是指在测定过程中，无法完全分离分析元素的吸收线与非吸收线或辐射所引起的干扰，主要包括光谱线干扰和背景吸收干扰。

光谱线干扰是指光谱通带内存在多条干扰谱线，这些干扰谱线与被测元素分析线相近（或与吸收线重叠）而无法被单色器分开，从而进入检测器，引起被测元素吸光度变化。主要有以下几种情况：①由于空心阴极灯的阴极元素发射出多条与分析线波长相近的谱线，或者是灯中的惰性气体发射的谱线与吸收线波长相近，单色器不能分开，被测元素均可能对这些谱线产生吸收，而引起被测元素测定结果不准确。②若被测物质中除了含有被测元素外，其共存元素的吸收线与被测元素相近而对分析线产生吸收，从而增大了测定结果的吸光度。例如测定 Al，其吸收线为 308.215 nm，若试样中共存有 V（308.211 nm），则产生测定干扰。

抑制光谱线干扰的方法有：

1）减小狭缝的宽度，即减小光谱通带宽度。单色器中出口狭缝越窄，光的单色性越好，可通过减小狭缝宽度的方法把相邻的光去除，但狭缝越窄，光通量越小，测定灵敏度越低，因此，狭缝宽度应合适。

2）另选分析线。若是干扰线和分析线波长相差很小时，无法通过减小狭缝宽度的方法去除干扰，也可通过选择被测元素其他的次灵敏的共振线作为分析线。

3）采用化学方法分离干扰元素。

4）可通过选用高纯度的空心阴极灯进行测定。

背景吸收干扰是指在原子化过程中生成的气体分子、氧化物等对辐射的吸收，微小固体颗粒使光产生散射和折射，及火焰原子化器中火焰发射的连续光谱而引起的干扰。背景吸收为宽带吸收，干扰比较严重，其吸收特征不但与波长有关，还与具体的实验条件、操作方法、试样的空间分布等有关。如石墨炉原子吸收法中样品蒸气在炉中的分布不均匀，会导致背景吸收空间分布也不均匀，事实上，背景吸收对石墨炉原子吸收法的影响比火焰原子化法严重，测定时应注意扣除背景。

背景吸收校正可有效改善背景吸收对测定的干扰，主要有邻近非吸收线法、氘灯校正法和塞曼（Zeeman）效应校正法等。

1）邻近非吸收线法：用分析线测量原子吸收与背景吸收的总吸光度，再用与吸收线邻近的非吸收线测量背景吸光度，然后用两次测量值相减即得到校正背景之后的原子吸收的吸光度。

2）氘灯校正法：在测定时，使氘灯提供的连续光谱和空心阴极灯提供的共振线交替通过原子化器，当空心阴极灯照射时，得到被测元素吸收与背景吸收的总和，用 A_{HCL} 表示；氘灯辐射的连续光谱通过时，测定的吸收度相当于背景的吸收，用 A_D 表示，计算两种灯下测得的吸收度差值（$A_{HCL}-A_D$），即得校正背景后的被测元素的吸光度值。

3）塞曼（Zeeman）效应校正法：塞曼效应是指在强磁场的作用下，产生光谱线分裂的现象。塞曼效应校正法是强磁场将吸收线分裂成偏振方向不同、波长相近的多条谱线，利用分裂的偏振谱线特性对被测原子吸收和背景吸收进行校正的方法。塞曼效应校正背景的方法分为两类：光源调制法和吸收线调制法。光源调制法是利用磁场施加于光源产生塞曼效应，称为正向塞曼效应；吸收线调制法是利用磁场施加于吸收池，产生待测组分吸收线的分裂，称为逆向塞曼效应或吸收线塞曼效应。通过塞曼效应可得到三条具有线偏振的谱线，频率分别为 $v-\Delta v$、v、$v+\Delta v$。其中频率为 v 的谱线振动方向平行于磁场方向，频率与加磁场前一致，未发生变化，称为 π 成分；频率为 $v-\Delta v$、$v+\Delta v$ 的谱线方向垂直于磁场方向，称为 σ$^\pm$ 成分，其频率与加磁场前光频率稍有差别。

以光源调制法为例来说明其背景校正方法：在光源上施加一个磁场，光源发出的锐线光分裂为 π 成分、σ$^\pm$ 成分。三种光通过试样原子蒸气时，π 成分的频率与被测原子吸收频率一致，被测原子对其产生吸收，同时，也产生背景吸收；σ$^\pm$ 成分频率与被测原子不一致，故被测原子不产生吸收，仅存在背景吸收。利用检测器分别检测 π 成分和 σ$^\pm$ 成分的吸收值，所得差值即为被测原子吸收度，由此可以扣除背景。

2. 物理干扰及抑制方法　物理干扰（physical interference）又称基体效应干扰，是指试样在转移、蒸发和原子化过程中，由于试样或溶剂的物理性质的变化而引起的原子吸收度下降的效应，这些物理性质如密度、黏度、表面张力等变化引起试样喷入火焰的速度、雾化效率、雾滴大小、溶剂蒸发速度、保护气流速等变化而造成的干扰。若被分析液中含有大量的基体元素及其他盐类物质则易产生基体效应干扰。物理干扰是一种非选择性干扰，对试样中各元素的影响基本上是相似的。

抑制物理干扰的主要方法有：

（1）降低试液黏度，避免使用黏度大的溶剂或加入适量的有机溶剂；

（2）为减少基体干扰，配制与被测试样组成相似的标准溶液作标准曲线，或采用标准加入法进行分析。

3. 化学干扰及抑制方法　化学干扰（chemical interference）是由待测元素与其他组分在液相或气相中发生化学反应所引起的干扰效应。如待测元素与其他共存组分发生化学反应生成稳定性更强的化合物或者是生成易挥发的化合物而引起的损失、在火焰原子吸收法中被测元素形成难离解的氧化物、在石墨炉原子化法中被测元素与石墨表面形成稳定的碳化物等，这些反应均使被测原子的离解和原子化效率降低，产生化学干扰。化学干扰的特点是具有选择性，它对试液中各元素的影响不同，并随测定条件如火焰温度、雾滴大小等的不同而不同，是原子吸收光谱法干扰的主要来源。

抑制化学干扰可通过加入某些适合的试剂，以减少和控制待测元素发生可产生干扰的反应。具体有以下几种：

（1）加入释放剂或者保护剂，以防止被测元素与干扰组分产生反应。释放剂与干扰组分能形成更稳定的化合物，可使被测元素释放出来；保护剂常为配合物，与被测元素生成的配合物稳定性高，可阻止被测元素与干扰组分的反应。例如，测定 Mg^{2+} 时，若试样中存在 PO_4^{3-}，可对测定产生干扰，若测定前向试液中加入足量的 $LaCl_3$，由于 PO_4^{3-} 生成了更稳定的 $LaPO_4$，则可减少对 Mg^{2+} 测定的干扰，此时加入的 $LaCl_3$ 为释放剂。

（2）选择合适的原子化方法，如提高原子化温度可使难离解的化合物分解，对于火焰原子化法可采用还原性强的富燃火焰以使难离解的氧化物还原、分解。

（3）可通过前处理方法，如萃取、沉淀、离子交换等预先分离去除干扰组分。

（4）采用标准加入法测定待测元素的含量，当基体干扰不明确的情况下，采用此法可有效地减少化学干扰和基体干扰。

4. 电离干扰及抑制方法 电离干扰（ionization interference）是指待测元素在原子化过程中发生电离，使基态原子减少而引起吸光度的下降。被测元素的电离程度与其本身电离电位及火焰温度有关，元素电离电位越低，则越易发生电离，如碱金属及碱土金属元素易发生电离；火焰温度越高，则元素越易电离。可采用控制火焰温度的方法来减少被测原子的电离，或者加入消电离剂可以有效地抑制和消除电离干扰。消电离剂是比被测元素电离电位低的元素，相同条件下，消电离剂首先电离，产生大量的电子，从而抑制被测元素的电离，常用的消电离剂是易电离的碱金属盐如铯盐等。

第 4 节　测定条件的选择

1. 被测试样的处理 火焰原子化法测定样品应为溶液，石墨炉原子化法测定样品既可为溶液，也可为固体试样。下面以溶液的制备为例来说明样品的处理过程。

若试样为液体，一般对试样进行稀释或浓缩，使被测元素的浓度落在测量范围内，稀释所用的溶剂可为水或有机溶剂，最终稀释样品溶液的黏度与水相近。若试样为无机固体试样，常采用合适的酸进行处理，使被测元素溶出后，最后可用 HNO_3 或 HCl 制备进样溶液。原子吸收分析中多用 HNO_3、HCl 及它们的混合物来配制进样溶液，这是由于在波长小于 250 nm 时，H_2SO_4 和 H_3PO_4 有很强的吸收，而 HNO_3 和 HCl 的吸收很小。若试样为有机固体试样，先利用干法或湿法进行消化处理，消化后的物质溶于合适的溶剂中制得进样溶液。目前微波消解已广泛用于原子吸收光谱分析中生物、药品、食品等试样的消解。被测元素如果是易挥发元素如 Hg、As、Pb、Se 等则不宜采用干法灰化，以免在灰化过程中损失严重。

在样品制备过程中，要防止污染，主要污染来源是水、容器、试剂和大气。用量大的试剂，例如样品处理过程中所用的酸碱、萃取剂、电离抑制剂、释放剂等必须是高纯度的，尤其不能含被测元素；处理试样时避免被测元素的损失，前处理过程步骤越少越好；标准溶液保存时间一般不超过一周，浓度小于 1 μg/mL 时，使用时间不超过 1～2 天，储备液保存时间视不同元素性质及浓度大小而定。

2. 空心阴极灯电流的选择 空心阴极灯的发射光谱特征与灯电流有关，灯电流太小，放电不稳定，光谱输出的强度小，影响分析灵敏度和精密度；灯电流太大，发射谱线强度大，谱线宽度变宽，自吸效应变大，灵敏度下降，灯的寿命缩短。一般在保证放电稳定和足够的辐射光强度情况下，尽量选用较低的工作电流。通常选用灯上标出的最大电流的 40%～60% 为工作电流。

3. 分析线的选择 选择原则是首选待测元素吸收灵敏度最高的谱线，一般为第一共振吸收线作为分析线，同时还应考虑待测元素的浓度及干扰情况。当测量元素浓度较高时，为了得到合适的吸收值和减少不必要的稀释操作可选用灵敏度较低的其他共振线；若与最灵敏线相邻有其他光谱线的干扰或背景干扰时，也可选次灵敏线作为分析线。选择分析线应根据具体情况由实验决定，其方法为：确定空心阴极灯有哪些可供选用的发射光谱，加样测定，选择出不受干扰且吸收度合适的谱线作为分析线。元素测定常用的分析线见表 5-3。

表 5-3　原子吸收分光光度法中元素测定常用分析线

元素	分析线/nm	元素	分析线/nm	元素	分析线/nm
Al	309.27	Na	589.00	Se	196.09
As	193.64	K	766.49	Ca	422.67
Hg	253.65	Li	670.78	Zn	213.86
Cu	324.75	Au	242.80	Sn	286.33
Cd	228.80	Mg	285.21	Ag	328.07
Pb	283.31	Mn	279.48	Ba	553.55
Cr	357.87	Fe	248.33	Pt	265.95

4. 原子化条件的选择　火焰原子吸收光度法中火焰的类型及特征是影响原子化效率的主要因素，不同元素选择不同种类的火焰，原则上选择的火焰应使待测元素获最大原子化效率。多数元素可使用空气-乙炔火焰；难原子化元素如 Al、Ti、稀土等选用高温火焰如氧化亚氮-乙炔火焰；对于极易电离和挥发的碱金属或碱土金属可使用低温火焰如空气-丙烷火焰。火焰中燃气与助燃气的比例决定了其氧化还原性质，如易生成难离解氧化物的元素应采用富燃火焰，而多数元素则可采用计量火焰或贫燃火焰。自由原子在火焰中密度分布随火焰高度的不同而变化，为了提高分析灵敏度，应使分析线从自由原子浓度最大的火焰区域通过，这时应调节燃烧器到最佳测量高度。燃烧气及助燃气的流量比例、燃烧器高度的选择均需通过实验来确定。

石墨炉原子吸收光度法经过干燥、灰化、原子化及净化四个阶段，各阶段的温度设置与持续时间均可通过实验来确定。干燥的作用是除去试样溶液的溶剂，干燥温度应与溶剂的沸点相近，如水溶液约 100~110℃，干燥过程中应避免试样溶液暴沸或飞溅。灰化的目的是尽可能把样品中的干扰组分除去，以降低原子化阶段的背景吸收。因此，应在保证待测元素不挥发损失的条件下，尽量提高灰化温度，以去除干扰。原子化温度与时间取决于待测元素的性质和含量，最终目的是使被测元素最大程度的原子化，但同时应尽量防止原子电离发生。因此常把达到最大吸收信号的最低温度作为原子化温度。净化的作用是为了消除石墨炉记忆效应，利用空烧的方法来清洗石墨炉以除去残留的基体和待测元素，净化的温度高于原子化的温度。

5. 光谱通带宽度的选择　光谱通带宽度直接影响了测定的检出限、灵敏度和线性范围，由出口狭缝的宽度决定。若出口狭缝较宽，可以增加进入检测器的光强，从而提高灵敏度和改善检出限，但不利于分析线相邻干扰谱线的分离，实际工作中应在能分离干扰谱线的前提下，尽量选择较大的狭缝宽度。在原子吸收分析中，相对来说其光谱干扰较少，允许使用较宽的狭缝。如测定碱金属、碱土金属元素时，无相邻干扰谱线，可选较大的通带，以提高信噪比；测过渡及稀土金属时，相邻干扰谱线较多，宜选较小通带，以提高准确度。

第 5 节　灵敏度与检出限

1. 灵敏度（sensitivity，S）　灵敏度是指被测组分单位浓度或单位质量所引起的吸光度变化值，该变化值越大，测定方法的灵敏度越高。在原子吸收分光光度法中，常用特征浓度或特征含量来表示，即指被测组分产生 1%吸收或 0.0044 吸光度时，所对应待测元素的浓度或质量，特征浓度或特征含量越低，表示方法的灵敏度越高。

火焰原子分光光度法中，吸光度的测定值与被测溶液浓度相关，用特征浓度（S_c）表示其灵敏度，计算公式见式（5-9）；石墨炉原子分光光度法中，吸光度的测定值与被测溶液质量相关，用特征含量（S_m）表示其灵敏度，计算公式见式（5-10）。

$$S_c = \frac{0.0044 \cdot c}{A} \tag{5-9}$$

$$S_m = \frac{0.0044 \cdot m}{A} \tag{5-10}$$

式中，c、m 分别指被测元素的浓度和质量；A 为测定吸光度。

2. 检出限（detection limit, D）　检出限是指分析待测元素时可被检出的最低浓度（D_c）或最低含量（D_m）。通常用吸收信号相当于 3 倍噪声水平的标准差时所对应的元素含量求得，噪声的标准差可测定空白的溶液信号获得。其计算公式如下：

$$D_c = \frac{3\sigma \cdot c}{A} \tag{5-11}$$

$$D_m = \frac{3\sigma \cdot m}{A} \tag{5-12}$$

式中，c、m 分别指被测元素的浓度和质量；A 为测定吸光度；σ 为多次连续测量的空白溶液的标准偏差。

第 6 节　定量分析的方法

原子吸收分光光度法常用的定量分析方法主要有标准曲线法和标准加入法。

1. 标准曲线法　原子吸收分光光度法利用标准曲线法首先是配制系列标准溶液，分别测定吸光度后，绘制标准曲线，计算相关系数及回归方程；然后测定待测溶液的吸光度，要求被测元素的吸光度应在标准曲线的吸光度范围内；最后计算被测元素的含量。该方法的要求与紫外-可见分光光度法中的标准曲线法基本相同，但在标准溶液配制时为了避免试样基体对测定的影响过大，标准溶液的组成要尽可能接近被测试样组成。如火焰原子吸收法溶液中总含盐量对喷雾过程和蒸发过程有重要影响，当被测试样中含盐量较大（＞0.1%）时，应在标准溶液中也应加入等量的同一盐类。

2. 标准加入法　标准加入法（standard addition method）又称标准增量法，是指向待测试液中加入不同浓度的标准溶液，然后分别测定吸光度，通过所测的吸光度及浓度的关系求出被测试样中待测元素浓度的方法。当试样的基体比较复杂或基体浓度很高，无法配制与试样相似的标准溶液时，或待测元素含量较低时，常采用标准加入法。

具体操作方法为：平行取多份（最少 4 份）体积相同的试样溶液（c_x），第一份不加标准溶液，从第二份开始，依次加入不同浓度的待测元素的标准溶液（c_x+c_1、c_x+c_2、c_x+c_3、…），所有溶液稀释至相同体积，分别测得吸光度为：A_x，A_1，A_2，A_3、…。以吸光度 A 对浓度 c 作图，得如图 5-8 所示的直线，c_x 点则为待测元素溶液的浓度。可通过作图法或回归方程求得 c_x

的值，即试样中被测元素的含量。

使用标准加入法应注意：最少应有 4 份溶液来制作测定曲线；标准加入法只能在吸光度与浓度成直线的范围内使用；标准加入法的直线斜率应较大，若斜率太低，灵敏度太小，则测量误差较大，这就要求第一份加入的标准溶液浓度与被测元素的浓度差别不能太大。标准加入法可消除基体效应及某些化学干扰的影响，但不能消除光谱干扰及与被测元素有关的化学干扰等的影响。

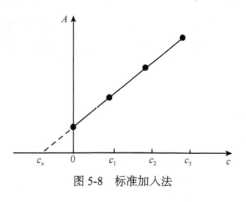

图 5-8　标准加入法

第 7 节　应用与示例

原子吸收分光光度法主要用于测定试样中金属元素的含量,其运用非常广泛,可用于固体、液体、气体的测定,也可用于无机物和有机物的测定。在金属及合金分析、地质与矿物分析、能源、石油化工分析、环境分析、水质分析、生化样品分析、食品与药品分析等方面均有运用。在药物分析中,该法在中药制剂及中药材中重金属及有害元素的检查、药品中杂质金属离子的限度检查、含量测定等方面均有运用。如《中国药典》2020 年版收载了采用原子吸收测定铅、镉、砷、汞、铜等重金属方法。

例 5-1　微波消解——石墨炉原子吸收光谱法测定岗梅根中铅的含量

（1）样品溶液的制备：取岗梅粉末 0.2 g，精密称定，置于消解罐中，再精密加入 10 mL 浓硝酸，密塞，放入微波消解仪中消解，挥干溶剂，用 1%硝酸定容至 10 mL。

（2）标准溶液的制备：准确移取适量的 Pb 标准品溶液，分别用体积分数 1%硝酸稀释，配制成浓度为 80 ng/mL 的标准溶液。

（3）石墨炉原子吸收法仪器工作条件：见表 5-4。

表 5-4　GFAAS 工作条件

元素	λ/nm	$l_{狭缝}$/nm	$I_{灯}$/mA	$T_{干燥}$/℃	$t_{干燥}$/s	$T_{灰化}$/℃	$t_{灰化}$/s	$T_{原子化}$/℃	$T_{原子化}$/s	$T_{净化}$/℃	$T_{净化}$/s
Pb	283.3	0.8	3	90～110	50	1000	10	1900	4	2300	4

（4）标准曲线绘制：配制浓度为 80 ng/mL 的 Pb 标准溶液，稀释成 16、32、48、64、80 ng/mL，各取 10 μL 进样测定，以吸光度对浓度绘制标准曲线，计算相关系数及回归方程。

（5）测定：取上述制备好的样品溶液进样测定，根据回归方程计算样品中 Pb 含量。

例 5-2　石墨炉原子化法测定血液中锰的含量

（1）仪器工作条件：

测定波长　279.5 nm；灯电流　6.0 mA；狭缝宽度　0.6 nm；

干燥温度　90～120℃，干燥时间　30 s；灰化温度　500℃，灰化时间　30s；

原子化温度　2600℃，原子化时间　6 s；净化温度　2850℃，净化时间　3 s。

（2）标准加入法测定：取 5 个离心管，每管各加 0.03 mL 血样，然后分别加入 40 μg/L 锰标准溶液 0.00 mL、0.02 mL、0.04 mL、0.06 mL、0.08 mL，加入 0.1%硝酸使各管中的溶液容积为 0.20 mL，混匀后取上述各管中溶液 10 μL 注入石墨炉原子化器中测定，根据所测各样品溶液的吸光度及对应的浓度，作图或求回归方程，计算血液中锰的含量。

思考与练习

1. 从原理、仪器组成、光谱形状等方面比较原子吸收分光光度法、紫外-可见分光光度法的异同。
2. 原子吸收光谱法中分析线的选择原则是什么？
3. 不同能级原子分布与哪些因素有关？基态与激发态原子分布规律有哪些？
4. 原子吸收线的形状如何表示？谱线变宽的种类有哪些？分别受什么因素的影响？
5. 简述空心阴极灯的发光原理及灯电流对发射光的影响。
6. 简述火焰原子化器结构组成及其作用；简述火焰的类型及其特征。
7. 简述石墨炉原子化器结构组成及其作用；简述原子化过程的四个阶段作用及温度控制范围。
8. 简述低温原子化系统测定原理及适用范围。
9. 简述原子吸收分光光度法中干扰的种类及其抑制方法。
10. 简述原子吸收分光光度法测定条件的选择原则。
11. 简述标准加入法的定量原理及操作方法。
12. 用原了吸收分光光度法测定铜，获得了如下数据：

铜标准溶液/（μg/mL）	5.0	10.0	15.0	20.0	25.0
A	0.156	0.315	0.512	0.701	0.863

（a）绘制溶液浓度-吸光度曲线；
（b）某一试液，在同样条件下测得 $A=0.418$，问其浓度多大？　　　　　（12.5 μg/mL）
13. 用标准加入法测定药物钙镁片中的钙含量，方法如下：
精密取药片 0.2014 g，制成溶液后定容 100 mL，得样品溶液；精密称取标准物 CaO 适量，制成含钙量为 0.1000 g/L 标准溶液；取 6 个 25 mL 容量瓶，每个容量瓶中均加入 5.00 mL 样品溶液后，再分别加入 0.00 mL、2.00 mL、4.00 mL、6.00 mL、8.00 mL、10 mL 标准溶液，定容，进样测定，所测吸光度分别为 0.213、0.317、0.443、0.565、0.681、0.808，试求钙镁片中钙的含量。　　　　　（34.06 mg/g）

课 程 人 文

原子的哲学与科学

原子最早是哲学上具有本体论意义的抽象概念，原子"atom"是从希腊语转化而来，原意是不可分割的。随着人类认识的进步，原子逐渐从抽象的概念成为科学的理论。原子核以及电子属于微观粒子，构成原子。而原子又可以构成分子。

原子论的创始人是古希腊人留基伯（公元前 500～前 440 年），他是德谟克利特的老师。德谟克利特认为，万物的本原或根本元素是"原子"和"虚空"。"原子"在希腊文中是"不可分"的意思。德谟克利特用这一概念来指称构成具体事物的最基本的物质微粒。原子的根本特性是"充满和坚实"，即原子内部没有空隙，是坚固的、不可入的，因而是不可分的。

经过 20 几个世纪的探索，科学家在 17～18 世纪通过实验，证实了原子的真实存在。19世纪初英国化学家 J. 道尔顿在进一步总结前人经验的基础上，提出了具有近代意义的原子学说。这种原子学说的提出开创了化学的新时代，解释了很多物理、化学现象。

第6章
红外分光光度法

第1节 概 述

红外分光光度法（infrared spectrophotometry）又称为红外吸收光谱法，是依据物质对红外辐射的特征吸收而建立的一种分析方法。红外线与物质的相互作用是引起物质分子的振动和转动，由分子振动和转动能级跃迁而产生的，属于分子吸收光谱，也称为振-转光谱。

一、红外光谱区的划分

红外线（infrared ray）是波长为 0.76~1000 μm 的电磁波。按红外线的波长大小，将红外光谱分为近红外区、中红外区和远红外区。不同区域红外光谱与物质作用结果不同，如表 6-1 所示。

表 6-1　红外光谱区分类

名称	波长/μm	波数/cm^{-1}	能级跃迁类型
近红外	0.76~2.5	13 158~4000	O—H, N—H 及 C—H 键的倍频吸收
中红外	2.5~25	4000~400	分子键振动及转动
远红外	25~1000	400~10	分子转动

中红外区是引起分子的振动及转动，通常所说的红外光谱就是指中红外吸收光谱。绝大多数有机化合物和无机化合物的基频吸收出现在这一光区，该区适于对物质进行结构分析及定性分析。中红外光谱技术最为成熟，已积累了大量的数据资料，是红外光谱区研究最多、应用最广的光谱分析方法，也是本章介绍的重点。

近年来，近红外光谱（NIR）分析技术越来越引起国内外分析专家的注目，NIR 研究日益增多，应用扩展到许多领域，如制药工业及临床医学等领域。近红外光谱主要运用于对原料药纯度、包装材料等的分析与检测，以及生产工艺的在线监控等方面。

二、红外吸收光谱的表示方法

红外吸收光谱常用透光率-波数（T-σ）或吸光度-波数（A-σ）曲线来描述，纵坐标采用透光率或吸光度，横坐标用波数（σ，单位 cm^{-1}）表示。有时也可用透光率-波长（T-λ）曲线来描述。苯甲酸的红外光谱见图 6-1。

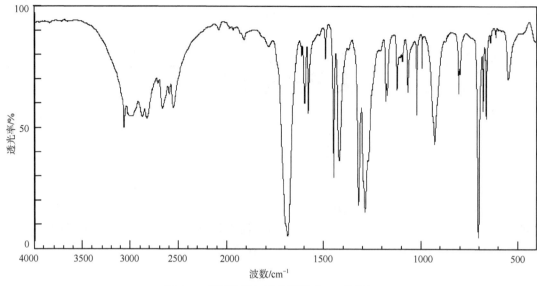

图 6-1 苯甲酸的红外光谱图（T-σ 曲线）

三、红外吸收光谱法的特点

所有的有机物都有红外吸收，因此红外吸收光谱法应用广泛，几乎适用于所有有机物和某些无机物的分析，且对气、固、液三态均可进行分析；红外吸收光谱波长大，能量小，只能引起振-转能级的跃迁，属于非破坏性分析；红外光谱具有高度的特征性，光谱复杂，特征性强，主要用于定性鉴别，分子结构解析等，但由于其吸收较弱，灵敏度相对不高，一般不作为定量分析；红外光谱也不适用于水溶液及含水物质的分析。化合物结构越复杂，其红外光谱也越复杂，因此，利用红外光谱进行结构解析时，常需结合其他波谱数据加以判定。

下面将红外吸收光谱与紫外-可见吸收光谱特点进行比较，见表 6-2。

表 6-2　红外吸收光谱与紫外-可见吸收光谱的比较

比较内容	红外吸收光谱法	紫外-可见吸收光谱法
光谱起源	分子的振动和转动能级的跃迁，能量小	分子外层电子的能级跃迁，能量大
适用范围	几乎所有有机化合物及部分无机物，可用于气、液、固三态分析	适用于芳香族或具有共轭结构的不饱和化合物，仅适用于溶液的分析
光谱特征	光谱复杂，特征性强，每个化合物均有特征红外光谱，用于定性鉴别及结构分析	光谱较简单，特征性较差，主要用于定量分析

第 2 节　基 本 原 理

当试样受到频率连续变化的红外光谱照射时，试样分子选择性吸收与其振动和转动能级跃迁所需能量相等的红外线，产生能级跃迁，并得到相应的红外吸收光谱。红外吸收光谱的特征主要由吸收峰的位置、个数及强度来描述。下面讨论吸收峰产生的原因及影响峰位、峰数、峰强的因素。

一、分子的振动能级

分子的振动能级中有许多转动能级，当分子吸收红外线发生振动能级跃迁时，不可避免地产生转动能级跃迁，所得红外光谱为振动和转动光谱的综合光谱。为了学习方便，先讨论双原子分子的纯振动光谱。

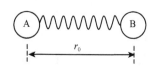

若把双原子分子中 A 与 B 两个原子视为两个小球，其间的化学键看成质量可以忽略不计的弹簧，则两个原子间的伸缩振动，可近似地看成沿键轴方向的简谐振动，双原子分子可视为谐振子，见图 6-2。

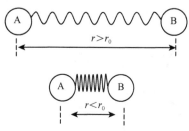

图 6-2　谐振子振动示意图

谐振子作简谐振动时，若设 r_0 为平衡时两原子之间的距离，r 为振动时某瞬间两原子之间的距离，U 为谐振子位能，则

$$U = \frac{1}{2}k(r - r_0)^2 \tag{6-1}$$

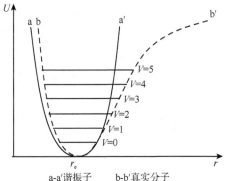

图 6-3　谐振子及双原子分子位能曲线

式中，k 为化学键力常数（N/cm）。当 $r = r_0$ 时，$U = 0$；当 $r > r_0$ 或 $r < r_0$ 时，$U > 0$。谐振子振动过程中的位能曲线如图 6-3 中 a-a′所示，由图可知，宏观物体的谐振子模型中，由于 r 的变化是连续的，所以其位能的变化也是连续的。

而分子的振动是量子化的，根据量子力学理论，微观物体在振动过程中势能随振动量子数 V 的变化为

$$E_V = \left(V + \frac{1}{2}\right)h\nu \tag{6-2}$$

式中，ν 是分子振动频率；V 是振动量子数，即振动能级，$V=0$，1，2，3、…。当 $V=0$ 时分子振动能级处于基态，$E_V = 1/2h\nu$，为振动体系的零点能；当 $V \neq 0$ 时，分子的振动能级处于激发态。双原子分子的振动位能曲线如图 6-3 中 b-b′所示，由图可知，分子振动能级跃迁是量子化的，因此其能量变化是非连续的。

分子吸收适当频率的红外辐射（$h\nu_L$）后，可以由基态跃迁至激发态，其所吸收的光子能量必须等于分子振动能级能量之差，即

$$h\nu_L = \Delta E_V = \Delta V \cdot h\nu$$

即

$$\nu_L = \Delta V \cdot \nu \tag{6-3}$$

当分子吸收某一频率的红外辐射后，由基态（$V=0$）跃迁到第一激发态（$V=1$）时所产生的吸收峰称为基频峰。基频峰为红外光谱主要吸收峰，也是本章主要讨论的重点。

二、振动形式与振动自由度

（一）振动形式

根据分子振动时，其键角是否发生变化，振动形式可分为伸缩振动和弯曲振动，双原子分子只有伸缩振动形式，而多原子分子具有伸缩振动和弯曲振动两种振动形式。讨论振动形式

以了解吸收峰的起源、数目及其变化规律。下面以亚甲基和甲基为例,对不同的振动形式进行说明。

1. 伸缩振动(stretching vibration) 键长沿键轴方向发生周期性的变化,称为伸缩振动,凡含 2 个或 2 个以上键的基团,都有对称伸缩振动(symmetrical stretching vibration,符号为 ν_s 或 ν^s)和不对称伸缩振动(asymmetrical stretching vibration,符号为 ν_{as} 或 ν^{as}),见图 6-4(a)。

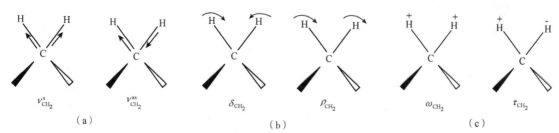

图 6-4 亚甲基的基本振动形式

(a)伸缩振动;(b)面内弯曲振动;(c)面外弯曲振动

对称伸缩振动是指连接在同一原子上的两个相同的化学键振动时,各键同时伸长或缩短(即两个相同的原子同时沿键轴离开或靠近中心原子);不对称伸缩振动是指振动时一个键伸长而另外的键则缩短(即两个相同的原子中,一个原子移向中心原子,另一个原子远离中心原子),也称为反对称伸缩振动。对于同一基团,反对称伸缩振动的频率要高于对称伸缩振动。

2. 弯曲振动(bending vibration) 使键角发生周期性变化而键长不变的振动称为弯曲振动。弯曲振动分为面内弯曲、面外弯曲及变形振动等形式。由于弯曲振动的力常数比伸缩振动的小,同一基团的弯曲振动较伸缩振动的频率小。

(1)面内弯曲振动(β):在参与振动的分子键及其相应原子构成的平面内进行的弯曲振动,称为面内弯曲振动。分为剪式振动和面内摇摆振动。组成为 AX_2 的基团或分子易发生此类振动,如图 6-4(b)。

剪式振动(δ) 在振动过程中键角的变化类似剪刀的"开"、"闭"的振动。

面内摇摆振动(ρ) 基团作为一个整体,在平面内摇摆。

(2)面外弯曲振动(γ):在参与振动的分子键及其相应原子构成的平面外进行的弯曲振动,称为面外弯曲振动。分为面外摇摆和扭曲振动两种,如图 6-4(c)。

面外摇摆振动(ω) 两个原子同时向面上或同时向面下的振动。

蜷曲振动(τ) 一个原子向面上,另一个原子向面下的来回扭动。

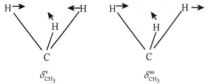

图 6-5 甲基的对称与不对称变形振动

(3)变形振动:AX_3 基团或分子的弯曲振动,分为对称变形振动和不对称变形振动两种,如图 6-5。

对称变形振动(δ_s) 在振动过程中,3 个 A—X 键与分子轴线组成的夹角同时缩小或增大,形如花瓣"开"与"闭"。如 CH_3 中 3 个 C—H 键同时向轴线作同角度的变化。

不对称变形振动(δ_{as}) 在振动过程中,3 个 A—X 键与分子轴线组成的夹角中有的夹角缩小,有的夹角增大。如 CH_3 中 2 个 C—H 键夹角增大,同时另一个 C—H 键夹角缩小。

（二）振动自由度（f）

振动自由度是指分子基本振动的数目，即分子的独立振动数。红外吸收光谱中吸收峰的个数是由分子的振动自由度决定的。双原子分子只有一种振动形式，组成分子的原子越多，振动越复杂，可分解为基本振动的数目就越多。

中红外光谱区的能量不能引起分子的电子能级跃迁，因此只需考虑分子中的三种运动形式的变化：平动、振动与转动的能量变化。分子的平动能改变，不引起分子内能的变化；分子的转动能级跃迁，产生远红外光谱。因此，在中红外区，只考虑分子的振动能级跃迁，应扣除平动与转动两种运动形式。

在三维空间内，每个原子都可向 x、y、z 三个坐标方向运动，在含有 N 个原子的分子中，若先不考虑化学键的存在，那么含有 N 个原子的分子就有 $3N$ 个独立运动的方向，即有 $3N$ 个自由度。这是分子运动的总自由度，包括分子的振动自由度、分子的转动自由度与分子的平动自由度，因此分子的振动自由度 f 为总的运动自由度减去转动自由度和平动自由度。分子在三维空间中，可向三个方向（x、y、z）移动，因此，分子有 3 个平动自由度。对于非线性分子，整个分子可以绕三个坐标轴转动，有 3 个转动自由度。则其振动自由度是总自由度中扣除 3 个平动自由度及 3 个转动自由度。即：$f = 3N - 6$。

如非线性分子 H_2O，振动自由度数=3×3-6，其振动自由度为 3，H_2O 三种基本振动形式为：

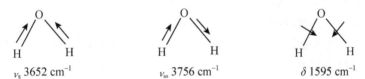

ν_s 3652 cm^{-1}　　　　ν_{as} 3756 cm^{-1}　　　　δ 1595 cm^{-1}

对于线性分子，由于以自身键轴为转动轴的转动惯量为零，所以线性分子只有 2 个转动自由度。即其振动自由度为：$f = 3N - 5$。如线性分子 CO_2，其振动自由度=3×3-5，故 CO_2 有 4 种基本振动形式。

ν_s 1340 cm^{-1}　　　ν_{as} 2349 cm^{-1}　　　β 667 cm^{-1}　　　γ 667 cm^{-1}

三、吸收峰的峰数

由前述可知，吸收峰的峰数主要由分子的振动自由度决定，但并不是说分子振动自由度等于吸收峰的峰数，实际红外光谱图中，这两者并不一定完全相等，吸收峰的峰数可能多于或者少于分子振动自由度。

（一）产生红外吸收的条件

CO_2 振动自由度为 4，它在红外吸收光谱上应出现 4 个吸收峰，但实际红外光谱图上只出现了 2349 cm^{-1} 和 667 cm^{-1} 两个峰。出现基本振动吸收峰的数目比振动自由度少的情况是由于发生了简并及非红外活性振动。

1. 简并 分子振动形式不同，振动频率相同的吸收峰在红外光谱中重叠，这种现象称为红外光谱的简并。如 CO_2 分子中的 $\beta_{C=O}$ 667 cm^{-1} 与 $\gamma_{C=O}$ 667 cm^{-1} 频率相同，发生简并，在红外吸收图谱中仅出现一个峰。简并的存在使吸收峰数少于振动自由度。

2. 非红外活性振动 分子振动过程中必须伴随瞬间偶极矩的变化，这样的分子振动才具有红外活性，若振动过程中分子的偶极矩不发生变化时，则不产生红外线的吸收，这种现象称为非红外活性振动。如上述 CO_2 分子中虽存有 $\nu_{C=O}^s$ 1340 cm^{-1} 振动，但红外吸收光谱上却无此吸收峰，这是由于 CO_2 是线性分子，在此对称伸缩振动过程中，偶极矩的变化为零，即 $\Delta\mu=0$。由此可见，只有在振动过程中偶极矩发生变化的振动才能吸收能量相当的红外辐射，在红外吸收光谱上观测到吸收峰。把能引起偶极矩变化的振动称为红外活性振动，不能引起偶极矩变化的振动称为非红外活性振动。

由此，红外吸收光谱的产生必须同时满足以下两个条件：

（1）红外辐射能等于振动跃迁所需要的能量，即 $\nu_L = \Delta V \nu$；

（2）振动过程中偶极矩产生变化，即 $\Delta\mu \neq 0$。

（二）影响吸收峰峰数的因素

实际观察到的红外吸收峰数目不等于分子振动自由度，其主要原因有：

（1）泛频峰的出现使吸收峰数目多于基本振动数。

（2）非红外活性振动使吸收峰数目少于基本振动数。

（3）吸收峰简并使吸收峰数目少于基本振动数。

（4）仪器的灵敏度和分辨率的影响。吸收峰特别弱或彼此十分接近时，仪器检测不出或分辨不出而使吸收峰数目减少。

四、吸收峰的位置

吸收峰的位置（峰位）是指红外吸收光谱图中吸收峰所对应的频率、波长或波数，由振动能级跃迁时吸收红外线的能量所决定。从前述可知，分子吸收适当频率的红外辐射后，可以由基态跃迁至激发态，其所吸收的光子能量必须等于分子振动能量之差，即 $\nu_L = \Delta V \nu$，因此吸收峰的位置主要由分子振动频率决定。

（一）基本振动频率

把化学键相连的两个原子看作谐振子，分子中化学键的振动频率（ν）可由 Hooke 定律导出

$$\nu = \frac{1}{2\pi}\sqrt{\frac{k}{\mu}} \tag{6-4}$$

式中，ν 为化学键的振动频率；k 为化学键的力常数（N/cm）；μ 为双原子的折合质量，即 $\mu = \dfrac{m_A m_B}{m_A + m_B}$，$m_A$、$m_B$ 分别为化学键两端的原子 A、B 的质量。

由于 $\sigma = \dfrac{1}{\lambda} = \dfrac{\nu}{c}$，可推出 $\sigma = \dfrac{1}{2\pi c}\sqrt{\dfrac{k}{\mu}}$。为应用方便，用原子 A、B 的折合原子量 μ' 代替

折合质量 μ，于是可得

$$\sigma = \frac{1}{2\pi c}\sqrt{\frac{k}{\mu'}} = \frac{1}{2\times3.1416\times3.0\times10^{10}\,(\text{cm/s})}\sqrt{\frac{6.023\times10^{23}k(\text{N/cm})}{\mu'(\text{g})}}$$

又由于 $1\,\text{N} = 1\times10^5\,\text{g}\cdot\text{cm/s}^2$，所以可得

$$\sigma = 1302\sqrt{\frac{k}{\mu'}} \qquad\qquad (6\text{-}5)$$

式（6-5）说明双原子基团的基本振动频率的大小取决于键两端原子的折合原子量和键力常数。常见键的键力常数见表 6-3。

表 6-3　常见键的键力常数（N/cm）

键	分子	k	键	分子	k
H—F	HF	9.7	H—C	$CH_2{=}CH_2$	5.1
H—Cl	HCl	4.8	C—Cl	CH_3Cl	3.4
H—Br	HBr	4.1	C—C		4.5~5.6
H—I	HI	3.2	C=C		9.5~9.9
H—O	H_2O	7.8	C≡C		15~17
H—S	H_2S	4.3	C—O		5.0~5.8
H—N	NH_3	6.5	C=O		12~13
C—H	CH_3X	4.7~5.0	C≡N		16~18

由键力常数及折合质量可计算出键的振动频率，如计算 C—C 键的振动频率，由表 6-3 可知 C—C 键的 $k = 4.5\sim5.6$，令其为 5.0，则 $\sigma_{\text{C}-\text{C}} = 1302\sqrt{\dfrac{k}{\mu'}} = 1302\sqrt{\dfrac{5.0}{12\times12/(12+12)}} = 1188\,\text{cm}^{-1}$。

由式（6-5）可知，当折合原子量 μ' 相同时，键力常数 k 越大，则其振动频率越大。如 $\mu'_{\text{C}\equiv\text{C}} = \mu'_{\text{C}=\text{C}} = \mu'_{\text{C}-\text{C}}$，而 $k_{\text{C}\equiv\text{C}} > k_{\text{C}=\text{C}} > k_{\text{C}-\text{C}}$，则伸缩振动频率依次为 $\sigma_{\text{C}\equiv\text{C}} > \sigma_{\text{C}=\text{C}} > \sigma_{\text{C}-\text{C}}$，其振动频率分别约为 $2060\,\text{cm}^{-1}$、$1650\,\text{cm}^{-1}$ 和 $1190\,\text{cm}^{-1}$；当键力常数相近时，折合原子量越大，其吸收频率越低，如伸缩振动频率为 $\sigma_{\text{C}-\text{H}} > \sigma_{\text{C}-\text{C}}$。

（二）基频峰与泛频峰

1. 基频峰　分子吸收某一频率的红外辐射后，由振动能级的基态（$V=0$）跃迁到第一激发态（$V=1$）时所产生的吸收峰称为基频峰，此时分子吸收红外线的频率等于振动频率。基频峰的强度较大，在红外光谱上较易识别，是红外光谱的主要测得峰。图 6-6 列出了常见基团的基频峰分布范围。

由图 6-6 可知，各种基团的基频峰出现在一段区间内，很难用某一确定频率表示，这是因为基团振动频率受内部及外部环境的影响，如其所连的基团不同、电子云密度不同等因素均能使键力常数稍有改变。但是总体来说，还是存在以下规律：

（1）折合质量 μ 越小，其吸收峰频率越高，如含氢基团 ν_{CH}、ν_{OH}、ν_{NH} 均出现在高频区；

（2）μ 相同的基团，键力常数 k 越大，吸收峰频率越高，如 $\nu_{\text{C}\equiv\text{C}} > \nu_{\text{C}=\text{C}} > \nu_{\text{C}-\text{C}}$；

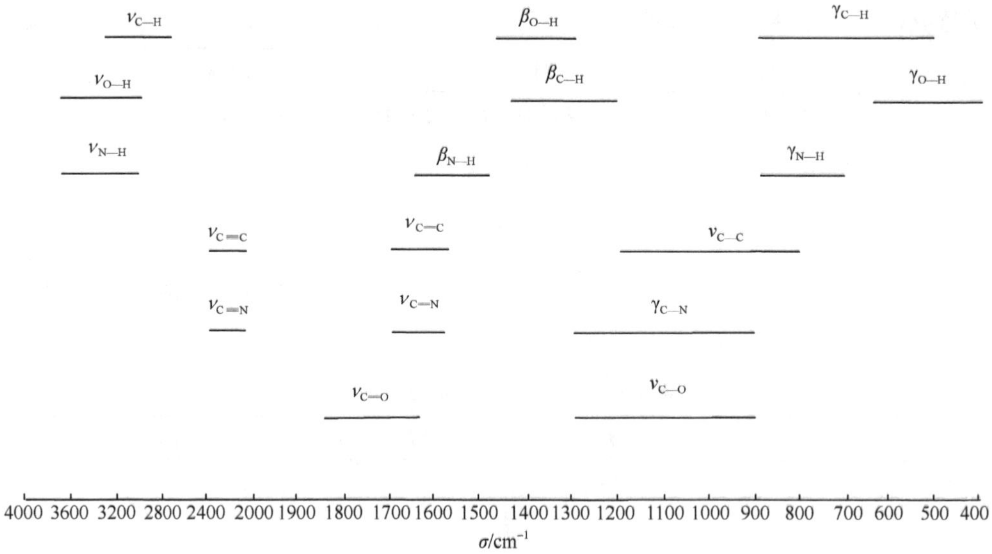

图 6-6　基频峰分布略图

（3）对同一基团，不同振动形式，由于它们的键力常数不同，其吸收峰频率也不同，如伸缩振动频率（ν）>面内弯曲振动频率（β）>面外弯曲振动频率（γ）。

2. 泛频峰　倍频峰、合频峰与差频峰统称为泛频峰。倍频峰是指分子吸收红外辐射后，由振动能级的基态（V=0）跃迁至第二激发态（V=2）或更高激发态所产生的吸收峰；由两个或多个基频峰频率之和或之差产生的峰，称为合频峰或差频峰。泛频峰的存在，增加了光谱的特征性，有利于结构分析，但其多为弱峰，一般谱图上难以辨认。如取代苯的泛频峰在 2000～1667 cm^{-1} 区间，主要由苯环上碳氢键面外弯曲的倍频峰构成，苯环上取代基的个数及取代基的位置不同，其泛频峰的峰位及峰形均不同。

（三）影响吸收峰峰位的因素

根据式（6-5）可知，吸收峰峰位可由化学键两端的原子量和化学键的键力常数来预测，但存在下列影响因素。

1. 内部因素

（1）共轭效应（M 效应）：共轭效应的存在，使吸收基团的频率向低频方向移动。这是由于共轭体系使电子云密度平均化，使不饱和键的电子云密度减少，吸收峰频率降低。例如 $\nu_{C=O}$：

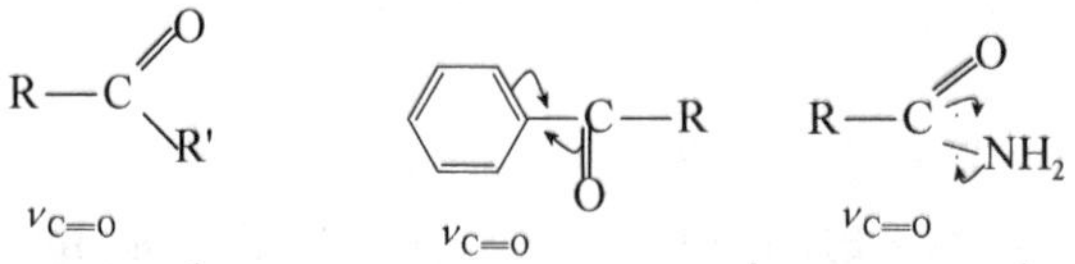

$\nu_{C=O}$ 1715 cm^{-1}　　$\nu_{C=O}$ 1680～1695 cm^{-1}　　$\nu_{C=O}$ 1650 cm^{-1}

由上例可知，共轭效应（π-π 共轭、p-π 共轭）使羰基的 π 电子云密度均化，双键上电子云密度减少，键力常数减小，羰基向低频方向移动，共轭效应越强，羰基的频率越低。

若是分子由于空间结构的影响，不饱和键不能处于同一平面上，从而使共轭效应减弱，羰基的吸收峰向高频移动。

（2）诱导效应（I 效应）：也称为吸电子基团的诱导效应，不同取代基具有不同的吸电子能力，通过静电诱导作用，引起吸收基团电子云分布的变化，从而使得键力常数发生改变，峰位相应变化。

例如 $\nu_{C=O}$：

$$R—\overset{\displaystyle O}{\underset{\displaystyle H}{\overset{\|}{C}}} \qquad C_2H_5—\overset{\displaystyle O}{\overset{\|}{C}}—OC_2H_5 \qquad R—\overset{\displaystyle O}{\overset{\|}{C}}\diagdown Cl$$

$$\begin{array}{ccc} \nu_{C=O} & \nu_{C=O} & \nu_{C=O} \\ 1730\ cm^{-1} & 1744\ cm^{-1} & 1800\ cm^{-1} \end{array}$$

当羰基与吸电子基团相连时，由于诱导效应，氧原子上的电子向碳原子转移，双键电子云密度增大，k 增大，从而使吸收峰频率变大。吸电子基团的电负性越强，羰基吸收峰的频率越高。当诱导效应和共轭效应同时存在时，振动频率的位移和程度取决于它们的净效应，如上述酯基中的—OC_2H_5 基团，氧原子即表现为吸电子效应，同时氧原子上的孤对电子又会产生 p-π 共轭，但吸电子效应较共轭效应强，故其羰基的吸收峰增大。

（3）杂化影响：在碳原子的杂化轨道中 s 成分增加，键长变短，键能增加，C—H 伸缩振动频率增加，见表 6-4。碳-氢伸缩振动频率是判断饱和氢与不饱和氢的重要依据，$\nu_{C-H}>3000\ cm^{-1}$ 是不饱和碳氢伸缩振动；$\nu_{C-H}<3000\ cm^{-1}$ 是饱和碳氢伸缩振动。

表 6-4　杂化对峰位的影响

键	—C—H	=C—H	≡C—H
杂化类型	sp^3	sp^2	sp
C—H 键长/nm	0.112	0.110	0.108
C—H 键能/（kJ/mol）	423	444	506
ν_{C-H}/cm^{-1}	～2900	～3100	～3300

（4）氢键效应：氢键的形成使吸收基团上电子云密度平均化，导致 X—H 基团伸缩振动频率降低。氢键形成的程度不同，对键力常数的影响不同，从而使得形成氢键后，吸收峰的频率范围变大；又由于形成氢键后，相应基团振动时偶极矩变大，其吸收强度变大。例如，醇、酚中的 ν_{OH}，当分子处于游离状态时，振动频率大于 3500 cm^{-1}，呈现出中等强度的尖锐吸收峰，当形成氢键而缔合后，振动频率降至 3300 cm^{-1} 附近，且呈现出又宽又大的吸收峰。氢键效应分为分子内氢键与分子间氢键，分子内氢键对吸收峰的影响与浓度无关，仅与分子结构有关，有助于分子结构分析；分子间氢键受浓度的影响较大，浓度越大，氢键越强，吸收峰频率降低越多，通常，由分子间氢键所产生的谱带在低浓度下就会消失。

溶剂的极性对红外光谱的影响很大，溶剂极性越大，与待测分子之间形成氢键能力越强。极性基团的伸缩频率，常随溶剂的极性增大而降低，因此在测定化合物红外光谱时，应注明所用的溶剂种类，并尽可能在非极性溶剂中进行。除上述因素外，影响吸收峰位置的内部因素尚有分子振动耦合效应、结构中环张力效应、互变异构等因素的影响。

2. 外部因素　红外光谱的测定受到试样状态的影响，待测物在不同的聚集状态下，红外吸收光谱有所差别。如气态物质分子间作用力小，红外光谱可观察到振-转光谱的精细结构；

液态时分子间作用力变大，出现缔合和氢键等作用，其吸收峰频率向低频移动，峰形变宽。红外光谱还受到溶剂种类、仪器设备、温度等的影响。

（四）特征区和指纹区

按红外光谱上吸收峰的位置，习惯上把 $1000\sim4000$ cm^{-1} 区域称为特征区，小于 1000 cm^{-1} 区域称为指纹区。特征区是化学键和基团的特征振动频率区。该区域吸收峰较稀疏，易辨认，每一个吸收峰都和一定的特征基团相对应，一般可用于鉴定基团的存在，如苯环、叁键、双键、羰基等特征基团。指纹区吸收峰特征性强，可用于区别不同化合物结构上的微小差异，犹如人的指纹，故称为指纹区。该区吸收峰密集，复杂多变，不易辨认，其作用是进一步佐证特征区确定的基团和化学键的存在，同时还可以确定化合物的细微结构，如确定苯环取代基的位置和取代基个数等。

通常将红外光谱划分为九个重要区段，见表6-5。

表 6-5　红外光谱的九个重要区段

波数/cm^{-1}	波长/μm	振动类型
$3750\sim3000$	$2.7\sim3.3$	ν_{OH}、ν_{NH}
$3300\sim3000$	$3.0\sim3.4$	$\nu_{\equiv CH}>\nu_{=CH}\approx\nu_{Ar\text{-}H}$
$3000\sim2700$	$3.3\sim3.7$	ν_{CH}（—CH$_3$，—CH$_2$ 及 —CH，—CHO）
$2400\sim2100$	$4.2\sim4.9$	$\nu_{C\equiv C}$、$\nu_{C\equiv N}$
$1900\sim1650$	$5.3\sim6.1$	$\nu_{C=O}$（酸酐、酰氯、酯、醛、酮、羧酸、酰胺）
$1675\sim1500$	$5.9\sim6.2$	$\nu_{C=C}$、$\nu_{C=N}$
$1475\sim1300$	$6.8\sim7.7$	β_{CH}、β_{OH}（各种面内弯曲振动）
$1300\sim1000$	$7.7\sim10.0$	ν_{C-O}（酚、醇、醚、酯、羧酸）
$1000\sim650$	$10.0\sim15.4$	$\gamma_{=CH}$（不饱和碳氢面外弯曲振动）

五、特征峰与相关峰

1. 特征峰　能用来鉴别分子中某基团存在的吸收峰称为特征峰。某基团的特征振动对应了相应的吸收峰频率及强度，反之，红外图谱中的吸收峰对应了分子中某基团的振动形式，由此可根据图谱中吸收峰的位置和强度来确定化合物相对应的基团。如 $\nu_{C=O}$ 在 $1900\sim1650$ cm^{-1} 区域出现又宽又大的吸收峰，可根据图谱中此区域存在宽大的吸收峰来推测化合物中存在羰基，这个峰即为羰基的特征峰。

如正壬烷、1-壬烯和正壬腈的红外光谱如图6-7。

与正壬烷相比，1-壬腈在 ~2200 cm^{-1} 处有一吸收峰，为—C≡N 伸缩振动所产生的基频峰，即 2210 cm^{-1} 的吸收峰是—C≡N 的特征峰。

比较 1-壬烯和正壬烷的红外光谱图，可以看出 1-壬烯多了 3090 cm^{-1}、1609 cm^{-1}、990 cm^{-1}、909 cm^{-1} 这 4 个吸收峰。在分子结构中，1-壬烯比正壬烷仅多一个—CH=CH$_2$ 基团，由此可知上述 4 个吸收峰由此基团产生，事实上，产生这 4 个吸收峰的振动分别为 ν_{as}（=CH$_2$）、ν（C=C）、γ（=CH）和 γ（=CH$_2$），因此，这 4 个吸收峰为—CH=CH$_2$ 的特征峰。

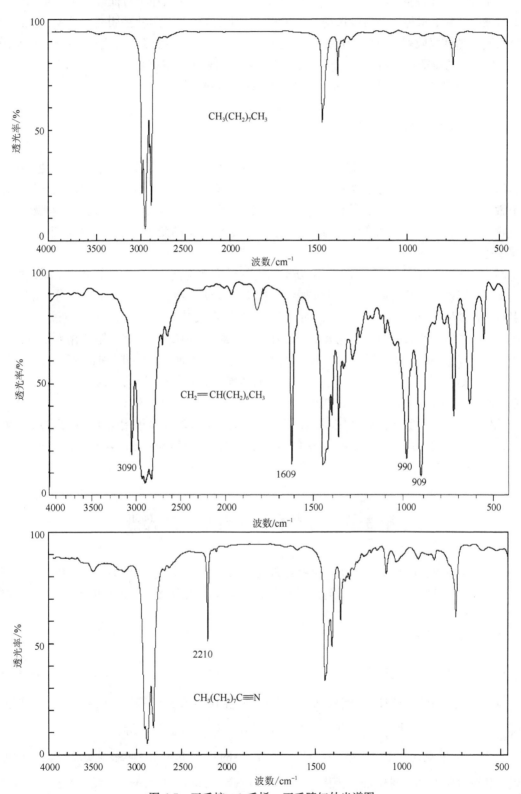

图 6-7　正壬烷、1-壬烯、正壬腈红外光谱图

2. 相关峰　相关峰是指由一个官能团所产生的一组相互依存的特征峰。某一基团的振动形式可能有多种，每种红外活性振动可产生相应的吸收峰，由此，此基团在红外图谱上产生多个吸收峰，这些吸收峰在红外图谱上是同时存在的，称之为相关峰。上述—CH≡CH₂基团的4个相互依存的特征峰即组成一组相关峰。通常用一组相关峰来确定一个基团的存在，是光谱解析的一条重要原则。主要基团的特征峰和相关峰详见附录1。

六、吸收峰的强度

在红外图谱中，各吸收峰强度表示各种基团振动能级跃迁时吸收红外辐射的强度。在红外辐射的照射下，部分基态分子吸收光后，产生振动能级跃迁而处于激发态，我们把这种跃迁过程中激发态分子占总分子的百分比，称为跃迁概率。很明显，跃迁概率越大，红外吸收越强，即吸收峰的强度越大。而跃迁概率与振动过程中分子偶极矩的变化有关，偶极矩变化越大，跃迁概率越大，吸收峰越强。

影响偶极矩变化的因素主要有：①分子结构的对称性越差，偶极矩变化越大，跃迁概率越大，吸收峰越强。前面提到非红外活性振动的偶极矩变化为零，这大都由于对称分子的对称振动引起的。②与分子的振动形式有关，因为不同的振动形式对振动偶极矩的变化有很大的影响。一般来说，伸缩振动的偶极矩变化大于变形振动；不对称的伸缩振动偶极矩变化大于对称的伸缩振动。如 $\nu_{C=O}$ 和 $\nu_{C=C}$，根据振动频率计算公式可知这两种基团的伸缩振动频率相近，吸收峰的位置相近，但 $\nu_{C=O}$ 吸收峰强度远比 $\nu_{C=C}$ 吸收峰大，这是由于 $\nu_{C=C}$ 的对称性较 $\nu_{C=O}$ 好，振动时对称性越高，吸收峰的强度越低。

总体来说，红外吸收的强度较弱，定量测定困难，吸收峰强度可用摩尔吸收系数 ε 定性的表示，分为极强峰（vs）：$\varepsilon > 100$；强峰（s）：$\varepsilon = 20 \sim 100$；中强峰（m）：$\varepsilon = 10 \sim 20$；弱峰（w）：$\varepsilon = 1 \sim 10$；很弱峰（vw）：$\varepsilon < 1$。

第3节　各类有机化合物红外光谱

本节针对常见的、典型的有机化合物红外光谱特征进行讨论，并详细讲解了各种常见基团或化学键红外吸收的频率、强度、峰数的特征，以及影响其红外光谱特征的因素等方面的内容。

一、脂肪烃类

（一）烷烃

烷烃的结构中有 —CH₃、—CH₂—、—CH〈 等基团，主要红外特征吸收峰由碳氢伸缩振动（ ν_{CH} ）及碳氢弯曲振动（ δ_{CH} ）组成，如图6-8中正十二烷的红外光谱图。

1. 碳氢伸缩振动　主要包括 —CH₃、—CH₂— 的对称和不对称伸缩振动及 —CH〈 的伸缩振动，其峰位在3000~2850 cm⁻¹范围内，具体为：$\nu_{CH_3}^{as}$ (2962±10) cm⁻¹、$\nu_{CH_2}^{as}$ (2926±10) cm⁻¹、$\nu_{CH_3}^{s}$ (2872±10) cm⁻¹、$\nu_{CH_2}^{s}$ (2852±10) cm⁻¹、ν_{CH} (2890±10) cm⁻¹。

2.甲基与亚甲基弯曲振动　主要包括—CH_3 对称和不对称弯曲振动及—CH_2—的弯曲振动，具体为：$\delta^{as}_{CH_3}$（1450 ± 20）cm^{-1}、$\delta^{s}_{CH_3}$（1375 ± 5）cm^{-1}、δ_{CH_2}（1465 ± 20）cm^{-1}，ρ_{CH_2} 722 cm^{-1}（$n\geqslant4$）。

烷烃吸收峰特征：①烷烃中碳氢键为饱和化学键，属 sp^3 杂化轨道，$\nu_{CH}<3000$ cm^{-1}。②甲基、亚甲基、次甲基的伸缩振动频率较近，在图谱易产生叠加，同理，甲基与亚甲基的弯曲振动也易叠加。③在亚甲基（—CH_2—）$_n$ 中，当 $n\geqslant4$ 时，ρ_{CH_2} 722 cm^{-1} 清晰可见，若 $n<4$，则该峰不明显。

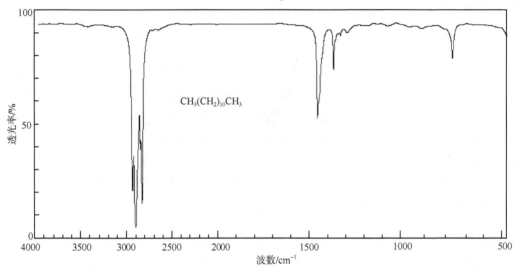

图 6-8　正十二烷红外光谱图

（二）烯烃

烯烃的结构中最特征的基团为烯烃基，主要红外特征吸收峰为不饱和碳氢键伸缩振动 $\nu_{=CH}$ $3100\sim3000$ cm^{-1}、碳碳双键伸缩振动在 $\nu_{C=C}$ 1650 cm^{-1} 附近及不饱和碳氢弯曲振动 $\gamma_{=CH}$ $1010\sim650$ cm^{-1}，图 6-9 为 1-十二烯的红外光谱图。

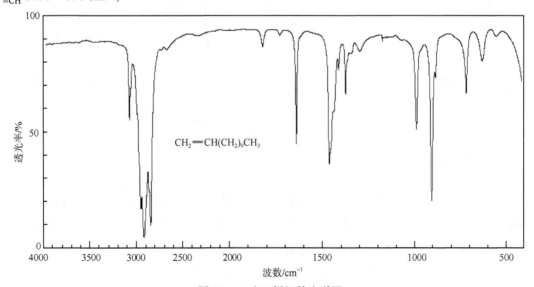

图 6-9　1-十二烯红外光谱图

烯烃吸收峰特征：①烯烃中碳氢键为不饱和化学键，属 sp^2 杂化轨道，$v_{=CH} > 3000\ cm^{-1}$。②$v_{C=C}$ 吸收峰约为 1650 cm^{-1}，其吸收峰位置及强度与取代情况有关。若双键上取代基为吸电子基团，则 $v_{C=C}$ 吸收峰向高频移动；若取代基使双键共轭效应增加，则 $v_{C=C}$ 吸收峰向低频移动；若取代后使烯烃分子对称性增强，则吸收峰强度减弱，反之，则增强。③烯烃的 $\gamma_{=CH}$ 峰吸收强，具有高度特征性，其吸收峰位置及个数与烯烃的取代方式有关，如端烯基 $\gamma_{=CH}$ 在（990±5）cm^{-1}、（909±5）cm^{-1} 出现双峰；单烯双取代反式结构出现在（970±5）cm^{-1}，顺式则出现在（690±30）cm^{-1}。

（三）炔烃

炔烃的结构中最特征的基团为炔基，主要红外特征吸收峰为叁键上碳氢键伸缩振动 $v_{\equiv CH}$ 3300 cm^{-1}、碳碳叁键伸缩振动 $v_{C\equiv C}$ 2270～2100 cm^{-1}，图 6-10 为 1-十二炔的红外光谱图。

炔烃吸收峰特征：①炔烃中碳氢键为不饱和键，属 sp 杂化轨道，$v_{\equiv CH}$ 约在 3300 cm^{-1}，吸收强度大，形状尖锐。②$v_{C\equiv C}$ 吸收峰约为 2200 cm^{-1}，其吸收峰位置及强度与取代情况有关，变化与烯烃相似。即若叁键上取代基为吸电子基团，则 $v_{C\equiv C}$ 吸收峰向高频移动；若取代基使叁键共轭效应增加，则 $v_{C\equiv C}$ 吸收峰向低频移动；若取代后使炔烃分子对称性增强，则吸收峰强度减弱，若完全对称，则无吸收峰，反之，则增强。

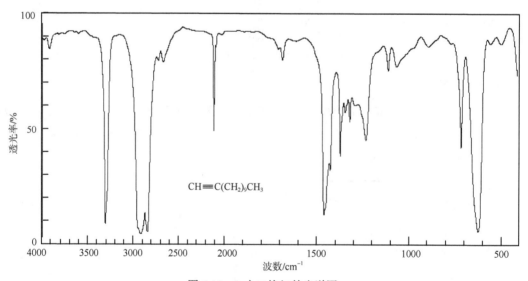

图 6-10　1-十二炔红外光谱图

二、芳香烃类

芳香烃类化合物的特征基团为苯环，主要红外特征吸收峰为芳氢的伸缩振动 $v_{=CH}$ 3100～3000 cm^{-1}，苯环骨架碳碳双键振动 $v_{C=C}$（骨架振动）1600～1430 cm^{-1}，芳氢的面外弯曲振动 $\gamma_{=CH}$ 910～665 cm^{-1} 和泛频峰 2000～1667 cm^{-1}，如图 6-11 为甲苯的红外光谱图。

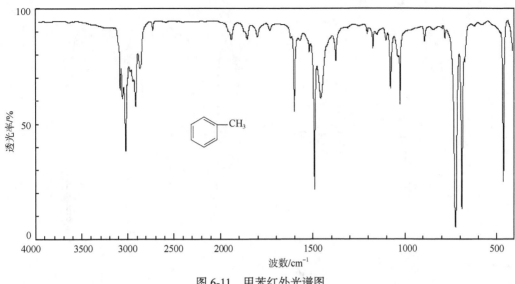

图 6-11　甲苯红外光谱图

芳香烃化合物吸收峰特征：①芳香烃中碳氢键为不饱和键，$v_{=CH}$ 3100～3000 cm^{-1}，其吸收峰弱至中等强度。②苯环骨架伸缩振动（$v_{C=C}$）在 1600～1430 cm^{-1} 有多个吸收峰。若苯环无共轭时，在 1500 cm^{-1}、1600 cm^{-1} 附近处有两个明显的特征吸收峰；若苯环与取代基共轭时，共轭苯环骨架振动吸收峰增多，在 1600 cm^{-1}、1580 cm^{-1}，1500 cm^{-1}、1450 cm^{-1} 出现 3～4 个吸收峰。③芳氢面外弯曲振动 $\gamma_{=CH}$ 峰与取代基性质关系不大，但与其位置和个数相关，峰强度很大，是确定苯环上取代基个数和位置的重要特征峰。如单取代甲苯中 $\gamma_{=CH}$ 有两个吸收峰，分别为 730～770 cm^{-1}、710～690 cm^{-1}；二甲苯中邻二甲苯的 $\gamma_{=CH}$ 为 770～735 cm^{-1}；间二甲苯中的 $\gamma_{=CH}$ 分别为 900～860 cm^{-1}、810～750 cm^{-1}、725～680 cm^{-1}；对二甲苯中的 $\gamma_{=CH}$ 为 860～790 cm^{-1}，见图 6-12。④泛频峰是芳氢面外弯曲振动的倍频峰，其峰位和峰形与取代基的位置、数目相关，而与取代基的性质关系很小，泛频峰的峰强很弱。⑤芳烃中 $v_{=CH}$ 和 $v_{C=C}$ 的吸收峰是决定苯环存在的主要特征峰；$\gamma_{=CH}$ 和泛频峰是决定苯环上取代基位置与数目的特征峰。

三、醇、酚与醚类

在醇、酚、醚分子的结构中，醇的特征基团为—OH，酚的特征基团有—OH 和苯环，醚结构中有 C—O—C 键。醇与酚中有相同的特征峰为 v_{OH}，酚另具有芳香烃的特征峰，这可以区分醇和酚；醇、酚、醚中均有 v_{C-O} 峰，但醚不具有 v_{OH} 峰，是与醇及酚的主要区别。v_{OH} 峰在气态和非极性稀溶液中，都以游离方式存在，峰较锐，v_{OH} 3700～3500 cm^{-1}，在可形成氢键状态下醇与酚 v_{OH} 3500～3200 cm^{-1}，峰钝；v_{C-O} 峰吸收较强，在 1320～1050 cm^{-1}，是该区域最强的峰，易识别。图 6-13 为正己醇、苯酚与二苯醚的红外光谱图。

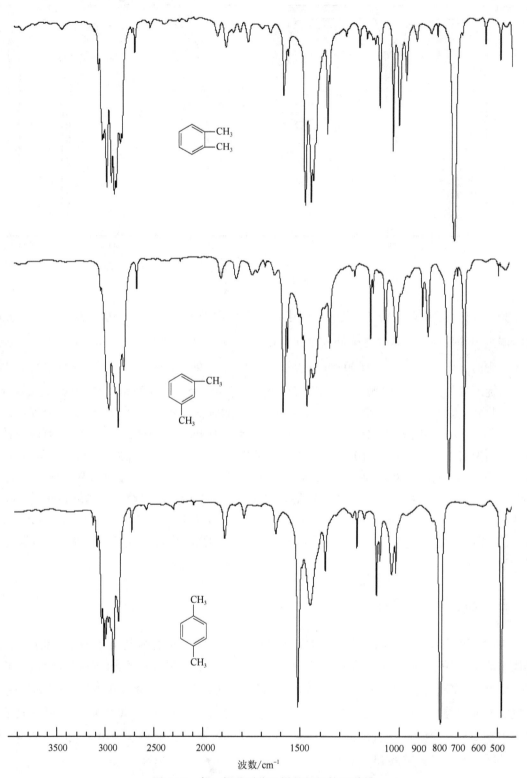

图 6-12　邻、间及对位二甲苯的红外光谱图

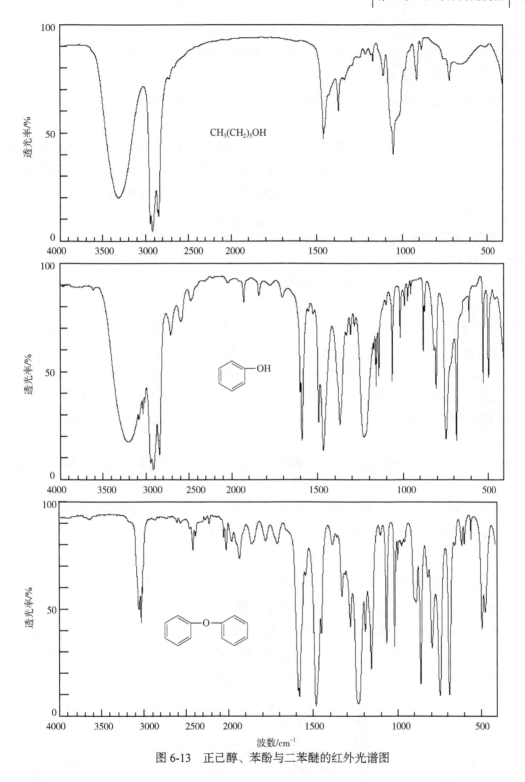

图 6-13 正己醇、苯酚与二苯醚的红外光谱图

四、羰基化合物

羰基吸收峰是红外光谱上最重要、最易识别的峰，由于 $\nu_{C=O}$ 在振动时偶极矩变化大，吸

收强度大，峰位在 1700 cm^{-1} 附近，此区域干扰较少，在红外谱图上的辨识度高。含羰基的化合物种类较多，且在核磁共振谱中无羰基峰，在物质结构解析中，常利用红外光谱鉴定羰基。羰基化合物主要包括酮、醛、酰氯、酯、羧酸、酸酐、酰胺等。

1. 酮 酮类化合物的 $\nu_{C=O}$ 约为 1715 cm^{-1}，若有不饱和烃与羰基共轭，则羰基吸收峰向低频方向移动。

2. 醛 醛类化合物的 $\nu_{C=O}$ 约为 1725 cm^{-1}，羰基若与不饱和烃共轭，吸收峰向低频方向移动；另醛基上的碳氢伸缩振动 ν_{CH} 与其弯曲振动的倍频峰，发生 Fermi 共振（泛频峰位于某强基频峰附近时，其吸收强度被加强的现象）而成为双峰，峰位为 2820 及 2720 cm^{-1}，是鉴别醛和酮的主要特征峰。

3. 酰氯 酰氯的 $\nu_{C=O}$ 约为 1800 cm^{-1}，由于羰基所连基团为氯，电负性较大，吸电子强，羰基峰向高频移动。

如图 6-14 为丁酮、正丁醛与正丁酰氯的红外光谱图。

4. 酯 酯类化合物结构为 $R-\overset{\overset{\displaystyle O}{\|}}{C}-O-R'$，其特征吸收峰 $\nu_{C=O}$ 1735 cm^{-1}（s）、ν_{C-O} 1280～1100 cm^{-1}，见图 6-15 a。酯类化合物中 ν_{C-O} 峰出现 ν_{C-O-C}^{as} 和 ν_{C-O-C}^{s}，通常前者形状宽，强度大，有时只能看到反对称伸缩振动峰。酯类化合物的羰基吸收频率与其所连的基团相关，当酯键中的羰基与 R 基共轭时，峰位向低频方向移动；若酯键中的氧与 R′基团发生 p-π 共轭时，峰位向高频方向移动。可通过这个性质判断酯类化合物中羰基两端取代基种类。例如：化合物 $CH_2=CH-\overset{\overset{\displaystyle O}{\|}}{C}-O(CH_2)_2CH_3$ 中，羰基与碳碳双键共轭，羰基向低频方向移动，其吸收峰频率小于 1735 cm^{-1}，$\nu_{C=O}$ 为 1720 cm^{-1}，而化合物 $CH_3-\overset{\overset{\displaystyle O}{\|}}{C}-O-CH=CH_2$ 中，氧与双键发生 p-π 共轭，羰基吸收峰频率向高频移动，$\nu_{C=O}$ 为 1770 cm^{-1}，见图 6-15（b）、图 6-15（c）。

5. 羧酸 羧酸的特征基团为 $-\overset{\overset{\displaystyle O}{\|}}{C}-OH$，其特征吸收峰为 ν_{OH} 3600～2500 cm^{-1}、$\nu_{C=O}$ 1740～1680 cm^{-1}、ν_{C-O} 1320～1200 cm^{-1}，见图 6-16。在气态或非极性稀溶液中，ν_{OH} 吸收峰为 3560～3500 cm^{-1}，峰形尖锐；若有氢键存在情况下，羟基伸缩峰变宽变钝，吸收峰在 3600～2500 cm^{-1} 区间；羧酸的 $\nu_{C=O}$ 吸收峰比酮、醛、酯的羰基峰钝，是较明显的特征；羧酸中 ν_{C-O} 吸收峰强度大，这是由于其振动时偶极矩变化大。

6. 酸酐 酸酐类化合物特征基团为 $-\overset{\overset{\displaystyle O}{\|}}{C}-O-\overset{\overset{\displaystyle O}{\|}}{C}-$，其特征吸收峰 $\nu_{C=O}$ 为双峰：$\nu_{C=O}^{as}$ 1850～1800 cm^{-1}、$\nu_{C=O}^{s}$ 1780～1740 cm^{-1}；ν_{C-O} 峰 1170～1050 cm^{-1}，见图 6-17。由于酸酐中的两个羰基伸缩振动偶合，结果羰基峰分裂为双峰，这是鉴别酸酐的主要特征峰，酸酐与酸相比不含羟基特征峰。

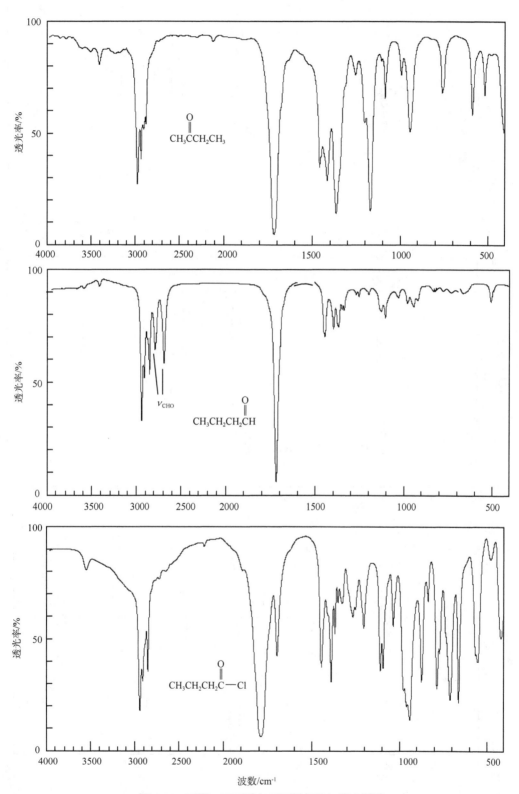

图 6-14　丁酮、正丁醛与正丁酰氯的红外光谱图

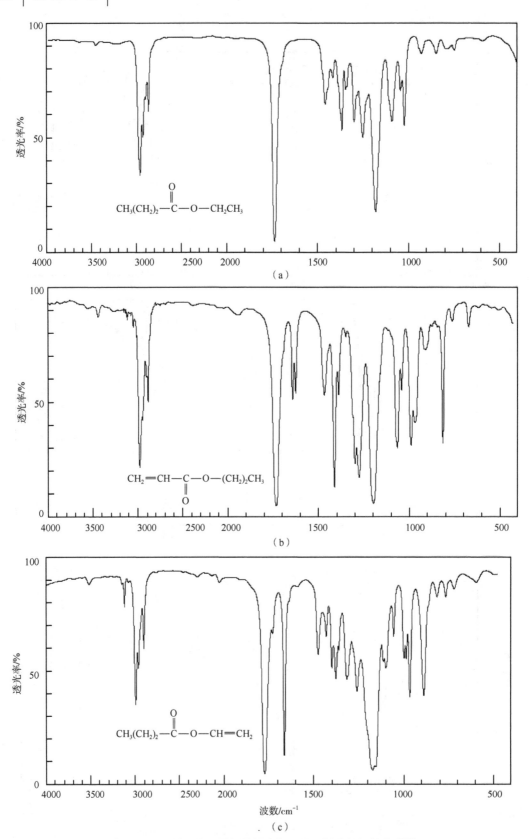

图 6-15 丁酸乙酯、丙烯酸丙酯与丁酸乙烯酯的红外光谱图

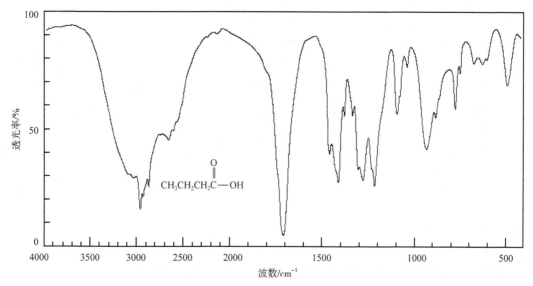

图 6-16 正丁酸的红外光谱图

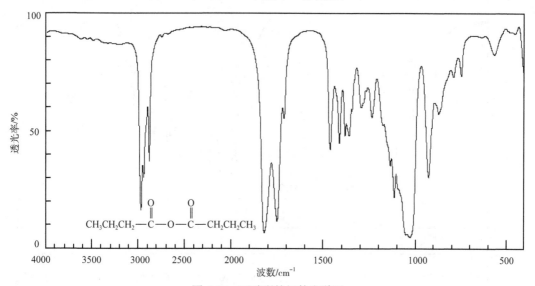

图 6-17 丁酸酐的红外光谱图

7. 酰胺 酰胺类化合物酰胺特征基团为 $-\overset{\overset{O}{\|}}{C}-\overset{\overset{|}{}}{N}-$，其特征峰 ν_{NH} 3500～3100 cm^{-1}（s）、ν_{C-O} 1680～1630 cm^{-1}、β_{NH} 1640～1550 cm^{-1}。由于与羰基相连的是胺基，胺基与羰基发生 p-π 共轭，使羰基的吸收峰向低频移动，为 1680～1630 cm^{-1}；酰胺类化合物可分为伯酰胺（$-\overset{\overset{O}{\|}}{C}-NH_2$）、仲酰胺（$-\overset{\overset{O}{\|}}{C}-\overset{\overset{R}{|}}{N}H$）、叔酰胺（$-\overset{\overset{O}{\|}}{C}-\overset{\overset{R}{|}}{N}-R'$），见图 6-18。伯酰胺中有 ν_{NH}^{s} 和 ν_{NH}^{as} 两种形式的振动，其吸收峰为双峰 ν_{NH}^{as} 约为 3350 cm^{-1}，ν_{NH}^{s} 约为 3180 cm^{-1}；仲酰胺的 ν_{NH} 3270 cm^{-1}，吸收峰为单峰；叔酰胺无此吸收峰。酰胺类化合物在浓溶液或极性溶剂中，可发生氢键缔合作用，使 ν_{NH} 吸收峰及 $\nu_{C=O}$ 吸收峰的频率均向低频移动。

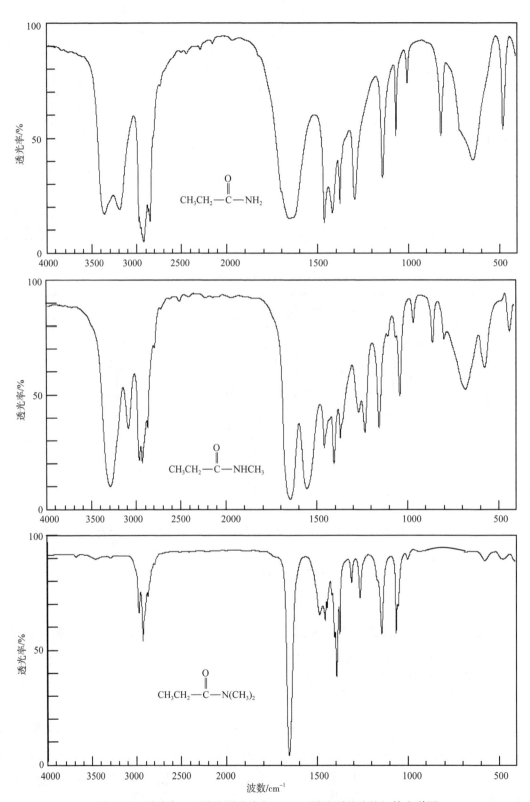

图 6-18　丙酰胺、N-甲基丙酰胺和 N, N-二甲基丙酰胺的红外光谱图

五、胺类及硝基类化合物

1. 胺类化合物 主要特征峰 ν_{NH} 3500～3300 cm^{-1}、β_{NH} 1650～1550 cm^{-1}、ν_{C-N} 1340～

1020 cm^{-1}。胺类化合物可分为伯胺（R—NH₂）、仲胺（R—NH$\overset{R'}{|}$）、叔胺（R—N$\overset{R''}{\underset{|}{|}}$R'），如图 6-19。伯胺中有 ν_{NH}^{s} 和 ν_{NH}^{as} 两种形式的振动，其吸收峰为双峰；仲胺的 ν_{NH} 吸收峰为单峰；叔胺无此吸收峰。ν_{NH} 吸收峰强度与分子结构的对称性有关，分子对称度越高，ν_{NH} 吸收峰越弱。

2. 硝基类化合物 有两个硝基伸缩振动峰，$\nu_{NO_2}^{as}$ 1590～1510 cm^{-1} 及 $\nu_{NO_2}^{s}$ 1390～ 1330 cm^{-1}，强度很大，很易辨认（图 6-20）。

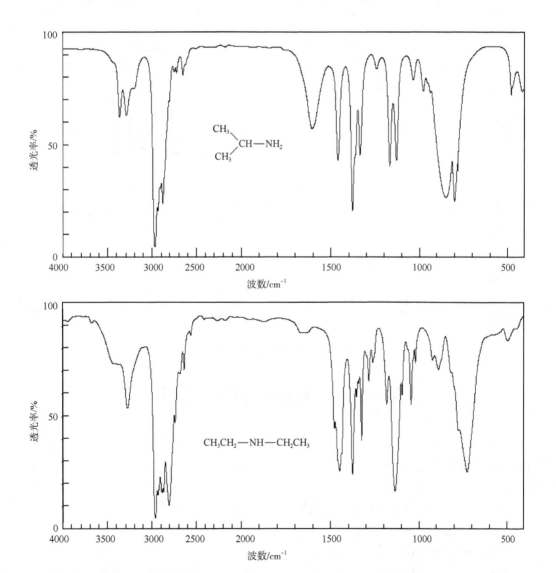

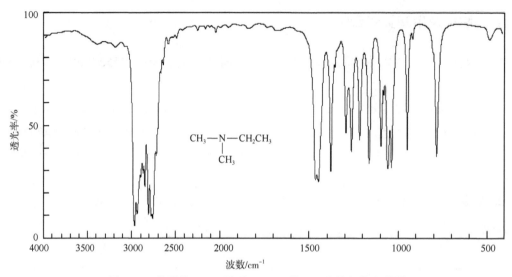

图 6-19　异丙胺、二乙胺及 N, N-二甲基乙胺的红外光谱图

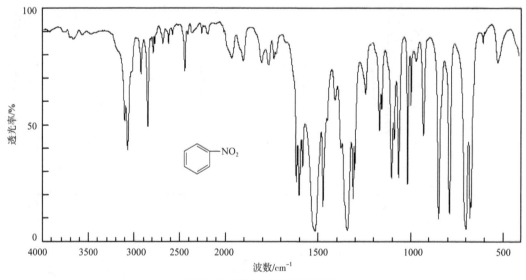

图 6-20　硝基苯的红外光谱图

第4节　红外分光光度计及制样

红外分光光度计由光源、吸收池、单色器、检测器及记录系统等部件组成。常见的红外分光光度计的波数范围为 4000～400 cm^{-1}。随着单色器的发展，红外光谱仪的发展大体经历了 3 个阶段：

第一代：棱镜红外分光光度计，岩盐棱镜；

第二代：光栅红外分光光度计，对环境要求不高，价格便宜；

第三代：傅里叶变换红外分光光度计。

棱镜红外分光光度计易吸潮损坏，分辨率低，已淘汰；采用光栅作单色器，分光效率比棱镜单色器高，但它仍是色散型的仪器，扫描速度慢，灵敏度较低，现已较少使用；第三代红外分光光度计即干涉调频分光傅里叶变换红外分光光度计（Fourier transform infrared spectrophotometer，FTIR），采用干涉仪作为分光系统，再通过模/数转换器将所测的干涉信号进行傅里叶变换，转化为红外光谱吸收信息。该仪器具有分辨率很高，扫描速度快，且仪器结构简单，体积小等优点。目前，傅里叶变换红外分光光度计有取代光栅型红外分光光度计的趋势，广泛应用于各领域。因此，下面主要介绍傅里叶变换红外分光光度计的结构组成、原理及特点。

一、傅里叶变换红外分光光度计

傅里叶变换红外分光光度计的结构与紫外-可见分光光度计类似，也是由光源、单色器、吸收池、检测器、数据处理及显示系统组成。其单色器不是常见的光栅型单色器，采用的是迈克耳孙（Michelson）干涉仪，结构示意图见图 6-21，光源发出的红外辐射是复合光，通过干涉仪分解为各波长的干涉光，所得干涉光照射在样品，经检测器得到含样品吸光信息的干涉图，最后计算机通过傅里叶变换，得到样品的红外光谱图。

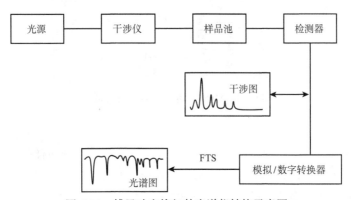

图 6-21　傅里叶变换红外光谱仪结构示意图

（一）光源

光源是红外光谱仪的关键部件之一，光源能量的高低直接影响了检测的灵敏度。红外光谱仪对光源的要求是能够在 4000～400 cm^{-1} 波数范围内发射强度大且稳定的连续红外辐射。常用的红外光源主要有能斯特（Nernst）灯、硅碳棒和特殊线圈。

1. 能斯特灯　能斯特灯是以氧化锆为主，加入钇和钍等稀土金属氧化物烧结制成的棒状物，工作温度 1400～2000 K，工作波段是 5000～400 cm^{-1}，其特点是在高波数区发光强度大，稳定性好，使用寿命长，但性脆易碎。

2. 硅碳棒　硅碳棒是由碳化硅烧结而成，工作温度在 1300～1500 K，工作波段为 5000～400 cm^{-1}，其特点是在低波数区发光强度大，坚固耐用、使用寿命长，使用时需通冷却水冷却。

3. 特殊线圈　特殊线圈也称为恒温式加热线圈，由特殊金属丝制成，通电热灼产生红外线。

（二）单色器

傅里叶变换红外分光光度计的单色器是迈克耳孙干涉仪，与光栅型单色器分光原理不同，它利用的是光的干涉原理进行分光。Michelson 干涉仪的工作原理为：如图 6-22 所示，Michelson

干涉仪由固定镜 M_1、动镜 M_2 及光束分裂器 BS 组成，M_2 可前后移动，故称动镜；M_1 位置固定，称为固定镜；光束分裂器呈 45° 角放置在 M_1 与 M_2 间，照射到光束分裂器上的光分为两束，分别以光束 Ⅰ 与 Ⅱ 照射在动镜与固定镜上，并发生反射，这两束反射的光聚焦到一点时形成相干光。随着动镜的移动，可改变两光束的光程差，当光程差是半波长的偶数倍时，发生相长干涉，得到明条纹；当光程差是半波长的奇数倍时，发生相消干涉，得到暗条纹，动镜在移动的过程中，任何频率的红外辐射都可以发生干涉，从而得到不同频率的单色光。通过检测器测定，可得物质对红外光谱吸收信息的干涉图。

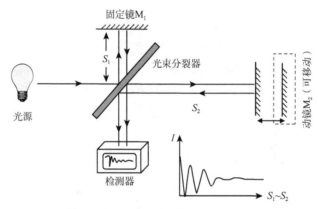

图 6-22　Michelson 干涉仪工作原理图

（三）吸收池

吸收池分为气体池与液体池两种，分别用于盛装气体样品与液体样品。红外吸收池须使用可透过红外线的岩盐窗片，如 NaCl、KBr 等。在实际工作中，测定环境和试样均应保持干燥，以免盐窗吸潮受损。测定固体样品时，不采用吸收池，一般用光谱纯 KBr 和待测试样混合，在压片机上压片后直接测定。

（四）检测器

由于 FTIR 的全程扫描时间小于 1 s，这就需要响应极快的检测器匹配。FTIR 多采用热电型硫酸三苷肽单晶（TGS）检测器或碲镉汞（MCT）检测器，这些检测器的响应时间极快，适应高速扫描。

（五）傅里叶变换红外光谱仪的特点

（1）扫描速度极快　FTIR 对红外光谱区域所有频率的信息进行扫描只需约 1 s 时间，其扫描速度远远大于色散型红外分光光度计。

（2）具有很高的分辨率　FTIR 分辨率达 $0.1 \sim 0.005$ cm^{-1}。

（3）灵敏度高　因 FTIR 的光学元件相对较少，减少了能量损失，灵敏度增高。

除此之外，还有测定光谱范围宽、杂散光干扰小、适合联用技术如 GC-FTIR 或 HPLC-FTIR 等。

二、光栅型红外光谱仪

光栅型红外光谱仪与 FTIR 结构总体相似，不同之处是光栅型红外光谱仪的单色器以光栅分光，由于其分光速度较慢，所采用的检测器为响应速度相对较慢的真空热电偶（利用温差转变为电位差进行检测）和光检测器（利用光照后导电性发生变化进行检测）。光栅把红外复合光分为单色光，经样品吸收后，检测器依次测定不同频率红外线的吸光强度，由于中红外光谱波数 4000～400 cm^{-1}，再加上红外吸收很弱，需叠加多次扫描信号才能得到正常图谱，完成一个周期的红外图谱测定所需的时间很长。因此，光栅型红外光谱仪分辨率低，测定速度慢是其最大的缺点，现逐步被 FTIR 光谱仪取代。

三、制样方法

气、液及固态样品均可测定其红外光谱，红外光谱图受试样状态的影响较大。气态物质分子间作用力小，红外光谱峰形较精细，特征性更强；溶液状态时分子间作用力变大，出现缔合和氢键等作用，吸收峰峰形变宽；固态试样吸收峰较溶液状态的峰尖锐且丰富。

1. 对待测试样的要求 ①用于结构鉴定的试样，其样品的纯度一般需大于 98%。②试样中不能有水。水的存在不仅对羟基峰的测定有干扰，而且也会影响红外图谱高波数区其他峰的测定；水也会侵蚀吸收池的盐窗。③若是液体试样，则溶剂不能是水溶液，而应选择在所测红外波段区无光谱干扰的溶剂。

2. 待测试样的制备

（1）气体试样：气体样品在气体池中测定，气体池是两端粘有 NaCl 或 KBr 制作的气槽，将气槽抽真空后，再将试样注入。

（2）液体试样：对沸点低、挥发性大的试样测定时，可采用液体池法，即取浓度适合的试样溶液装入具有岩盐窗片的液体池中；对沸点较高的试样测定时，可采用液膜法，即将试样直接滴在两片盐片之间，形成液膜；对于黏度较高的液体试样也可采用涂片法，即将试样涂抹一薄层在盐片上。

（3）固体试样：压片法是固体试样测定红外光谱运用最广的方法。具体方法是：取约 1～2 mg 试样与 200 mg 光谱纯 KBr 置于玛瑙研钵中，在红外灯下将样品与 KBr 研细混匀，置于模具中，在压片机上压成透明薄片，即可用于测定，注意整个过程应避免空气中水分的干扰。固体试样有时还会采用调糊法和薄膜法进行制样。调糊法是将干燥的试样研细，与液体石蜡或其他合适液体介质调成糊状，夹于盐片中；薄膜法是将试样加热熔融后涂制或压制成膜或者将试样溶解在低沸点的易挥发溶剂中，涂在盐片上，待溶剂挥发后成膜测定。

第 5 节 应用与示例

一、定性分析

红外光谱特征性很强，每种物质都对应其特征的红外光谱图。物质结构不同，其红外光谱图也不相同；反之，若红外图谱相同，则可认为是相同种物质。因此，可以利用红外光谱对待测物质进行鉴别。

若鉴别的试样是已知物，可将试样与其标准品在相同条件下分别测定红外光谱，进行图谱对照，重点比较峰数、峰位、峰强及峰形是否一致，若完全相同则可判断试样即为该标样物质；也可以查对已知物的文献或者红外标准图谱，查看图谱是否相同进行鉴别，此时应注意试样的物态、溶剂、仪器类型及测定条件应与制作标准图谱时一致。常见标准谱图有 SADTLER（萨特勒）红外光谱图和《中国药典》红外光谱图等。

由于物质红外光谱具有唯一性，所以其成为鉴别的有力手段。当前，我国化学药品的质量标准中，绝大部分原料药均要求进行红外光谱法的鉴别。

二、定量分析

由于红外光谱吸收弱，准确度低、重现性较差，一般不用于定量分析。

三、结构分析

对于未知化合物，可利用红外光谱图对其结构进行鉴定。根据化合物红外光谱的吸收峰特征，如吸收峰位置、个数、强度和形状，确定该化合物含有的特征官能团，然后利用基团振动频率与分子结构的关系，或结合其他光谱图如核磁共振谱图、质谱图等进行综合光谱解析，确定分子的结构。

（一）光谱解析的一般程序

（1）了解试样的来源及背景，测定试样的相关数据如熔沸点、溶解度等，利用元素分析等方法求出分子式，计算不饱和度。不饱和度是表示有机分子中碳原子的不饱和程度，其计算公式为

$$U = 1 + n_4 + \frac{n_3 - n_1}{2} \tag{6-6}$$

式中，n_4、n_3、n_1 分别为分子中所含的四价、三价和一价元素原子的数目。饱和链状烃类及未含不饱和键的链状烃衍生物的 $U = 0$；含一个双键或饱和环状结构化合物的 $U = 1$；含一个叁键化合物的 $U = 2$；含一个苯环化合物的 $U = 4$。可根据分子中的不饱和度推测分子的特征官能团。

例 6-1 计算苯甲酰胺（C_7H_7NO）的不饱和度。

解：
$$U = 1 + n_4 + \frac{n_3 - n_1}{2} = 1 + 7 + \frac{1 - 7}{2} = 5$$

（2）进行图谱解析，通常采用"四先、四后，相关法"。"四先、四后"一是指先分析图谱特征区，然后分析图谱的指纹区。先通过图谱的特征峰的峰位和峰强，推测试样中可能含有的官能团或化学键，再根据指纹区的峰位、峰强和峰数确定各基团及化学键的结合位置和方式等细微结构。二是指先分析图谱中的强峰，后分析图谱中稍弱峰。一般来说，强峰特征性强，更便于观察判断。三是指先对整个图谱中的特征峰进行初步判断，然后再详细观察图谱中各峰的特征及关系，在图谱中寻找能确定某基团存在的依据。四是指通过观察图谱，先排除分子中不存在的基团或化学键，然后再确定分子中存在的基团和化学键。"相关法"是指由一组相关峰确认一个官能团存在的原则。由于官能团中存在多个原子，存在多种振动形式，因此，在红外图谱中可能存在多个吸收峰，称之为相关峰，由一组相关峰能更准确地确认官能团的存在。

（3）物质结构确定后，若是已发现的化合物，还需对所确定的物质结构进行对照验证，如查对标准红外光谱图或与标准品的红外光谱图对照。

（二）解析示例

例 6-2　某化合物 C_8H_8O，其 IR 光谱主要吸收峰位为 3080，3040，2980，2920，1690，1600，1580，1450，1370，1230，750，690 cm^{-1}，其红外光谱图如图 6-23，试推断其分子结构。

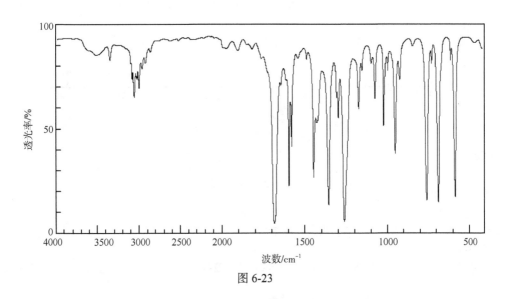

图 6-23

解： $U = 1 + n_4 + \dfrac{n_3 - n_1}{2} = 1 + 8 + \dfrac{0 - 8}{2} = 5$，可能含有苯环。

该红外吸收图谱中 3080 cm^{-1}，3040 cm^{-1} 处有吸收，说明可能存在苯环的 $v_{=CH}$；1690 cm^{-1} 处有强吸收，推断为 $v_{C=O}$ 共轭后产生的频率向低波数区移动；1600 cm^{-1}，1580 cm^{-1}，1500 cm^{-1} 三处可能为共轭苯环的 $v_{C=C}$；750 cm^{-1}，690 cm^{-1} 为双峰，推断为单取代苯环的 $\gamma_{=CH}$；2980 cm^{-1}、2920 cm^{-1}、1370 cm^{-1} 吸收峰推断为 v_{CH_3} 和 δ_{CH_3}。由上分析可知，该化合物可能含有、—C— 及—CH₃，且苯环与羰基产生共轭，因此该化合物可能的结构为。

例 6-3　某有机化合物，分子式为 C_8H_8，沸点为 146℃，无色透明油状液体，其 IR 光谱图如图 6-24，试判断该化合物的结构。

解： $U = 1 + 8 + \dfrac{0 - 8}{2} = 5$，表示可能有苯环。

该红外吸收图谱中，3090 cm^{-1}、3030 cm^{-1} 处有吸收，可能是苯环或烯烃的 $v_{=CH}$；1630 cm^{-1} 处有强吸收，推断为由烯烃中 $v_{C=C}$ 引起的；1600 cm^{-1}，1570 cm^{-1}，1500 cm^{-1}，1450 cm^{-1} 四处吸收峰可能为共轭苯环的 $v_{C=C}$；990 cm^{-1} 及 909 cm^{-1} 是乙烯端烯单取代 $\gamma_{=CH}$ 的特征峰；780 cm^{-1}，690 cm^{-1} 为双峰，推断为单取代苯环的 $\gamma_{=CH}$。由上分析可知，该化合物可能含有、—CH＝CH₂ 基团，因此该化合物可能的结构为。

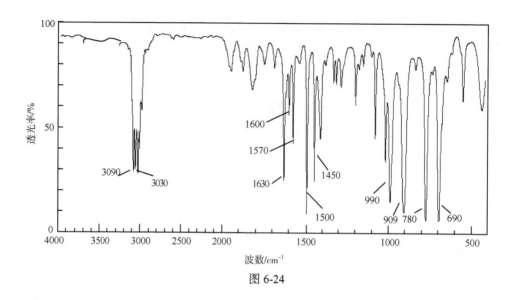

图 6-24

思考与练习

1. 红外光谱法与紫外光谱法比较,有什么特点?

2. 简述红外光谱产生的原理。

3. 红外光谱图的特征主要包括吸收峰峰数、吸收峰峰位及吸收峰的强度,请简述影响这三个方面的因素有哪些。

4. 通常基频峰分为九个段区,请详述,并找出其分布规律。

5. 简述脂肪烃类、芳香烃类、醇醚酚类、羰基化合物的红外光谱特征。

6. 红外分光光度计由哪些部分组成?简述 FT-IR 仪中干涉仪的工作原理及其特点。

7. 简述红外图谱解析的一般过程。

8. 预测 HO—⟨benzene⟩—$\overset{\displaystyle O}{\underset{\displaystyle \|}{C}}$—O—CH$_2CH_3$ 在哪些区段中有吸收峰,各属于何种振动类型。

9. 下列化合物能否用 IR 光谱鉴别?若能鉴别,请写出其红外光谱区别。

(1) ⟨phenyl⟩—$\overset{\displaystyle O}{\underset{\displaystyle \|}{C}}$—CH$_2CH_2CH_3$ ⟨phenyl⟩—CH$_2$CH$_2$—$\overset{\displaystyle O}{\underset{\displaystyle \|}{C}}$—CH$_3$

(2) CH$_3$CH$_2$CH=CHCH$_3$ CH$_3$CH$_2$CH=CH$_2$

(3) ⟨cyclohexyl⟩—OH   ⟨cyclohexanone⟩

(4) CH$_3$CH$_2$CH$_2$CHO   CH$_3$—$\overset{\displaystyle O}{\underset{\displaystyle \|}{C}}$—CH$_2CH_3$

10. 某化合物分子式为 C$_8$H$_{10}$,IR 光谱如下图,试推断其分子结构。

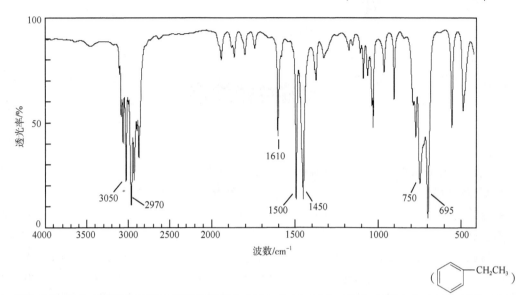

11. 某化合物 $C_9H_{10}O$，其 IR 光谱主要吸收峰位为 3080，3040，2980，2920，1690（s），1600，1580，1500，1370，1230，750，690 cm^{-1}，试推断该化合物的分子结构。

课　程　人　文

一、红外线的发现

红外线是太阳光线中众多不可见光线中的一种，由英国科学家赫歇尔于1800年发现，又称红外热辐射，热作用强。他将太阳光用三棱镜分开，在各种不同颜色的色带位置上放置了温度计，试图测量各种颜色的光的加热效应。结果发现，位于红光外侧的那支温度计升温最快。因此得到结论：太阳光谱中，红光的外侧必定存在看不见的光线，这就是红外线。

二、红外线的热效应

红外线波长较长，给人是热的感觉，产生的效应是热效应。红外线频率较低，能量不够，穿透不到原子、分子内部，不会引起原子、分子的膨大而导致解体。红外线只能穿透原子、分子的间隙中，使原子、分子的振动加快、间距拉大，即增加热运动能量，从宏观上看，物质在融化、在沸腾、在汽化，但物质的本质（原子、分子本身）并没有发生改变，这就是红外线的热效应。

三、红外线的功效

红外线治疗作用的基础是温热效应。在红外线照射下，组织温度升高，毛细血管扩张，血流加快，物质代谢增强，组织细胞活力及再生能力提高。红外线治疗慢性炎症时，改善血液循环，增加细胞的吞噬功能，消除肿胀，促进炎症消散。红外线可降低神经系统的兴奋性，有镇痛、解除横纹肌和平滑肌痉挛以及促进神经功能恢复等作用。在治疗慢性感染性伤口和慢性溃疡时，可改善组织营养，消除肉芽水肿，促进肉芽生长，加快伤口愈合。红外线照射有减少烧伤创面渗出的作用。红外线还经常用于治疗扭挫伤，促进组织肿胀和血肿消散以及减轻术后粘连，促进瘢痕软化，减轻瘢痕挛缩等。

第7章
核磁共振波谱法

核磁共振（nuclear magnetic resonance，NMR）是在外加磁场作用下，一些原子核能产生核自旋能级分裂，用电磁波照射该原子，使原子核吸收一定频率的电磁波，从而发生核自旋能级跃迁的现象。以核磁共振信号强度对照射频率（或磁场强度）作图，所得图谱称为核磁共振波谱。利用核磁共振波谱进行结构测定、定性及定量分析的方法称为核磁共振波谱法。

核磁共振波谱法本质上与紫外-可见吸收光谱法、红外吸收光谱法一样，都是微观粒子吸收电磁波后在不同能级上的跃迁。紫外和红外吸收光谱是分子分别吸收了波长为 $200\sim400$ nm 和 $2.5\sim25\mu m$ 的辐射后，分别引起分子中电子能级和分子振转能级的跃迁。核磁共振波谱是用波长很长、频率很小（兆赫数量级，射频区）、能量很低的射频电磁波照射原子，这时不会引起分子的振动或转动能级跃迁，更不会引起电子能级的跃迁，但这种电磁波能与处在强磁场中的磁性原子核相互作用，引起磁性的原子核在外磁场中发生核磁能级的共振跃迁，产生吸收信号。

核磁共振现象是哈佛大学的 Purcell 及斯坦福大学的 Bloch 于 1946 年最先观察到的，自 20 世纪 50 年代出现第一台核磁共振商品仪器以来，核磁共振波谱法在仪器、实验方法、理论和应用等方面取得了飞跃式的进步。所应用的领域主要有有机化合物的结构研究、物质的定性、定量分析、医疗与药理研究等方面。

目前应用最多的是氢核磁共振谱（简称氢谱，^1H NMR）和碳-13 核磁共振谱（简称碳谱，^{13}C NMR），本章将着重介绍氢谱。

第 1 节　基 本 原 理

一、原子核的自旋

1. 自旋分类　一些原子核有自旋现象，而另一些原子核无自旋现象，核磁共振的研究对象是具有自旋的原子核。核的自旋可用自旋量子数 I 来描述，依据 I 取值的不同可将原子核分成三类（表 7-1）。

（1）质量数与质子数均为偶数的原子核，$I=0$，如 ^{12}C、^{16}O、^{32}S 等。此类核无自旋现象，其核磁矩为零，不产生核磁共振信号。

（2）质量数偶数、质子数为奇数时，I 为整数，如 ^2H（D）、^{14}N 等。此类核有核自旋现象，也是核磁共振的研究对象，但其在外磁场中能级分裂数多，共振谱线复杂，目前研究较少。

（3）质量数为奇数，质子数可为偶数，也可为奇数时，I 为半整数，如：^1H、^{13}C 等。此类核有核自旋现象，且其在外磁场中能级分裂数少，共振谱线简单，是目前核磁共振研究的主要对象。

表 7-1 各种核的自旋量子数

质量数	质子数（原子序数）	自旋量子数（I）	原子核
偶数	偶数	0	^{12}C、^{16}O、^{32}S
偶数	奇数	整数（1，2，3，…）	^{2}H（D）、^{14}N、…
奇数	偶数或奇数	半整数（1/2，3/2，…）	^{1}H、^{13}C、^{15}N、^{19}F、^{31}P、^{35}Cl、…

2. 核磁矩 由于原子核本身具有质量，所以原子核自旋运动的同时会产生一个自旋角动量 P。原子核又是个带正电荷的粒子，核的自旋引起电荷运动，产生磁矩。角动量和磁矩都是矢量，其方向平行。根据量子力学理论，原子核的自旋角动量 P 的值为

$$P = \frac{h}{2\pi}\sqrt{I(I+1)} \tag{7-1}$$

式中，h 为普朗克常数；I 为核的自旋量子数。

自旋量子数不为零的原子核都有磁矩，核磁矩的方向服从右手定则（如图 7-1 所示），其大小与自旋角动量的关系为

$$\mu = \gamma P \tag{7-2}$$

式中，γ 为核的磁旋比，是原子核的固有常数，不同原子核磁旋比不同。如：$\gamma_{^1H} = 2.68 \times 10^8$ rad/（T·s），$\gamma_{^{13}C} = 6.73 \times 10^7$ rad/（T·s）。

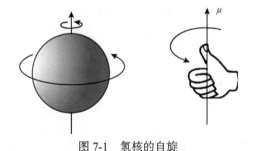

图 7-1 氢核的自旋

二、自旋取向与核磁能级

无外磁场时，原子核自旋运动是无规律的，核磁矩的取向也是随机的，各方向自旋的原子核的能级是相同的；但若将磁性原子核置于外磁场中，原子核的自旋运动及核磁矩方向是固定的，自旋原子核的能级裂分为几个不同的能级，具有了明显的量子化特征，这种现象称为空间量子化。

若将原子核的每个自旋取向数用磁量子数 m（magnetic quantum number）来表示，按照量子力学理论，原子核自旋磁量子数 $m=I$，$I-1$，$I-2$，…，$-I+1$，$-I$，原子核在外磁场中的自旋总取向数为 $2I+1$。

例如 ^1H 的 $I=1/2$，在外磁场中的自旋取向数为 $2I+1$，$m=2 \times 1/2+1=2$，^1H 在外磁场中核磁矩有两种取向，分别为 $m=\frac{1}{2}$ 和 $-\frac{1}{2}$，见图 7-2。当 $m=\frac{1}{2}$ 时，自旋产生的核磁矩在 z 轴上的投

影方向与磁场方向一致，即 μ_z 为顺磁场；当 $m=-\dfrac{1}{2}$ 时，自旋产生的核磁矩在 z 轴上的投影方向与磁场方向相反，即 μ_z 为逆磁场方向。若 $I=1$ 时，例如 ^2H 的 m 可取 $2\times1+1=3$ 个值，$m=1$、0、-1，核磁矩在外磁场中有三种取向，见图 7-2。

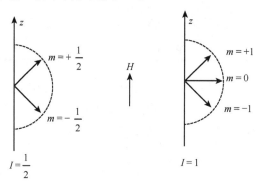

图 7-2 磁场中不同 I 的原子核的空间量子化

不同取向的核磁矩在磁场方向 z 轴上的分量（μ_z）取决于角动量在 z 轴上的分量（P_z），$P_z=\dfrac{h}{2\pi}m$，则 $\mu_z=\gamma P_z=\gamma\cdot m\cdot\dfrac{h}{2\pi}$。

由于每一种取向都对应于一定的核磁能级，其能级的能量 E 与核磁矩在 z 轴上的分量及外磁场强度关系为

$$E=-\mu_z H_0=-\gamma\cdot m\cdot\dfrac{h}{2\pi}H_0 \tag{7-3}$$

对于氢核，两种核磁能级的能量分别为

$$m=-\dfrac{1}{2}\qquad\qquad E_{-1/2}=-(-\dfrac{1}{2})\cdot\gamma\cdot\dfrac{h}{2\pi}H_0$$

$$m=\dfrac{1}{2}\qquad\qquad E_{1/2}=-\dfrac{1}{2}\cdot\gamma\cdot\dfrac{h}{2\pi}H_0$$

$m=\dfrac{1}{2}$ 时，其 μ_z 的方向与磁场方向一致，属顺磁场方向，能量较低；$m=-\dfrac{1}{2}$ 时，其 μ_z 的方向与磁场反向，属逆磁场方向，能量较高。两者的能量差为

$$\Delta E=E_{-1/2}-E_{1/2}=\gamma\cdot\dfrac{h}{2\pi}H_0 \tag{7-4}$$

由式（7-4）可见，ΔE 与磁旋比（γ）及外磁场强度（H_0）有关，且随 H_0 的增大而增大，此现象称为能级分裂，见图 7-3。

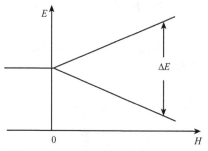

图 7-3 $I=1/2$ 的自旋核的能级分裂图

三、进动与共振

1. 原子核的进动　原子核在外磁场的作用下，核磁矩（自旋轴）与外磁场成一定的角度，原子核一方面绕自旋轴自旋，同时自旋轴绕外磁场轴作旋进运动，我们把原子核的这种旋进运动称为拉莫尔（Larmor）进动。拉莫尔进动特点为：①原子核自身旋转；②原子核同时围绕磁场旋转；③原子核自身旋转轴与磁场方向有一定的夹角。这种情况与在地面上旋转的陀螺类似，如图 7-4，具有一定转速的陀螺自旋轴围绕与地面垂直的轴以一定夹角旋转。

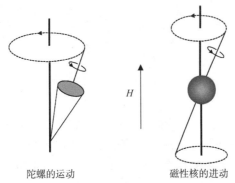

陀螺的运动　　　　　　磁性核的进动

图 7-4　进动示意图

进动频率 ν 与外磁场强度 H_0 的关系可用 Larmor 方程表示

$$\nu = \frac{\gamma}{2\pi} \cdot H_0 \qquad (7\text{-}5)$$

从式（7-5）可以看出，进动频率与外磁场强度 H_0 和磁旋比 γ 有关，当原子核固定，即 γ 相等时，H_0 越大，则进动频率越大；若外磁场强度不变，磁旋比越大的原子核，进动频率也越大。根据式（7-5）可以算出 ^1H 及 ^{13}C 在不同磁场下的进动频率见表 7-2。

表 7-2　^1H 及 ^{13}C 核的进动频率

核	磁旋比 γ/[rad/（T·s）]	H_0/T	ν/MHz
^1H	2.68×10^8	2.35	100
^{13}C	6.73×10^7	2.35	25
^1H	2.68×10^8	9.40	400
^{13}C	6.73×10^7	9.40	100

2. 共振吸收的条件

（1）$\nu = \nu_0$：在外磁场 H_0 中，具有自旋现象的原子核裂分为不同的能级，当某一频率电磁波照射在样品上时，电磁波的能量（$E = h\nu_0$）等于裂分的能级能量差 ΔE，原子核自旋方向从低能态向高能态跃迁，产生核磁共振吸收。以 ^1H 核为例，裂分为 $m = \frac{1}{2}$ 和 $-\frac{1}{2}$ 两个能级，其能级差为 $\Delta E = E_{-1/2} - E_{1/2} = \gamma \cdot \frac{h}{2\pi} H_0$（图 7-5），则：$\nu = \nu_0 = \frac{\gamma}{2\pi} \cdot H_0$。

（2）$\Delta m = \pm 1$：由量子力学的选择规则可知，只有 $\Delta m = \pm 1$ 的跃迁才是允许的，即跃迁只能发生在两个相邻能级间。

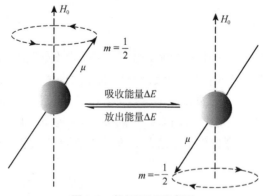

图 7-5 能级跃迁示意图

四、核的弛豫

在核磁共振过程中,激发态自旋核通过非辐射途径损失能量而恢复至基态自旋核的过程称为核的弛豫历程。核的弛豫是保持核磁信号有固定强度必不可少的条件,自旋核在外磁场 H_0 中发生能级裂分,处于不同能级的核个数服从玻尔兹曼(Boltzmann)分布:

$$\frac{n_+}{n_-} = \mathrm{e}^{\frac{\Delta E}{kT}} = \mathrm{e}^{\frac{h \cdot \gamma \cdot H_0}{2\pi \cdot kT}} \tag{7-6}$$

式中, n_+ 为低能态核数; n_- 为高能态核数; k 是玻尔兹曼常数。

以 $^1\mathrm{H}$ 核为例,当 $H_0 = 1.4092$ T,温度为 300 K 时,低能态($m=1/2$)和高能态($m=-1/2$)的 $^1\mathrm{H}$ 核数之比为

$$\frac{n_{(+1/2)}}{n_{(-1/2)}} = \mathrm{e}^{\frac{6.63\times10^{-34}\times2.68\times10^8\times1.4092}{2\times3.14\times1.38\times10^{-23}\times300}} = 1.0000099$$

也就是说,在未有电磁辐射照射时,低能态的核数仅仅比高能态的核数多十万分之一。当电磁辐射照射后,发生核磁共振,从低能态跃迁至高能态,核磁共振信号由多出来的十万分之一的低能态氢核吸收产生。随着核磁共振吸收不断进行,低能态的核就会越来越少,一定时间后, $n_+ = n_-$,便不会产生吸收,NMR 信号消失,这种现象称为"饱和"。由此,在 NMR 中,若不存在核的弛豫历程,则无法获得持续的 NMR 信号。

核的弛豫有两种形式,一种是处于高能态的核自旋体系将能量传递给周围环境(晶格或溶剂),恢复到低能态的过程,称为自旋-晶格弛豫;另一种是处于高能态的自旋核将能量传递给邻近低能态同类磁性核的过程,称为自旋-自旋弛豫。

第 2 节 核磁共振波谱仪

核磁共振波谱是在外磁场下物质吸收 60~300 cm 的电磁波,引起原子核自旋能级跃迁所产生的。由于原子核自旋能级跃迁的吸收很弱,难以直接测定其吸收强度,为了得到较强的吸收信号,通过测定原子核自旋能级跃迁时核磁矩方向改变产生的感应电流,来表示核磁共振信号。核磁共振波谱仪的基本组成部件有:磁体、扫场线圈、射频源、探头、接收器及信号输出

装置等。按扫描方式不同,核磁共振仪可分为连续波核磁共振仪和脉冲傅里叶变换核磁共振仪。早期主要应用的是连续波核磁共振仪,随着技术的发展,目前脉冲傅里叶变换核磁共振仪的应用越来越广泛。图 7-6 为连续波核磁共振波谱仪的结构示意图。

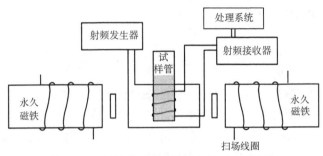

图 7-6 连续波核磁共振波谱仪的结构示意图

1. 磁铁 磁铁的作用是提供一个均匀恒定的强磁场,使自旋核的能级发生分裂。磁铁是核磁共振波谱仪中最重要的部分,核磁共振波谱法测定的灵敏度和分辨率主要取决于磁铁的质量和强度。

2. 射频源 射频源即光源,是提供不同频率电磁辐射的部件,所提供的电磁辐射用来激发核磁能级之间的跃迁。

3. 扫场线圈 用来调节所加恒定磁场强度。在连续波核磁共振波谱仪中,扫描方式采用扫场时,可通过扫场线圈来改变磁场强度。

4. 探头 位于磁体中心的圆柱形探头作为 NMR 信号检测器,是 NMR 仪的核心部件,用来装待测溶液的试样管放置于探头内的检测线圈中。

5. 检测器 检测器包括射频接收器及数据处理显示系统,射频接收器的作用是接收核共振时所产生的吸收信号,经过放大处理后记录成核磁共振波谱图。

连续波核磁共振仪(CW-NMR)是指施加到试样上的射频的频率或外加磁场的强度是连续变化的,即可进行连续扫描。根据共振条件,可以固定磁场,依次改变照射频率,当原子核的进动频率等于激发频率时发生核磁共振,激发频率从高到低扫描一遍获得核磁共振图谱,这种方法称为扫频法;也可以固定照射频率,通过连续改变磁场强度来改变核的进动频率,当核的进动频率刚好等于照射频率时产生核磁共振,磁场从低到高扫描一遍获得核磁共振图谱,这种方法称为扫场法。连续波核磁共振仪结构简单、易于操作、成本低;但该仪器进行扫描时单位时间内获得的信息少、一次扫描所需时间长、信号弱、需采用多次扫描进行累加,所费时间较长,现逐渐被脉冲傅里叶变换核磁共振仪所替代。

脉冲傅里叶变换核磁共振仪(PFT-NMR)是指在恒定的磁场中,把一定范围内包含各种频率的电磁辐射的能量脉冲照射在样品上,将样品中不同化学环境的核同时激发,发生共振,由基态跃迁到激发态。在这过程中产生的感应电流信号称为自由感应衰减信号(FID),FID 信号经傅里叶变换转换成常见的核磁共振图谱。脉冲傅里叶变换核磁共振仪获得的光谱背景噪声小,灵敏度及分辨率高,分析速度快,可用于动态过程等方面的研究。且灵敏度高,易于实现累加技术,所以脉冲傅里叶变换核磁共振仪对 ^{13}C、^{14}N 等弱共振吸收信号的测量具有优势。

第3节 化学位移

一、核外电子的屏蔽效应

根据 Larmor 公式 $v = \dfrac{\gamma}{2\pi} \cdot H_0$ 及共振条件 $v = v_0$ 可知，振动频率由原子核的磁旋比及外磁场强度决定，如氢核在 1.4092 T 的磁场中，可吸收 60 MHz 的电磁波后发生自旋能级跃迁，产生核磁共振信号。这是否说明，有机化合物中的任一氢核，只要外磁场强度相同，其在核磁共振谱图中的吸收峰位置都是相同的，或者说任何结构环境下的氢核在核磁共振图谱中，只产生一个共振吸收峰？若是这样，则无法利用核磁共振图谱来鉴定物质的结构。实际上处于不同化学环境中的氢核所产生的共振吸收峰的频率稍有不同，如图 7-7 所示。我们把这种因化学环境的变化而引起的共振谱线在图谱上的位移称为化学位移（chemical shift）。

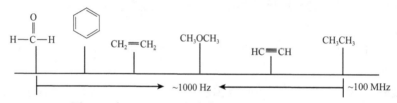

图 7-7 在 2.3487 T 磁场中各种 ^1H 的共振吸收频率

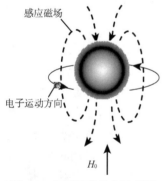

图 7-8 电子屏蔽效应示意图

共振频率之所以有微小差别，这是因为分子中氢核并非裸核，其核外有电子云的分布。核外电子围绕氢核做圆周运动，相当于一个环形电流，在外磁场 H_0 的诱导下，产生一个与外加磁场方向相反的感应磁场 H_e，使原子核实际受磁场强度稍有降低，我们把这种效应称为屏蔽效应（图 7-8）。若以 σ 表示屏蔽常数，σ 的大小与氢核外围的电子云密度有关，电子云密度越大，σ 越大。则感应磁场强度为

$$H_e = -\sigma H_0 \tag{7-7}$$

此时，氢核实际受到的磁场强度 $H_{实}$ 为

$$H_{实} = (1-\sigma) H_0 \tag{7-8}$$

由于屏蔽效应的存在，Larmor 公式应修正为

$$v = \frac{\gamma}{2\pi}(1-\sigma)H_0 \tag{7-9}$$

由式（7-9）可以看出：①外磁场 H_0 一定时，σ 越大的氢核，v 越小，共振吸收峰出现在低频区，反之出现在高频区；②若照射频率 v_0 一定时，σ 越大，需要在较大的 H_0 下产生共振，共振峰出现在高场，反之，出现在低场。核磁共振谱的右端相当于低频、高场；左端相当于高频、低场。

二、化学位移的表示方法

化学位移常用频率相对值来表示。即选一标准物作为参照，当固定磁场强度 H_0，连续变化射频电磁波的频率（扫频）时，测定被测物核与标准物核共振频率的差值 Δv；或是固定照射频率 v，改变磁场强度（扫场），测定被测物核与标准物核磁场强度的差值 ΔH；然后计算其相对差值 δ。例如 $\underset{}{\bigcirc}\text{—CH}_2\text{CH}_3$ 化学位移的表示方法见图 7-9，选用的标准物为四甲基硅烷（TMS）。

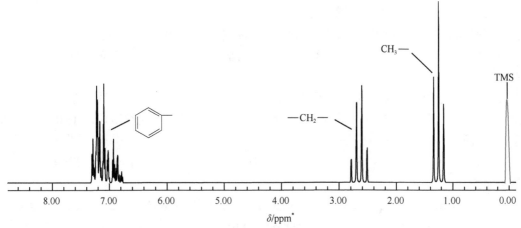

图 7-9　乙基苯化学位移表示方法

若固定磁场强度 H_0，连续扫描照射频率，则其 δ 值计算式为

$$\delta(\text{ppm}) = \frac{v_{\text{试样}} - v_{\text{标准}}}{v_{\text{标准}}} \times 10^6 = \frac{\Delta v}{v_{\text{标准}}} \times 10^6 \qquad (7\text{-}10)$$

式中，$v_{\text{试样}}$ 和 $v_{\text{标准}}$ 分别为被测试样及标准物的共振频率，乘以 10^6 是为了使数值便于读取。

若固定照射频率 v_0，连续变化附加磁场强度（扫场），则

$$\delta(\text{ppm}) = \frac{H_{\text{标准}} - H_{\text{试样}}}{H_{\text{标准}}} \times 10^6 \qquad (7\text{-}11)$$

式中，$H_{\text{标准}}$、$H_{\text{试样}}$ 分别为标准物及试样共振时的场强。

化学位移之所以不以绝对频率表示，而是用其相对值 δ 来表示，原因有二：一是由于不同化学环境中氢核的共振频率的差异非常小，约为百万分之十左右，要准确测定其绝对值比较困难；二是根据 Larmor 公式，核的进动频率与仪器的磁场强度 H_0 有关，同一个核在不同磁场下测出的频率值不同，导致同一物质利用不同磁场强度的仪器测量时，其核磁共振图谱不同，为了消除这种影响，通常采用相对差值 δ 来表示，δ 与 H_0 无关。

下面以 CH_3Cl 扫场测定为例来说明，标准物质是四甲基硅烷（TMS）。

分别在 1.4092 T 和 2.3487 T 的外磁场中，测定 CH_3Cl 中 CH_3 的化学位移 δ 值。

在 $H_0=1.4092$ T，$v_{\text{射频}} = 60\,\text{MHz}$（$v_{\text{TMS}} = 60\,\text{MHz}$）仪器上，测得 $v_{CH_3} = 60\,\text{MHz} + 186\,\text{Hz}$，则

---

*1ppm=10^{-6}。

$$\delta = \frac{v_{CH_3} - v_{TMS}}{v_{TMS}} = \frac{186}{60 \times 10^6} \times 10^6 = 3.1\,ppm$$

在 H_0=2.3487 T，$v_{射频}$ = 100 MHz（v_{TMS} = 100 MHz）仪器上，测得 v_{CH_3} = 100 MHz+310 Hz，则

$$\delta = \frac{v_{CH_3} - v_{TMS}}{v_{TMS}} = \frac{310}{100 \times 10^6} \times 10^6 = 3.1\,ppm$$

从上例中可看出，在不同磁场强度的仪器中测得同一基团的频率不同，磁场强度越大，共振频率越大；但不同磁场强度的仪器中测得同一基团的频率相对差值 δ 相同，因此，用 δ 表示横坐标时，同一物质核磁共振图谱稳定。

选用的标准物一般为四甲基硅烷（TMS）。TMS 作为标准物质具有如下特点：

（1）TMS 分子中的 12 个氢核处于完全相同的化学环境中，它们的共振条件完全一致，因此在核磁共振谱中只有一个峰。

（2）TMS 分子中氢核外的电子云密度最大，受到的屏蔽效应比大多数其他化合物中的氢核都大，所以其他化合物的 ¹H 峰的频率比 TMS 中的氢核频率大，大都出现在 TMS 峰的左侧，便于谱图解析。

（3）TMS 是化学惰性物质，易溶于大多数有机溶剂中，且沸点低（b.p.=27 ℃），易于从样品中除去。

核磁共振谱图的横坐标用 δ 表示时，规定 TMS 的 δ 为 0（在横坐标最右端）。横坐标从右向左，δ 值增大，一般化合物的氢谱横坐标 δ 值为 0~10。不同氢核相对差值 δ、屏蔽常数 σ、所需磁场强弱及吸收峰频率关系见图 7-10。

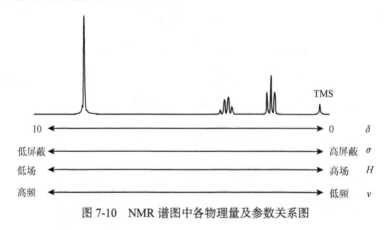

图 7-10　NMR 谱图中各物理量及参数关系图

三、影响化学位移的因素

由前述分析可知，化学位移是氢核外围电子云运动产生感应磁场而引起的。因此所有影响电子云密度的因素均会影响化学位移，主要包括内部因素和外部因素。内部因素即由分子结构变化引起，如相邻基团的吸电子效应、磁各向异性和杂化效应等；外部因素如溶剂效应、分子间氢键等。

若某因素使氢核周围电子云密度增加，屏蔽效应增加，则化学位移变小，称之为正屏蔽效

应；若氢核外层电子云密度降低，屏蔽效应减少，化学位移值增大，称之为去屏蔽效应。

（一）相邻基团的电负性影响

与氢核相连的基团对氢核产生吸电子作用还是供电子作用，直接影响了电子云密度，从而影响了该氢核的化学位移。如果与氢核相连的基团中含有吸电子作用的原子或原子团，如氧原子、卤素原子等，使与其连接或邻近的磁核周围电子云密度降低，屏蔽效应减弱，发生了去屏蔽效应，δ 变大，即共振信号移向低场或高频（在图谱左端），一般来说，与氢核相连的原子或基团电负性越大，δ 随之越大；反之，若与氢核相连的是供电子基团，则发生了正屏蔽效应，共振峰移向高场低频区（在图谱右端）。不同电负性基团与—CH_3 中氢相连时的化学位移，见表 7-3。

表 7-3 CH_3X 中 ^1H 的化学位移与取代基团关系

	CH_3F	CH_3OH	CH_3Cl	CH_3Br	CH_3I	CH_4	TMS
取代元素	F	O	Cl	Br	I	H	Si
电负性	4.0	3.5	3.1	2.8	2.5	2.1	1.8
氢核的 δ	4.26	3.40	3.05	2.68	2.16	0.23	0

（二）磁各向异性

利用质子周围电子云密度或电负性的概念无法解释乙炔质子（$\delta=1.8$ ppm）、乙烯质子（$\delta=5.25$ ppm）、乙醛质子（$\delta=9.97$ ppm）的位移值为何相差如此之大。事实上，氢核在分子中所处的空间位置不同，受到的屏蔽作用也不同，此种现象称为磁各向异性。在外磁场的作用下，化学键尤其是 π 键产生的感应磁场在空间的不同位置对外磁场的屏蔽作用不同，这是由于磁力线的闭合性质，产生的感应磁场在某些区域与外磁场方向相反，这些区域为正屏蔽；而另一些区域中感应磁场与外磁场的方向相同，这些区域为去屏蔽区，由此可见磁各向异性具有方向性。处于正屏蔽区的 ^1H 化学位移 δ 小，共振吸收在高场低频区；处于去屏蔽区的 ^1H 化学位移 δ 变大，共振吸收在低场高频区。例：环十八碳九烯 $C_{18}H_{18}$ 环内氢的 δ 值为 -3.0，而环外氢的 δ 值则为 9.3，两者相差很大。

1. 苯环 苯环分子组成为六元环的大 π 键，π 电子云在苯环平面的上、下方分布，在外磁场作用下，形成电子环流，其磁力线走向见图 7-11（a）。由图可知，在苯环平面的上、下方，感应磁场方向与外磁场方向相反，此区域为正屏蔽区（用 "+" 表示）；由于磁力线是闭合曲线，在苯环平面的侧面，感应磁场方向与外磁场方向相同，此区域为去屏蔽区（用 "—" 表示）。苯环上的 ^1H 刚好处于苯环平面的去屏蔽区，共振吸收峰移向高频低场，δ 值一般处于7~8。

2. 双键（C＝C 和 C＝O）　　双键分子中的π电子在双键平面的上、下方均匀分布，在外磁场作用下，形成电子环流，其磁力线走向见图7-11（b）和图7-11（d）。由图可知，在双键分子平面的上、下方，感应磁场方向与外磁场方向相反，此区域为正屏蔽区；在双键分子平面的侧面，感应磁场方向与外磁场方向相同，此区域为去屏蔽区。双键分子上的^{1}H刚好处于双键平面的去屏蔽区，共振吸收峰移向高频低场，δ值一般处于5~6。如乙烯分子的δ为5.25，醛的情况与乙烯类似，而加上氧的诱导效应，使醛基上^{1}H的δ很大，约为9.7。

3. 叁键（C≡C）　　叁键的π电子云围绕键轴呈圆筒状对称分布，在外磁场诱导下，叁键的键轴与外场方向平行。如图7-11（c）所示，所产生的感应磁场方向，在键轴正上、下方与外场方向相反，为正屏蔽区；在键轴旁侧的为负屏蔽区。如乙炔中的氢核恰好处于正屏蔽区，与乙烯相比，δ较小，约为2.88。

4. 单键（C—C）　　与双键相比较，单键产生较小的磁各向异性效应。如图7-11（e）所示，C—C键上两个碳原子的氢都处于去屏蔽区，当CH_4上的氢被烷基取代得越多，剩余的质子受到的去屏蔽效应的影响越大，化学位移越高。所以对于基团 CH_3、CH_2、CH 来说，其$\delta_{CH_3} < \delta_{CH_2} < \delta_{CH}$。

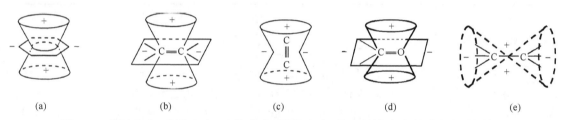

图 7-11　苯环（a）、乙烯（b）、乙炔（c）、羰基（d）、饱和单键（e）的磁各向异性效应

（三）氢键的影响

氢键对质子的化学位移影响是非常明显的，形成氢键后，氢键外围电子云密度降低，去屏蔽作用增强，δ值增大。氢键分为分子内氢键和分子间氢键，分子内的氢键，其化学位移的变化与浓度无关，只与自身结构有关；两分子间形成的氢键，化学位移的改变与物质的浓度、温度及溶剂的性质有关，物质浓度越小，氢键越弱。氢键的强弱直接影响了质子的化学位移，形成的氢键越强，质子化学位移越大。因此 OH、SH、NH 等基团中质子化学位移与浓度、温度、溶剂等相关，其共振信号没有确定的范围，随测定条件的改变而变化，如羟基氢，在极稀溶液中不形成氢键时，δ值为0.5~1.0，而在浓溶液中，形成氢键，则δ值为4~5。因此，若物质中存在易形成氢键的活泼氢时，为了减少活泼氢存在使化学位移不确定而带来的影响，在测定核磁共振谱之前，先进行取代。

四、各基团质子的特征化学位移

不同化学环境的氢核，有不同的化学位移，反之，可根据化学位移的δ值，来推出氢核的化学环境，判断该氢核属于何种基团。表7-4列出了一些较常见基团中的^{1}H核的化学位移δ值，根据表7-4，各类质子在核磁共振谱上出现的大体范围如图7-12所示。

某些类别的氢核的 δ 值可通过经验公式进行推导估算,估算所得的数值与实际数值有一定的偏差,本章不作具体介绍。

表 7-4　一些常见基团中的 $^1\mathrm{H}$ 核的化学位移 δ 值

不同取代基质子	δ 值	不同取代基质子	δ 值	不同取代基质子	δ 值
C—CH₃	0.8~1.5	C—CH—N	~2.8	Ar—CH₂—C=O	3.2~4.2
C—CH₂—C	1.0~2.0	O—CH₃	3.2~4.0	C=C—H	2.0~3.0
C=C—CH₃	1.6~2.7	C—CH—O	3.7~5.2	R₂—C=CH₂	4.5~6.0
C—CH₂—C=C	1.9~2.4	C—CH₂—O	3.3~4.5	R—CH=CH—R′	4.5~6.0
O=C—CH₃	2~2.7	C—CH₂—OAr	3.9~4.2	Ar—H	6.5~8.5
C—CH₂—C=O	2.1~3.1	C—CH₂—F	~4.36	R—CHO	9.0~10.0
C≡C—CH₃	1.8~2.1	C—CH₂—Cl	3.3~3.7	R—OH	0.5~5.5
C—CH₂—C≡C	2.1~2.8	C—CH₂—Br	3.2~3.6	Ar—OH	4~8
Ar—CH₃	2.1~2.8	C=C—CH₂—C=C	2.7~3.9	R—SH	1~2.5
C—CH₂—Ar	2.6~3.7	N—CH₂—Ar	3.2~4.0	Ar—SH	3~4
S—CH₃	2.0~2.6	Ar—CH₂—Ar	3.8~4.1	R—NH₂, R—NHR′	0.5~3.5
C—CH₂—S	2.4~3.0	O—CH₂—Ar	4.3~5.3	ArNH₂, Ar₂NH, ArNHR	3~5
N—CH₃	2.1~3.1	C=C—CH₂—Cl	4.0~4.6	RCONH₂, ArCONH₂	5~6.5
C—CH₂—N	2.3~3.6	O—CH₂—O	4.4~4.8	R—COOH	10~13

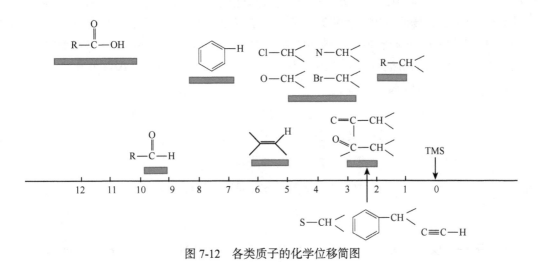

图 7-12　各类质子的化学位移简图

第 4 节　自旋耦合与自旋系统

一、自旋耦合与峰的裂分

屏蔽效应即氢核周围的电子云密度不同使不同化学环境的核产生了化学位移,而同一分子中各氢原子核的自旋所产生的核磁矩间是否也会相互作用? 事实上,这种作用虽然相对较弱,不影响质子的化学位移，但对谱图的峰形却有着重要的影响。如在 CH_3CH_2Cl 的 NMR 图谱（图 7-13）中：—CH_3 的吸收峰被裂分为三重峰、—CH_2— 的吸收峰被裂分为四重峰。

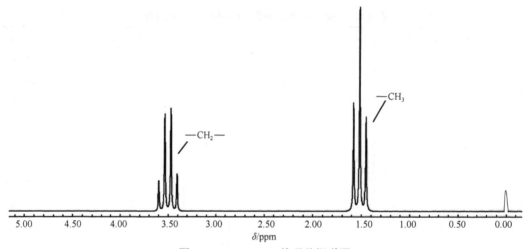

图 7-13　CH_3CH_2Cl 核磁共振谱图

1. 自旋耦合与自旋裂分的产生　分子中由于原子核自旋产生核磁矩，从而使邻近核之间产生相互干扰，称为自旋-自旋耦合（spin-spin coupling），简称自旋耦合。由于自旋耦合存在引起相互耦合的核共振吸收峰分裂的现象，称为自旋-自旋裂分（spin-spin splitting），简称为自旋裂分。在氢-氢耦合中，氢峰分裂是由于相邻碳原子上氢核的核磁矩的存在，轻微地改变了被耦合氢核上的磁场而发生。相邻碳原子上两个氢原子耦合示意图，见图 7-14。以 H_a 为研究对象，其相邻原子 H_b 核自旋时的核磁矩大小为 ΔH，方向有两种取向：与外加磁场方向相反，或与外加磁场方向相同。H_a 受到的实际磁场强度有两个：一个是 $H_0+\Delta H$；另一个是 $H_0-\Delta H$，根据 Larmor 方程，H_a 峰裂分为两个。

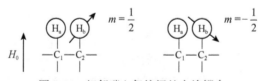

图 7-14　相邻碳上氢核间的自旋耦合

2. 裂分 $n+1$ 规律　在 —$\overset{H_a}{\underset{|}{C_1}}$—$\overset{|}{\underset{|}{C_2}}$— 结构中，以 C_1 上的 H_a 为待研究的对象，假设其相邻碳原子 C_2 上氢核分别为 0、1、2、3 个时，下面分别讨论相邻基团上的不同氢原子数对吸收峰分裂的个数的影响：

（1）当 C_2 上无氢核时，不产生核磁矩干扰，C_1 上的 H_a 所受的磁场强度为单一的，此时，H_a 不裂分，只有一个单独的峰，可用 s（singlet）表示。

（2）当 C_2 上有 1 个氢核时，由于氢核的自旋取向有两个（$m=1/2$，$m=-1/2$），产生 2 个方向的核磁矩（可用↑、↓表示），一个为顺磁场方向，一个为逆磁场方向，若氢核自旋时的核磁矩大小为 ΔH，则 H_a 所受的磁场强度为 2 种，分别为 $H_0+\Delta H$ 和 $H_0-\Delta H$，此时，H_a 裂分为 2

重峰，可用 d（doublet）表示。这 2 种方向的核磁矩出现的概率相等，因此，H_a 裂分的 2 重峰峰高比为 1：1。

（3）当 C_2 上有 2 个氢核时，共产生 3 个方向的核磁矩（可用 ↑↑、↑↓、↓↓ 表示），H_a 所受的磁场强度为 3 种。H_a 受到的 3 种磁场强度分别为 $H_0+\Delta H$、H_0 和 $H_0-\Delta H$，此时，H_a 裂分为 3 重峰，可用 t（triplet）表示。这 3 种方向的核磁矩出现的概率为 1：2：1，因此，H_a 裂分的 3 重峰峰高比为 1：2：1。

（4）当 C_2 上有 3 个氢核时，共产生 4 个方向的核磁矩（可用 ↑↑↑、↑↓↑、↑↓↓、↓↓↓ 表示），H_a 所受的磁场强度为 4 种。H_a 受到的 4 种磁场强度分别为 $H_0+3\Delta H$、$H_0+\Delta H$、$H_0-\Delta H$ 和 $H_0-3\Delta H$，此时，H_a 裂分为 4 重峰，可用 q（quartet）表示。这 4 种方向的核磁矩出现的概率为 1：3：3：1，因此，H_a 裂分的 4 重峰峰高比为 1：3：3：1。

从上面的讨论中可以看出，峰的裂分是符合一定规律的：若某氢核相邻碳原子上没有氢核，则该氢核峰不裂分；若相邻碳上有 1 个氢核，则该氢核峰裂分为二；若相邻碳上有 2 个氢核，则该氢核峰裂分为三；若相邻碳上有 3 个氢核，则该氢核峰裂分为四；…。由此可推出当某氢核与相邻碳上的 n 个全同氢核耦合时，其共振吸收峰被裂分成 $n+1$ 个，称为 $n+1$ 规律。

服从 $n+1$ 规律的各裂分峰峰高之比符合二项式 $(a+b)^n$ 展开式的系数比：

$n=0$ 时，$(a+b)^0=1$	（1）	单峰（s）
$n=1$ 时，$(a+b)^1=a+b$	（1：1）	二重峰（d）
$n=2$ 时，$(a+b)^2=a^2+2ab+b^2$	（1：2：1）	三重峰（t）
$n=3$ 时，$(a+b)^3=a^3+3a^2b+3ab^2+b^3$	（1：3：3：1）	四重峰（q）
……	……	

实际上，峰的裂分数 N 服从 $N=2nI+1$ 规律，若 $I=1/2$ 时，$N=n+1$，这就是我们上面讨论的 $n+1$ 规律；若是 $I\neq1/2$ 的核，则应服从 $N=2nI+1$ 规律。

若某氢核与相邻的不同碳原子上 n、n'、…个氢核发生简单耦合，有以下两种情况：
① 耦合常数相同（峰裂距相等），峰被裂分为 $(n+n'+\cdots)+1$ 重峰。
② 耦合常数不同（峰裂距不等），则峰被裂分为 $(n+1)(n'+1)\cdots$ 重峰。

自旋耦合作用不仅发生在氢核与氢核之间，其他磁性核也可能引起氢核的自旋裂分。如 ^{19}F 核，其 $m=\pm1/2$，有两种取向，所以 F 核会对邻近的质子产生自旋耦合作用。例如 HF 中质子的共振峰被分裂为两重峰。但并非所有的磁性原子核对相邻氢核都有自旋耦合作用，如 ^{35}Cl、^{79}Br、^{127}I 等原子核，虽然 $I\neq0$，但由于它们的电四极矩（electric quadrupole moments）很大，会引起相邻氢核的自旋去耦作用，因此看不到耦合干扰现象。

二、耦合常数与耦合类型

氢核发生相互耦合时，共振峰发生裂分，两裂分峰之间的距离称为耦合常数，用 ^nJ_c 表示。J 的大小表明自旋核之间耦合程度的强弱，n 表示间隔的键数，c 表示相互耦合的核。耦合常数的特点：① 耦合常数的单位用 Hz 表示；② 相互耦合的质子，耦合常数相同，实际运用中可根据耦合常数相同的核来判断其连接关系；③ 耦合常数与化学位移的频率差不同，J 不因外磁场的变化而变化，受外界条件（如温度、浓度及溶剂等）的影响也比较小，它只是化合物分子结构的一种属性。

耦合常数的影响因素主要从三个方面考虑:耦合核间的距离、耦合角度及各耦合核的电子云密度。

1. 耦合核间的距离 耦合核间的距离可通过耦合核间间隔的键数来判断。根据耦合核之间相距的键数分为同碳(偕碳)耦合、邻碳耦合和远程耦合三类。相互耦合的核间隔键数越多,耦合的程度越弱,耦合常数越小。我们通常只考虑相隔两个或三个键的核间的耦合,即超过三个单键的耦合可忽略不计。

(1)同碳耦合:分子中同一个 C 上氢核的耦合为同碳耦合,也称为偕耦,用 ^2J 表示。一般来说,大多数同碳耦合常数为 $10\sim15$ Hz,其耦合常数变化范围非常大,与结构密切相关。

(2)邻碳耦合:相邻两个碳原子上的氢核之间的耦合作用称为邻碳耦合,用 ^3J 表示。在饱和体系中的邻碳耦合是通过三个单键进行的,耦合常数大致范围为 $6\sim8$ Hz。邻碳耦合在核磁共振谱中是最重要的,在结构分析上十分有用。

(3)远程耦合:相隔四个或四个以上键的氢核耦合,称为远程耦合。耦合常数较小,通常可忽略。

2. 耦合角度 耦合角度由分子空间结构决定,主要包括键长和键角对耦合常数的影响。键长越长,耦合越弱;键角对耦合常数的影响很敏感,耦合角度不同,耦合常数不同。以饱和烃的邻碳耦合为例,耦合常数与两个 C—H 键所在平面的夹角 α 有关,当 $\alpha=90°$时,J 最小;在 $\alpha<90°$时,随 α 的减小,J 增大;在 $\alpha>90°$时,随 α 的增大,J 增大。

3. 耦合核的电子云密度 因为耦合作用是靠价电子传递的,即耦合核周围的电子云密度越大,耦合常数越大。耦合核的电子云密度受其相连的结构基团电负性的影响,若耦合核的取代基 X 的电负性越大,其耦合常数越小。

由于相互耦合的氢核耦合常数相同,所以实际运用中可根据耦合常数的大小来判断其连接关系,帮助推断化合物的结构。一些有代表性的耦合常数见表 7-5。

表 7-5 有机化合物中典型的质子耦合类型及常数

类型	J_{ab}/Hz	类型	J_{ab}/Hz
	12~20		11~18
	0~5		4~10
H—C—C—H	2~9		邻位 6~10 间位 1~3 对位 0~1
	6~14		10~13

三、核的等价性质

1. 化学等价　在有机分子中，若有一组核化学环境相同，即化学位移相同，则这组核称为化学等价的核。如溴乙烷（CH_3CH_2Br）中—CH_3 的三个氢为化学等价核，—CH_2—的两个氢为化学等价核。

2. 磁等价　一组化学等价的氢核中，如果每一个核与组外任一磁核的耦合常数均相等，则这一组化学等价核为磁等价核或称磁全同核。磁等价核的特点是：①组内核化学位移相等；②组内任一核与组外任一磁核耦合的耦合常数相等；③组内核虽耦合，但共振峰不分裂。

化学等价的核不一定是磁等价的核，而磁等价的核一定是化学等价的核。如化合物

H_2—C—C—Br，在分子中 H_1、H_2、H_3 为一组化学等价核，H_4、H_5 为另一组化学等价核，一组化学等价中的任一磁核与组外任一磁核耦合常数相等，因此，H_1、H_2、H_3 是磁等价的核，H_4 和 H_5 是磁等价的核；化合物 中，因为 H_1、H_2 的化学环境一样，属化学等价，但 H_1、H_2 与组外任一磁核（F_1、F_2）耦合角度不同，从而使其耦合常数不同，即 $J_{H_1F_1} \neq J_{H_2F_1}$，

$J_{H_1F_2} \neq J_{H_2F_2}$，所以 H_1、H_2 是化学等价，而不是磁等价；化合物 中 H_1 和 H_2 是化学等价但不是磁等价核，H_3 和 H_4 是化学等价而不是磁等价核；H_2—C—Cl 中 H_1、H_2 是化学等价核，而分子中氯不与氢核耦合，即相当于无组外磁核，所以 H_1、H_2 也是磁等价核；另外与手性 C 原子直接相连的—CH_2—上的两个氢核也是磁不等价的，如化合物

CH_3CH_2—C—C—Br 中，H_1、H_2 是磁不等价的。

四、自旋系统

由一组或多组化学等价核相互耦合组成一个自旋系统，自旋系统是独立的，系统内部的核可相互耦合，但不与其他系统的核发生耦合。例如，在化合物 CH_3CH_2—O—$CH(CH_3)_2$ 中，CH_3CH_2—就构成了一个自旋系统，—$CH(CH_3)_2$ 构成另一个自旋系统，这两个系统间不发生耦合作用。

若设 $\Delta\nu$ 为试样中两组耦合核的化学位移差值，J 为耦合常数（图 7-15），一般来说，$\dfrac{\Delta\nu}{J}$ >10 时为弱耦合，谱图较为简单，称为一级耦合；$\dfrac{\Delta\nu}{J}$ <10 时为强耦合，谱图复杂，称为二级耦合或高级耦合。根据耦合的强弱，可以把核磁共振谱划分为不同的自旋系统。

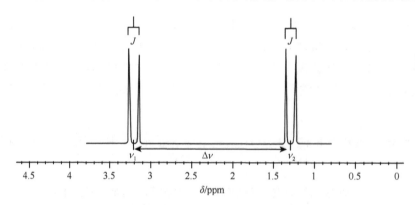

图 7-15　核磁共振谱图中的化学位移差值及耦合常数关系

1. 自旋系统命名原则

（1）化学位移相同的核构成一个核组，以一个大写英文字母表示，如 A、B、C 等。

（2）若同一核组内有多个磁等价核，则应在核组的右下角用数字标明核的数目。比如一个核组内有两个磁等价核，则记为 A_2。如 CH_3Br 为 A_3 系统。

（3）不同的核组分别用不同的字母表示。若在同一自旋系统内，不同核组的化学位移差值与耦合常数比值相差较大，即 $\dfrac{\Delta\nu}{J}$ >10，则用相隔较远的英文字母表示，如 AX 或 AMX 等；反之，如果化学位移差值与耦合常数比值相差较小，即 $\dfrac{\Delta\nu}{J}$ <10，则用相邻的字母表示，比如 AB、ABC

等。如 CH_3CH_2Br 可写为 A_3X_2 系统，$CH_3CH_2CH_2Br$ 可写为 $A_3M_2X_2$ 系统，可写为 ABCD 系统。

（4）若同一核组内的核仅化学等价但磁不等价，则可用相同的字母表示，但要在字母右上角标撇、双撇等加以区别。如可写为 $AA'BB'$ 系统。

2. 核磁图谱的分类　核磁共振氢谱可分为一级图谱和二级图谱，或称为初级图谱和高级图谱，如图 7-16 分别表示。

（1）一级图谱

产生的条件：一是同一核组内各个质子均为磁等价核；二是两组相互耦合核为一级耦合。常见的耦合系统如 AX、AMX 等，如 CH_3CH_2Br[图 7-16（a）]为 A_3X_2 耦合系统，其图谱为一级图谱。

一级图谱具有以下几个基本特征：

1）同一核组内的磁等价核虽然耦合，但图谱不发生裂分。

2）耦合后峰的裂分数符合 $n+1$ 规律；各裂分峰的高度比符合 $(X+1)^n$ 展开式各项系数比。

3）多重峰的中心即为该核组化学位移 δ 值。

4）裂分峰间裂距为耦合常数 J。

（2）二级图谱：由高级耦合而成的谱图称为二级图谱或高级图谱，常见的耦合系统如 AA′BB′、ABC、ABCD 等，如 CHO—⟨苯环⟩—CH$_3$ 中苯环上的氢为 AA′BB′ 系统，属高级耦合，见图 7-16（b）。二级图谱较复杂，具有以下几个特征：

1）裂分峰数不符合 $n+1$ 规律。各裂分峰的高度比较复杂，不符合 $(X+1)^n$ 展开式各项系数比。

2）各裂分峰的间距不一定相等，裂分峰的间距不能代表耦合常数，多数裂分峰的中心位置也不再是化学位移。

二级图谱不能用解析一级图谱的方法来处理，高级耦合的理论比较复杂，本书不作详解。

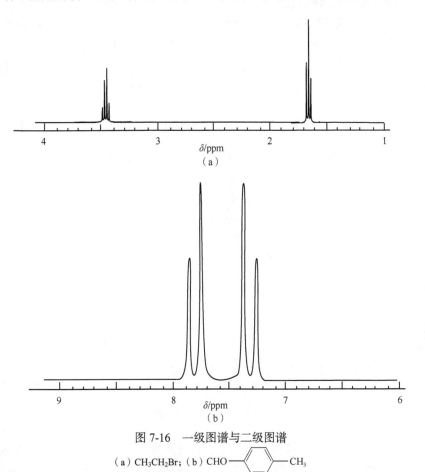

图 7-16　一级图谱与二级图谱

（a）CH$_3$CH$_2$Br；（b）CHO—⟨苯环⟩—CH$_3$

第5节　应用与示例

一、样品及溶剂要求

核磁共振波谱法通常测定的是溶液，对于样品及溶剂的要求有：①样品的纯度应达98%以上。②样品溶液的浓度一般为 2%~10%，样品需要量需几毫克至几十毫克，甚至更少。③推测未知物是否含有活泼氢（OH、NH、SH 及 COOH 等），以决定是否需要进行重水交换。④研究 ^{1}H NMR 谱时，选择溶剂一是考虑试样的溶解度，二是对样品的测定不产生干扰，溶剂不应含质子。常用的溶剂有氘代溶剂，如 $CDCl_3$，也有 C_6D_6、$(CD_3)_2CO$、$(CD_3)_2SO$（氘代二甲亚砜，DMSO）等，水溶性的样品可以用 D_2O，不含 ^{1}H 的溶剂还有 CF_2Cl_2，SO_2FCl 等。

二、核磁共振氢谱的解析

1. 图谱提供化合物的结构信息

（1）吸收峰面积与氢核数目的关系：NMR 仪可对谱图中吸收峰的面积进行积分，在图谱上用阶梯式的积分曲线高度表示。各类型基团氢核积分曲线高度与氢核数成正比，所以分子中各类型氢核的数目可根据分子式中总氢的个数按积分高度比例计算；也可根据谱图中易确定氢原子数目的基团，如甲基、取代苯基等，以其为基准判断各含氢官能团的氢核数目。

如图 7-17 是化合物 苯基$CH<CH_3,CH_3$ 的核磁共振谱图，其吸收峰 δ 值分别为 1.0、2.8 和7.3，积分曲线高度比a∶b∶c=6∶1∶5，分别代表了甲基、次甲基和苯环上氢核数之比。

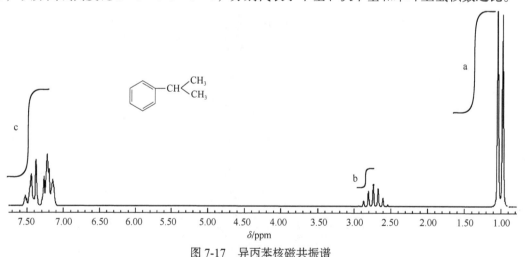

图 7-17　异丙苯核磁共振谱

（2）吸收峰的化学位移与氢核类型的关系：不同类型的氢核所处的化学环境不同，其化学位移也不同，可根据谱图中共振吸收峰的组数来判断化合物中有几种类型氢核；不同类型的氢核有相应的化学位移，如前所述苯环的 δ 值为 7~8、双键的 δ 值为 5~6、与吸电子基团相连基团上的氢 δ 值为 3~5 等，因此可根据谱图上的化学位移值判断分子中具体的基团。

（3）吸收峰的耦合裂分与氢核的位置关系：相互耦合的核可产生峰的裂分，在一级图谱中，峰裂分数目与相邻碳原子上的氢核数对应，符合 $n+1$ 规律，可根据图谱上峰的裂分数判断其相邻碳原子上氢原子的个数；相互耦合的核耦合常数相等，在一级图谱中，耦合常数相等的两组峰的基团是相邻的，可用于确定不同基团的相对位置。

2. 解析的一般程序

（1）尽可能了解清楚样品的一些来源情况，如样品纯度、溶沸点等；确定样品的化学式；检查谱图是否正常，区别杂质峰、活泼氢的峰等。

（2）计算分子的不饱和度 U。通过不饱和度可推测分子结构中的环和双键数，若不饱和度大于 4，需考虑有苯环的存在。

（3）根据积分曲线高度比，确定每组峰对应的氢个数。

（4）根据化学位移、峰的裂分数及耦合常数等特征，推导特征的结构单元，并初步确定各基团的连接关系。如，CH_3—Ar，CH_3—O—、—CHO、苯基、双键、叁键、甲基或亚甲基等。

（5）计算 $\dfrac{\Delta v}{J}$，确定图谱中的一级和高级耦合部分，确定耦合系统。分别对一级和高级耦合部分进行图谱解析，结合其他已知条件，推导出化合物的结构。

（6）根据所确定的结构，核对实际谱图，看其是否相符，进行结构验证。

三、解析示例

例 7-1 某一有机物分子式为 $C_4H_8O_2$，^1H NMR 谱如图 7-18 所示，试推测其结构。

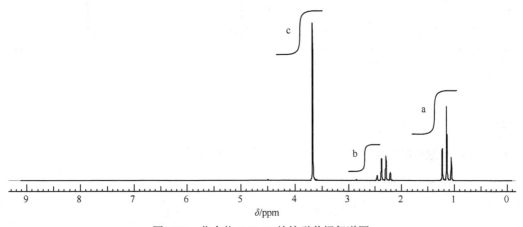

图 7-18 化合物 $C_4H_8O_2$ 的核磁共振氢谱图

解：

（1）计算不饱和度，$U = 1 + 4 + \dfrac{0-8}{2} = 1$。

（2）根据谱图上的积分曲线高度计算每组峰代表的氢核数。

峰号	化学位移值 δ	峰裂分数	积分线高度	氢核数
a	1.1	3	1.2	3
b	2.3	4	0.8	2
c	3.7	1	1.2	3

（3）峰号 a 处基团有 3 个 ^1H，其 δ 为 1.1，说明存在一个—CH_3，此基团吸收峰裂分为三重峰，由此可判定其相邻基团中有 2 个 ^1H；峰号 b 处基团有 2 个 ^1H，为—CH_2—，此基团吸收峰裂分为四重峰，其相邻基团应为—CH_3，且该基团的 δ 2.3，说明可能与不饱和基团相连；峰号 c 处基团有 3 个 ^1H，为—CH_3，此基团吸收峰不裂分，说明相邻基团中无 ^1H，且其 δ 3.7，说明该基团与吸电子基团相连；由分子式可知，该分子有 1 个不饱和度，且分子式中含有 2 个 O 原子，可能有 —$\overset{\displaystyle O}{\overset{\|}{C}}$—O— 存在。

（4）结合以上分析，此化合物可能的结构为 CH_3CH_2—$\overset{\displaystyle O}{\overset{\|}{C}}$—O—$CH_3$。

例 7-2 某化合物的分子式 $C_8H_{10}O$，核磁共振氢谱数据为 δ 6.7～7.3 多重峰，δ 3.9 四重峰，δ 1.2 三重峰，谱图从高频到低频质子积分线高度比为 2.0：0.8：1.2，其 ^1H NMR 谱如图 7-19 所示，试推测其结构。

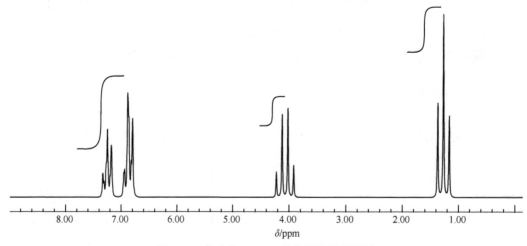

图 7-19 化合物 $C_8H_{10}O$ 的核磁共振氢谱图

解：

（1）计算不饱和度 $U = 1 + 8 + \dfrac{0-10}{2} = 4$，可能有苯环。

（2）根据谱图上的积分曲线高度计算每组峰代表的氢核数。

化学位移值 δ	峰裂分数	积分线高度	氢核数
6.7～7.3	多重峰	2	5
3.9	4	0.8	2
1.2	3	1.2	3

（3）δ 6.7～7.3 处有 5 个 ^1H 的多重峰，证明分子中有单取代的苯环存在；δ 3.9 处有 2 个 ^1H 存在，说明有一个—CH_2—，此基团吸收峰裂分为四重峰，其相邻基团应有 3 个 ^1H，且该基团可能与吸电子基团相连；δ 1.2 处有 3 个 ^1H 存在，说明有一个—CH_3，此基团吸收峰裂分为三重峰，其相邻基团应为—CH_2—；从分子式中扣除已经判断出的基团 C_6H_5—、—CH_3、—CH_2—，剩余部分为 O，由上述分析可知，—CH_2—应该与 O 相连，且—CH_3 与—CH_2—相

连，得基团 $CH_3CH_2—$。

（4）综上所述，此化合物的结构式为

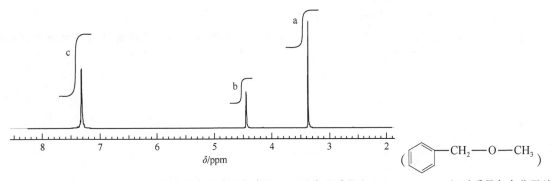

思考与练习

1. 简述核磁共振的产生过程，并说明产生核磁共振现象必须具备的条件。

2. 试比较核磁共振波谱法、紫外-可见分光光度法、红外分光光度法、原子吸收分光光度法的区别与联系。

3. 什么是原子核的空间量子化现象？写出原子核的自旋取向与能量的关系式。原子核能级裂分大小与哪些因素有关？

4. 原子核进动的特点有哪些？进动频率受什么因素影响？原子核发生共振吸收的条件有哪些？

5. 化学位移产生的原因是什么？影响化学位移的因素有哪些？表示化学位移时，为什么不用绝对频率表示，而用相对值 δ 表示？

6. 测定核磁共振波谱时，常用的标准物质是什么？它具有什么特点？常用的溶剂应满足的要求是什么？

7. 自旋耦合及裂分产生的原因是什么？试分析耦合裂分的峰数及峰高比应符合的规律。

8. 什么是耦合常数？其特点有哪些？影响耦合常数的因素有哪些？

9. 试述化学等价和磁等价的关系及其各自特点。

10. 一级耦合和高级耦合的判断依据是什么？其图谱各有何特点？

11. 氢核磁共振谱可提供哪些结构信息？

12. 请将下列化合物分子中氢核的自旋系统命名，并指出各氢核裂分的峰数及强度比。

（1）$Cl_2CHCHCl_2$　　（2）$\begin{array}{c} O \\ \| \\ H-C \\ | \\ H \end{array}\begin{array}{c} Cl \\ | \\ -C- \\ | \\ Cl \end{array}$　　（3）Cl_2CHCH_2Cl　　（4）$CH_3OCHClCH_2Cl$

13. 说明下述化合物哪些氢是磁等价，哪些氢是化学等价，并判断峰形（单峰、二重峰、……）。

①$Cl—CH=CH—Cl$　　②$\begin{array}{c} H_a \\ \diagup \\ H_b \end{array} C=C \begin{array}{c} H_c \\ \diagdown \\ Cl \end{array}$　　③$\begin{array}{c} H_a \\ \diagup \\ H_b \end{array} C=C \begin{array}{c} Cl \\ \diagdown \\ Cl \end{array}$

④　$CH_3CH=CCl_2$　　⑤对二氯苯　　⑥邻二氯苯　　⑦　1, 3, 5-三氯苯

14. 某化合物分子式为 $C_8H_{10}O$，其核磁共振谱图如下，已知峰高比 a：b：c=1.5：1.0：2.5，试推测其结构。

（$\boxed{}—CH_2—O—CH_3$）

15. 一个由 C、H、O、Br 四种元素组成的化合物，相对分子质量为 213，C、H、O 相对质量各占分子总

质量的 50.7%、4.2%、7.5%，其核磁共振谱图如下，已知峰高比 a：b：c=1.0：1.0：2.5，试推测其结构。

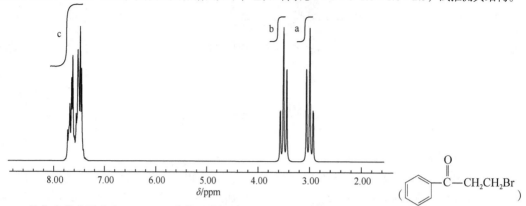

16. 某化合物分子式为 $C_9H_{12}O$，其核磁共振谱见图如下，已知峰高比 a：b：c：d=1.5：1.5：1.0：2，试推测其结构。

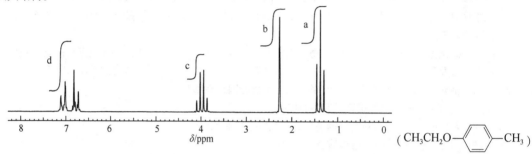

课 程 人 文

一、核磁共振成像

核磁共振成像（MRI）是一种常见的医学影像检查技术，核磁共振成像检查安全吗？人们常常谈"核"色变，因为其中有个"核"字，常误以为有核辐射，其实这个"核"指的是人体自身的氢原子核，没有放射性，所以对人体无害，是非常安全的。据了解，世界上既没有任何关于使用核磁共振检查引起危害的报道，也没有发现患者因进行核磁共振检查引起基因突变或染色体畸变发生率增高的现象。

二、耦合

1. 耦：两个人在一起耕地。

"长沮、桀溺耦而耕。"（《论语·微子》）

2. 耦合：物理学上指两个或两个以上的体系，或两种运动形式之间通过各种相互作用而彼此影响以至联合起来的现象。

第 8 章

质　谱　法

质谱法（mass spectrometry，MS）是采用一定手段使被测样品分子产生各种离子，通过对离子质荷比和强度的测定来进行分析的一种方法。其基本过程为：

（1）将气化样品导入离子源，样品分子在离子源中被电离成分子离子，分子离子进一步裂解，生成各种碎片离子。

（2）离子在质量分析器的作用下，按照其质荷比（m/z）的大小依次进入检测器检测。

（3）记录各离子质荷比及强度信号即可得到质谱图。

20 世纪初 J. J. Thomson 首次提出了质谱法，经过百余年的发展，质谱法已成为一种重要的分析方法。主要作用有：精确测定物质的分子量、确定物质分子式、根据各种离子解析分子结构、鉴定化合物等。

质谱分析法的特点：

（1）灵敏度高，样品用量少（样品的取样量为微克级），检测限可达 $10^{-9} \sim 10^{-11}$ g。

（2）能同时提供物质的分子量、分子式及部分官能团结构信息。

（3）响应时间短，分析速度快，数分钟之内即可完成一次测试。

（4）能和各种色谱法进行在线联用，如 GC/MS、HPLC/MS 等。

目前，质谱法已成为有机化学、药物学、生物化学、毒物学、法医学、石油化工、地球化学、环境化学等研究领域中的重要分析方法之一。

第 1 节　质谱仪及其工作原理

一、仪器构造

质谱仪主要由真空系统、进样系统、离子源、质量分析器、离子检测器、数据处理系统等部分构成，除数据处理系统外，质谱仪需在真空状态下工作。质谱仪的工作原理是利用适合的电离方法将样品分子电离成各种离子，通过质量分析器将各种不同质荷比的离子分开并依次进入检测器中检测，从而得到样品的质谱图。图 8-1 为单聚焦磁质谱仪结构示意图。

1. 进样系统　进样系统又称为样品导入系统，其作用是将待测样品引入离子源中进行离子化。主要包括加热进样法、直接进样法和色谱法进样。

（1）加热进样和直接进样：加热进样法适用于气体和易挥发性的单组分样品，试样首先在气化室被加热气化，然后导入至离子源中。直接进样法适用于单组分、较难挥发或沸点较高、热不稳定的样品，可通过进样杆将试样直接送入离子源，试样经快速加热升温后挥发并离子化，加热的温度一般可达 $300 \sim 400\,℃$，试样气化后迅速被电离，有效地防止试样的热分解。

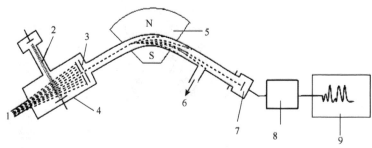

图 8-1　单聚焦磁质谱仪结构示意图

1. 样品分子；2.电子束；3.加速电极与狭缝；4.离子源；5.扇形磁场；6.抽真空；7.检测器；8.放大器；9.记录器

（2）色谱法进样：色谱法进样也是质谱分析中常用的进样方法之一，适用于多组分分析。其原理是将多组分样品先经色谱法分离成单一组分，分离后的组分依次通过色谱仪与质谱仪之间的"接口"进入质谱仪中被检测。"接口"的作用主要是除去色谱中流出的大量流动相，并将被测组分导入高真空的质谱仪中。

2. 离子源　离子源的作用是提供能量使待测样品分子电离，并进一步得到各种碎片离子。在质谱法中，要求离子源产生的离子强度大、稳定性好，由于不同分子电离方式及所需的能量不同，因此不同分子应选择适合自身电离的离子源。按照离子源能量的强弱，其对分子的电离方式可分为硬电离方式和软电离方式。硬电离方式的离子源能量高，作用于分子时能量较大，从而产生较多的质荷比小于分子离子的碎片离子，更易得到分子官能团等结构信息，所提供分子结构信息丰富；软电离方式的离子源能量较低，作用于分子时能量较小，试样分子被电离后，主要以分子离子的形式存在，碎片离子较少，可用于确定试样的分子式及分子量大小。质谱仪的离子源种类很多，其原理各不相同，下面介绍几种常见的离子源。

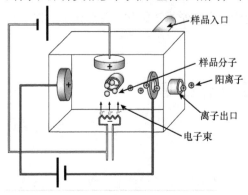

图 8-2　电子轰击离子源示意图

（1）电子轰击（electron impact，EI）离子源：电子轰击离子源是目前应用最广泛、技术最成熟的一种离子源，主要用于挥发性样品的分析。其原理为：气化后的样品分子进入离子源中，受到电子束的轰击，生成包括正离子、负离子、中性基团在内的各种碎片，其中带电离子在推斥电极的作用下离开离子源进入加速区被加速和聚集成离子束，中性碎片则被离子源的真空泵直接抽走。图 8-2 为电子轰击离子源示意图。

电子轰击离子源的电子能量常为 70 eV，有机分子经轰击后先失去一个电子生成分子离子 $M^{+\bullet}$，其过程可表示为

$$M + e \longrightarrow M^{+\bullet} + 2e$$

由于 EI 离子源能量较大，分子离子 $M^{+\bullet}$ 可以进一步裂解形成"碎片"离子，采用电子轰击离子源得到的碎片离子信息比较丰富。EI 适用于较小分子检测，属于硬电离方式，其特点有：①碎片离子信息丰富，有利于结构解析，但由于轰击能量比较高，分子离子峰强度往往较低，不利于测定化合物的分子量；②EI 法得到的离子流比较稳定，质谱图重现性好，目前商品质谱仪附带谱库中的质谱图一般是采用电子轰击离子源测定所得（电离电压一般为 70 eV）；

③EI 法不适宜检测一些热不稳定和挥发性低的样品。

（2）化学电离（chemical ionization，CI）离子源：化学电离离子源是先在离子源中送入反应气体（如 CH_4），反应气体在电子轰击下电离成具有高能量的离子，反应气体离子和样品分子碰撞发生离子-分子反应，最后产生样品离子。化学离子源常用的反应气体有 CH_4、N_2、He、NH_3 等。相对于电子轰击电离，化学电离的能量较小，属软电离方式。其特点有：①谱图简单，分子离子峰强，可提供试样分子量信息，但碎片离子较少，提供试样的结构信息较少；②CI 图谱受实验条件影响，没有标准图谱，不能进行谱库检索。

（3）快原子轰击（fast atomic bombardment，FAB）离子源：快原子轰击离子源是将试样溶解在黏稠的基质中（常用的基质有甘油、硫代甘油、三乙醇胺等高沸点极性溶剂），作用是保持样品的液体状态，再将试样溶液涂布在金属靶上，直接插入 FAB 源中，用经加速获得较大动能的惰性气体离子对准靶心轰击，导致样品蒸发和电离，电离后的试样进入质量分析器被检测。在 FAB 法中，测得的主要是各种准分子离子$[M+H]^+$以及与基质分子复合形成的复合离子$[M+H+G]^+$、$[M+H+2G]^+$（ G 为基质分子），根据这些准分子离子及复合离子即可推测分子量。

FAB 在离子化过程中不需要对样品加热气化，离子化能力强，故适合热不稳定、难气化、强极性的有机化合物的分析，如多肽、低聚糖、核苷酸、有机金属配合物等。但 FAB 重现性较差，且基质在低质量范围易产生干扰峰。

（4）大气压离子化（atmospheric pressure ionization，API）源：大气压离子源是软电离源，包括电喷雾（electrospray ionization，ESI）离子源、大气压化学离子化（atmospheric pressure chemical ionization，APCI）源和大气压光离子化（atmospheric pressure photo ionization，APPI）源，它们共同的特点是试样的离子化在大气压下完成。以 ESI 为例，ESI 是近年来发展起来的一种使用强静电场的软电离技术，如图 8-3 所示，当细小的雾滴从毛细管喷射出来时，从管口的高强电场中获得了大量的电荷，形成带电雾滴，随着溶剂不断蒸发，液滴不断变小，表面电荷密度不

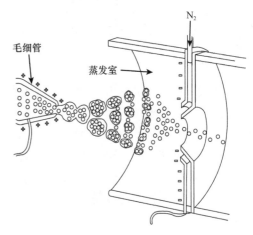

图 8-3 ESI 离子源示意图

断增大从而形成强静电场使样品分子电离，并从雾滴表面 "发射出来"。通常 ESI 法形成准分子离子如$[M+H]^+$、$[M-H]^+$，或者与 Na^+、NH_4^+ 形成加合物离子$[M+Na]^+$、$[M+NH_4]^+$，可能具有单电荷或多电荷。通常小分子得到单电荷的准分子离子，生物大分子则得到多种多电荷离子。由于 ESI 能检测多电荷离子，因此即使用低质量范围的质谱仪也可检测分子量大的化合物，从而大大提高质谱仪质量检测范围。这种多电荷离子的形成非常有利于生物大分子的检测，因此，ESI 在生命物质的结构分析中特别有意义。API 技术成功地解决了液相色谱和质谱的联用问题，目前，几乎所有的液质联用仪均采用 ESI 源和 APCI 源。

（5）基质辅助激光解吸离子源（matrix-assisted laser desorption ionization source，MALDI）：基质辅助激光解吸离子源是将被分析的试样置于涂有基质的试样靶上，在真空下利用激光束照射该试样靶，基质吸收激光能量，并传递给试样，使待分析试样发生电离并进入气相。基质在

此电离中起了重要的作用，所选的基质能强烈地吸收激发辐射，能较好地溶解分析试样形成共溶液，常用的基质有 2,5-二羟基苯甲酸、芥子酸等。MALDI 属于软电离技术，其准分子离子峰强，杂质峰少，适用于多肽、蛋白质、低聚核苷酸等生物大分子测定；MALDI 与飞行时间质量分析器（TOP）联用的质谱仪已是生命科学研究中的重要工具。

3. 质量分析器　质量分析器(mass analyzer)作用是将离子源中产生的离子按质荷比（m/z）大小分离，相当于光谱仪器中的单色器。目前商品质谱仪使用的质量分析器种类较多，以下几种应用比较广泛。

（1）单聚焦质量分析器（single focusing mass analyzer）：单聚焦质量分析器主要根据离子在电场和磁场中的运动行为，将不同质量的离子分开。图 8-1 即为单聚焦质量分析器质谱仪。

单聚焦质量分析器实际上是一个处在扇形磁场中的真空管状容器。样品分子在离子源中被电离成离子，如一个质量为 m，电荷数为 z 的离子经加速电压 V 加速后，获得动能 zeV

$$\frac{1}{2}mv^2 = zeV \quad （v \text{为离子的速度，} e \text{为离子的荷电单位}） \tag{8-1}$$

加速后的离子垂直于磁场方向进入分析器，在洛伦兹力的作用下做圆周运动，离心力等于离子在磁场中所受到的洛伦兹力。

$$zevB = \frac{mv^2}{r} \quad （B \text{为磁场强度，} r \text{为离子偏转半径}） \tag{8-2}$$

式（8-1）与式（8-2）合并，整理得

$$\frac{m}{z} = \frac{B^2 r^2 e}{2V} \tag{8-3}$$

从式（8-3）可以看出，离子在磁场中运动的半径 r 是由 V、B 和 m/z 三者决定，若仪器的磁场强度和加速电压固定不变，离子的轨道半径就仅与离子的 m/z 有关，不同 m/z 的离子经过磁场后，由于偏转半径不同而彼此分开。但实际测定时质量分析的半径一般固定不变，此时如固定磁场强度 B 而改变加速电压 V，或者固定加速电压 V 而改变磁场强度 B，都可以使不同 m/z 的离子按一定顺序依次通过狭缝到达检测器。前者称为电压扫描，后者称为磁场扫描。

单聚焦分析器的优点是结构简单、体积小。缺点是分辨率低，只适用于分辨率要求不高的质谱仪。

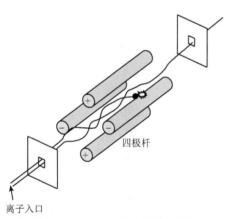

图 8-4　四极杆质量分析器示意图

（2）四极杆质量分析器（quadrupole mass analyzer）：四极杆质量分析器由四根截面呈双曲面的平行电极组成，在电极上加一个直流电压和一个射频电压，如图 8-4 所示。从离子源出来的离子流进入由四极杆组成的四极场（电场）中，在场半径限定的空间内 X、Y 方向发生振动，以恒定的速度沿平行于电极的方向前进。在一种条件下，只有一个"稳定振动"，可以使一种离子从四极场一端到达另一端，因此只有一种 m/z 值的离子通过分析器全程。改变直流电压与射频电压并保持比率不变，就可做质量扫描。

目前常用的有三重四极杆质量分析器，可以实现多级质谱分析。其原理为第一个四极杆的作用是分离离子，第二个四极杆并不用于离子的选择和扫描，而是作为一个含有气体的碰撞池，实现被分离的离子进一步裂解，可较为高效地产生更多的碎片离子，得到碎片离子后，进入第三个四极杆进行分离。因此，三重四极杆的优点是能够对母离子进行扫描并筛选出其中某一个母离子进行碎裂分析检测。

四极杆分析器体积小、质量轻、操作容易、扫描速度快，适用于气相色谱-质谱联用等仪器，而且它的离子流通量大、灵敏度高，可用于残余气体分析、生产过程控制和反应动力学研究，它的主要缺点是分辨率低，质量范围较窄，一般适合测定几十到几千原子量单位（u）的分子。

（3）飞行时间质量分析器（time of flight mass analyzer）：飞行时间质量分析器核心部件是一个真空无场离子漂移管，如图 8-5 所示。离子源中产生的离子流进入离子漂移管，离子在加速电压 V 的作用下得到动能，根据式（8-1）可得出离子飞出离子源的速率为

$$v = \sqrt{\frac{2zeV}{m}} \qquad (8\text{-}4)$$

然后，离子进入长度为 L 的自由空间（漂移区），假定离子在漂移区飞行的时间为 T，则

$$T = \frac{L}{v} = L\sqrt{\frac{m}{2zeV}} \qquad (8\text{-}5)$$

由上式可看出，离子在漂移管中飞行的时间与离子质荷比（m/z）的平方根成正比，即对于能量相同的离子，m/z 越大，到达检测器所用的时间越长，m/z 越小，所用时间越短。根据这一原理，可以把不同 m/z 的离子分开。增加漂移管的长度 L，可以提高分辨率，目前飞行时间质谱的分辨率可达 20000 以上。TOF 分离离子的质量没有上限，可分离高质量的离子，该方法扫描质量范围宽，可测定相对分子量达几十万原子质量单位（u）。现在，TOF 已广泛应用于气相色谱-质谱联用仪、液相色谱-质谱联用仪和基质辅助激光解吸飞行时间质谱仪中。

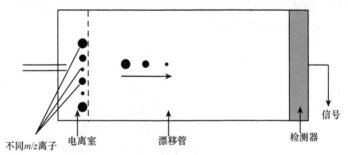

图 8-5　飞行时间质量分析器示意图

（4）离子阱质量分析器（ion trap mass analyzer）：离子阱质量分析器是基于四极场理论对带电粒子进行捕获、储存、筛选及分离的装置。离子阱质量分析器的结构如图 8-6 所示，它是由两个带有小孔的端盖电极及环电极构成，在环电极上施加射频电压，两个端盖电极接地，离子阱内就会形成一个具有一定射频电场的势阱。一定 m/z 的离子在势阱内固定的轨道上以一定频率稳定地旋转，可以长时间留在阱内，当改变环电极电压时，则某些 m/z 的离子将偏出轨道并与环电极发生碰撞而被抛出离子

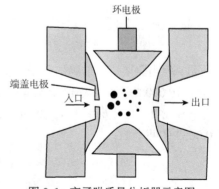

图 8-6　离子阱质量分析器示意图

阱，因此检测器检测的是稳定区以外的离子。当离子源中的离子由端盖电极进入离子阱后，射频电压开始扫描，阱中的离子依次从底部离开环电极腔，进入检测器检测。

离子阱质量分析器可以在较低的真空下工作，这使其结构简单，成本低且易于操作，具有较高的灵敏度，易实现多级质谱分析。

4. 检测器 离子检测器由收集器和放大器组成。打在收集器上的离子流产生与离子流丰度成正比的信号，利用现代的电子技术能灵敏、精确地测量这种离子流。例如将离子流打在一个固体打拿极上或一个闪烁器上，产生电子或光子，再分别用电子倍增管或光电倍增极接收，得到电信号，放大并记录下来，就可以得到质谱图。

二、主要性能指标

1. 质量范围（mass range） 质量范围即仪器所能测量的质量数的下限与上限范围，通常采用原子质量单位（u）进行度量。这是质谱仪一个非常重要的参数，决定了可测量物质的分子量，例如某质谱仪质量范围为 50～3000 u，表示该质谱能测定质荷比为 50～3000 u 间的离子。质量分析器是决定质谱仪的质量范围的关键，不同用途的质谱仪质量范围差别很大，四极杆质谱仪质量范围一般为几千原子量单位，而飞行时间质谱仪质量范围可达几十万原子量单位。

2. 分辨率（resolution，R） 分辨率即表示仪器分开两个相邻质量 M 和 $M+\Delta M$ 离子的能力。

$$R = \frac{M}{\Delta M} \tag{8-6}$$

例 8-1 CO 和 N_2 所形成的离子，其相对分子质量分别为 27.9949 和 28.0061，若某仪器能够刚好分开这两种离子，则该仪器的分辨率为

$$R = \frac{M}{\Delta M} = \frac{27.9949}{28.0061 - 27.9949} \approx 2500$$

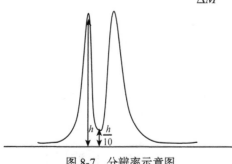

图 8-7 分辨率示意图

在实际测量时，并不一定要求两个峰完全分开，可以有部分的重叠。一般最常用的是 10%峰谷定义，即两峰间的峰谷不大于其峰的 10%时，则认为两峰已分开，如图 8-7 所示。分辨率是衡量质谱仪性能的重要指标，也是决定仪器价格的主要因素。一般 R 在 1000 以下者称为低分辨质谱仪，常用的有四极杆、离子阱等质谱仪，此类质谱仪价格较低，可满足常规有机分析要求，低分辨仪器只能给出离子的整数质量；但当需要进行准确的分子量测定时，分辨率越高的仪器给出的测定质量越准确，分辨率大于 10 000 的高分辨率仪器具有很大的优势。目前，质谱仪分辨率可达 100 000 以上。

例 8-2 用分辨率为 15 万的质谱仪测量分子量为 500 的化合物，则它能辨别质量数相差 0.0033 的两个峰

$$\Delta M = \frac{M}{R} = \frac{500}{150000} = 0.0033$$

三、质谱表示法

1. 质谱图 质谱仪记录下来的仅是各离子质荷比的信号，而中性碎片由于不受磁场作用，所以在质谱中不出峰。不同质荷比的离子经质量分析器分开，而后被检测，记录下来的谱图称为质谱图。通常见到的质谱图多是经过处理的棒图形式。在图中横坐标表示各离子的质荷比（以 m/z 表示，因为 z 一般为 1，故 m/z 多为离子的质量），纵坐标表示各离子峰的相对丰度（以质谱图中的最强峰作为基峰，其强度定义为 100%，其他离子峰的强度与最强峰的强度的比值即为相对丰度）。图 8-8 为甲苯的质谱图。

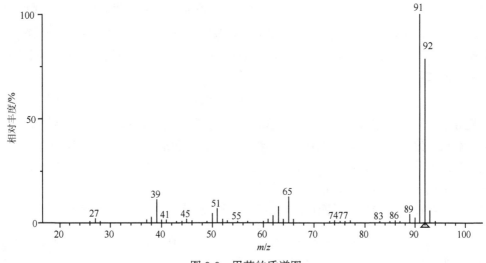

图 8-8　甲苯的质谱图

2. 质谱表 质谱表指是以列表的形式表示质谱，表中列出各峰的 m/z 值和对应的相对丰度。表 8-1 为甲苯的质谱表。

表 8-1　甲苯质谱表

m/z	相对丰度（100%）	m/z	相对丰度（100%）	m/z	相对丰度（100%）	m/z	相对丰度（100%）
26	0.50	46	0.90	63	7.40	86	4.50
27	1.70	49	0.60	64	4.30	87	0.40
28	0.20	50	4.10	65	12.10	89	3.90
37	1.00	51	6.40	66	1.40	90	2.10
38	2.40	52	1.50	73	0.10	91	100.00（基峰）
39	10.70	53	0.70	74	0.90	92	78.0
40	1.10	55	0.10	75	4.40	93	5.40
41	1.10	57	4.20	76	0.30	94	0.10
43	0.10	60	0.10	77	0.90		
44	0.10	61	1.40	83	0.10		
45	1.40	62	3.20	85	0.40		

第2节 离子类型

试样分子在离子源中进行电离, 得到各种离子, 质谱中出现的离子类型主要包括: 分子离子、同位素离子、碎片离子、亚稳离子、复合离子、多电荷离子等。识别这些离子和了解这些离子的形成规律对质谱的解析十分重要, 下面介绍几种常见的离子。

一、分子离子

样品分子受高速电子轰击后, 失去一个价电子后形成的正离子称为分子离子或母体离子, 用 $M^{+\cdot}$ 表示, 其相应的质谱峰称为分子离子峰。与分子相比, 分子离子仅少一个电子, 而电子的质量相对整个分子而言可忽略不计, 因此在质谱中, 分子离子的质荷比 m/z 即为分子量。形成分子离子的过程如下:

$$M + e \longrightarrow M^{+\cdot} + 2e$$

有机分子受到电子轰击失去一个电子变成分子离子时, 分子结构中易电离的部分最容易失去电子。不同的化学键, 其失去电子的难易程度不同, 一般来说, 分子首先易失去 n 电子, 其次为不饱和键上的电子, 如双键上 π 电子, 最后为 σ 电子。某些分子离子失去电子的位置可直接在分子结构上表示出来, 如:

(1) 失去杂原子上的 n 电子而形成的分子离子可表示为

$$R-CH_2-\overset{\cdot\cdot}{\underset{\cdot}{O}}H \qquad\qquad R-CH=\overset{\cdot\cdot}{\underset{}{O}}$$

(2) 失去 π 电子而形成的分子离子可表示为

$$\begin{array}{c}R_1\\R_2\end{array}\!\!>\!\!C\overset{+\cdot}{-\!\!-\!\!}C\!\!<\!\!\begin{array}{c}R_3\\R_4\end{array} \quad \text{或} \quad \begin{array}{c}R_1\\R_2\end{array}\!\!>\!\!C\overset{\cdot+}{-\!\!-\!\!}C\!\!<\!\!\begin{array}{c}R_3\\R_4\end{array}$$

(3) 失去 σ 电子而形成的分子离子可表示为

$$R_1-CH_2 +\!\cdot\; CH_2-R_2 \quad \text{或} \quad R_1-CH_2 \;\cdot\!+ CH_2-R_2$$

对于有些化合物往往很难确定是分子中哪个电子被打掉, 因此不能准确确定电荷的位置, 此时可用 $M^{+\cdot}$ 或 $M^{\rceil\cdot}$ 来表示, 如

$$\text{（苯环）}^{\rceil+} \quad \text{或} \quad \text{（苯环）}^{\cdot}_{+} \quad \text{或} \quad \text{（苯环）}_{+} \quad \text{（吡啶-CH}_2\text{R）}^{\rceil+\cdot}$$

二、碎片离子

分子离子可进一步裂解, 得到的离子称为碎片离子, 质谱图中碎片离子的质量低于分子离子。大致分为两类: 一类是简单裂解产生的, 另一类是重排裂解产生的。碎片离子代表分子的不同结构部位, 可利用碎片离子阐明分子结构。

例如, 甲苯质谱中 (图 8-8), m/z 92 为分子离子峰, m/z 27~91 的峰为碎片离子峰。碎片离子裂解的一般规律在本章第 3 节再作详细讨论。

三、同位素离子

自然界中，大多数元素都存在同位素，如碳原子具有 ^{12}C 和 ^{13}C 等同位素。表 8-2 中列出了一些常见元素的同位素丰度比。通常，轻同位素的相对丰度较大，而重同位素一般比轻同位素重 $1\sim2$ 个质量单位，相对丰度较小。以轻同位素相对丰度为 100%，表 8-2 列出了常见元素同位素的丰度比。

表 8-2　常见元素的同位素丰度比表

同位素	$^{13}C/^{12}C$	$^{2}H/^{1}H$	$^{17}O/^{16}O$	$^{18}O/^{16}O$	$^{33}S/^{32}S$	$^{34}S/^{32}S$	$^{15}N/^{14}N$	$^{37}Cl/^{35}Cl$	$^{81}Br/^{79}Br$
丰度比/%	1.12	0.015	0.040	0.20	0.80	4.44	0.37	32.38	97.94

由于同位素的存在，质谱峰均表现为峰簇，即质谱中除了有由元素的轻质同位素构成的分子离子峰之外，往往在分子离子峰的右边 $1\sim2$ 个质量单位处出现含重质同位素的离子峰，这些峰是由同位素引起的，故称为同位素离子峰。质量比分子离子峰大 1 个质量单位的同位素离子峰用 M+1 表示，大 2 个质量单位的峰用 M+2 表示。

例如在萘的质谱图（图 8-9）上可观察到分子离子峰区有一组簇峰：分别为 m/z 128（100%）、m/z 129（11.0%）、m/z 130（0.5%）等三个峰，其中 m/z 128 为分子离子峰，离子结构中所有的碳均为 ^{12}C，m/z 129 离子中含有 1 个 ^{13}C，m/z 130 离子中含有 2 个 ^{13}C（^{2}H 及 ^{3}H 在自然界的丰度太低，对 M+1，M+2 峰的影响可忽略不计）。m/z 大于 130 的同位素峰由于强度太低，在质谱图上观察不到。

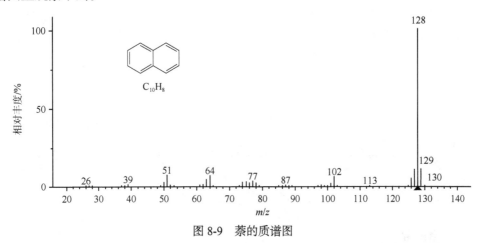

图 8-9　萘的质谱图

由于自然界中各元素的同位素丰度恒定，如 ^{13}C 相对 ^{12}C 的丰度为 1.12%，因此同位素离子峰的强度之比具有一定规律。根据这些规律，Beynon 计算了碳、氢、氧、氮的各种可能组合式的同位素丰度比，并编制成一个表（Beynon 表，见附录 4），表中列出各种组合式的（M+1）/M 和（M+2）/M 的数值。利用 Beynon 表和所测到的同位素峰丰度比可以确定化合物的分子式。

自然界中 ^{35}Cl 与 ^{37}Cl 的丰度比约为 $3:1$、^{79}Br 与 ^{81}Br 的丰度比约为 $1:1$，因此它们的同位素峰非常明显，可以利用同位素峰强度比推断分子中是否含有 Cl、Br 原子以及含有的

数目。如

　　分子中含有 1 个氯原子，则 M：（M+2）=100：32.38 ≈ 3：1；

　　分子中含有 1 个溴原子，则 M：（M+2）=100：97.94≈ 1：1。

　　若分子中含有多个同位素离子时，各同位素峰丰度之比可用二项式 $(a+b)^n$ 展开后的各项之比表示。a 与 b 分别为轻质及重质同位素的丰度，n 为原子数目。

　　例如邻二氯苯分子中含有 2 个氯原子，其可能的结构如下：

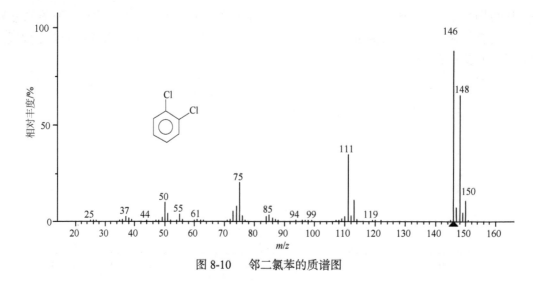

$n=2$，$a=3$，$b=1$，
$$(a+b)^2=a^2+2ab+b^2=\underset{\text{M}}{9}+\underset{\text{M+2}}{6}+\underset{\text{M+4}}{1}$$

M、M+2、M+4 峰的丰度之比为 9：6：1。

图 8-10 为邻二氯苯的质谱图。

图 8-10　邻二氯苯的质谱图

四、亚稳离子

　　在离子源中生成的 m_1^+ 离子，如在离子源中没有裂解，但在进入检测器之前这一段飞行过程中发生裂解，失去一个中性碎片，生成 m_2^+，由于一部分动能要被中性碎片夺走，因此这种 m_2^+ 离子的动能比在离子源中裂解得到的 m_2^+ 离子要低，其进入磁场后偏转的半径也相对较小。尽管两种 m_2^+ 离子的质荷比相同，但在质谱中出现在不同的位置。为了区别这两种离子，将在飞行途中裂解形成的 m_2^+ 离子称为亚稳离子，用 m^* 表示。m_1^+ 为母离子，m_2^+ 为子离子。形成过程为

$$m_1^+ \longrightarrow m_2^+ + \text{中性碎片}$$

亚稳离子峰的特点是：

（1）强度很弱，仅为 m_1 峰的 1%～3%。

（2）峰形很钝，一般可跨 2～5 个质量单位。

（3）亚稳离子在质谱图上表现的质荷比一般都不是整数，与 m_1^+、m_2^+ 之间的关系（m^* 为亚稳离子的质荷比，m_1^+ 为母离子的质荷比，m_2^+ 为子离子的质荷比）为

$$m^* = \frac{(m_2^+)^2}{m_1^+} \tag{8-7}$$

亚稳离子峰的出现可以确定 $m_1^+ \rightarrow m_2^+$ 开裂过程的存在。但要注意并不是所有的开裂都会产生亚稳离子，没有亚稳离子峰出现并不能否定某种开裂过程的存在。

例 8-3 对氨基苯甲醚的质谱图（图 8-11）在 m/z 94.8 及 59.2 处，出现两个亚稳离子峰，根据 m^* 与 m_1^+、m_2^+ 之间的关系可得

$$\frac{108^2}{123} = 94.8 \;;\; \frac{80^2}{108} = 59.2$$

因此，可以确定对氨基苯甲醚存在如下裂解过程

$$m/z\ 123 \rightarrow m/z\ 108 \rightarrow m/z\ 80$$

由此可知 m/z 80 离子并非是由分子离子直接裂解形成，而是经过两步裂解形成。

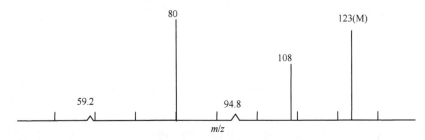

图 8-11　对氨基苯甲醚的质谱图（部分）

第 3 节　阳离子的裂解

分子离子在离子源中会进一步裂解生成碎片离子，部分碎片离子还能进一步裂解生成质量更小的碎片离子。这种裂解并不是任意的，一般都遵循一定的规律。研究离子的裂解规律对质谱的解析具有十分重要的作用。

一、化学键的断裂方式

1. 均裂　成键的一对电子向断裂的双方各转移一个，每个碎片各保留一个电子。如：

$$X \frown Y \longrightarrow X\cdot + Y\cdot$$

用鱼钩形的半箭头" $\frown$ "表示一个电子的转移，有时省去其中一个半箭头。

2. 异裂 成键的一对电子向断裂的一方转移，两个电子都保留在其中一个碎片上。如

$$X \frown Y \longrightarrow X^+ + Y: \quad 或 \quad X \frown Y \longrightarrow X: + Y^+$$

用整箭头形式" $\longrightarrow$ "表示一对电子的转移。

3. 半异裂 已电离的 σ 键的断裂，如：

$$X + \cdot Y \longrightarrow X^+ + Y\cdot \quad 或 \quad X \cdot + Y \longrightarrow X\cdot + Y^+$$

在成键的 σ 轨道上仅有一个电子，所以用单箭头表示。

二、简单裂解

简单裂解的特征是分子中仅有一个键发生断裂，开裂后形成的子离子与母离子质量的奇偶性正好相反，即母离子的质量如为偶数，则子离子的质量应为奇数；母离子的质量如为奇数，子离子的质量就应为偶数。

1. α 裂解 分子中与特征官能团相连的 α 键断裂，称为 α 裂解。一般来说，化合物中若含有 C—X 或 C=X（X 为杂原子）基团，则易发生 α 裂解。其裂解过程如下：

$$R_1-\overset{\overset{+}{O}}{C}-R_2 \longrightarrow \cdot R_1 + \overset{\overset{+}{O}}{C}-R_2$$

$$\underset{m/z\ 46}{CH_3-CH_2-OH} \longrightarrow \cdot CH_3 + \underset{m/z\ 31}{H_2C=\overset{+}{O}H}$$

2. β 裂解 分子中与特征官能团相连的 β 键断裂，称为 β 裂解。一般来说，含有双键的化合物以及含有杂原子的有机化合物（如胺、硫醚、卤化物等）容易在 β 键处断裂，称为 β 裂解。如：

$$\underset{m/z\ 56}{\overset{+}{C}H_2-CH-CH_2-CH_3} \longrightarrow \underset{m/z\ 41}{\overset{+}{C}H_2-CH=CH_2} + \cdot CH_3$$

$$\underset{m/z\ 106}{} \longrightarrow \underset{m/z\ 91}{} + \cdot CH_3$$

3. γ 裂解 分子中与特征官能团相连的 γ 键断裂，称为 γ 裂解。一般来说，对于酮及其衍生物，以及含 N 杂环的烷基取代物，容易发生 γ 键的断裂生成稳定的四元环。如：

4. 诱导裂解　发生诱导裂解的原因是：正电荷中心易吸引一对电子，造成异裂。而随着一对电子的转移，正电荷的位置发生改变。其裂解过程如下：

$$R_1 \underset{\displaystyle C}{\overset{\displaystyle \overset{+\cdot}{O}}{\|}} R_2 \longrightarrow R_1^+ + \underset{\displaystyle C}{\overset{\displaystyle \overset{\cdot}{O}}{\|}} R_2$$

三、重排裂解

有些离子不是由简单裂解产生，而是通过断裂两个或两个以上的键，结构重新排列形成的，这种裂解称为重排裂解，产生的离子称为重排离子。重排裂解后形成的子离子与母离子质量的奇偶性相同，即母离子的质量如为偶数，则子离子的质量也为偶数；母离子的质量如为奇数，子离子的质量就也为奇数。重排的类型有很多，其中比较常见的是 McLafferty 重排（麦氏重排）、逆 Diels-Alder 重排（RDA 重排）等。

1. McLafferty 重排　化合物中如含有 C=X（X 为 O、N、S、C 等）基团，并且与这个基团相连的链上有γ氢原子时，可发生 McLafferty 重排。重排时，分子形成六元环过渡态，γ氢原子转移到 X 原子上，同时 β 键发生断裂，脱去一个中性分子。该断裂过程是 McLafferty 在 1956 年首先发现的，因此称为 McLafferty 重排（麦氏重排）。McLafferty 重排规律性很强，对解析质谱很有意义。其基本通式为

具有γ氢的醛、酮、酸、酯及烷基苯、长链烯烃均可以发生麦氏重排。如

m/z 102　　　　　　*m/z* 74

m/z 134　　　　　　*m/z* 92

由简单裂解或重排产生的碎片若能满足麦氏重排条件，可以进一步发生麦氏重排。

2. 逆 Diels-Alder 重排（RDA 重排）　这种重排是 Diels-Alder 反应的逆向过程。具有环己烯结构类型的化合物可发生 RDA 裂解，产物一般为一个共轭二烯阳离子自由基及一个烯烃中性碎片。如：

m/z 82　　　　　　*m/z* 54

第4节 分子式的测定

一、分子离子峰的确定

1. 分子离子峰的判断   质谱可用来测定化合物的分子量，而得到分子量的关键是在质谱中确认分子离子峰，根据分子离子峰的质荷比即可确定化合物的分子量。如果化合物的分子离子比较稳定，可正常到达检测器被检测，一般来说质谱中质荷比最大的质谱峰即为分子离子峰（同位素离子峰除外）。但如果化合物的分子离子不稳定，容易进一步裂解，或者分子离子产生后即与其他离子或气体分子相结合，成为质量更高的离子，此时很容易将这些离子峰误认为是分子离子峰，从而得到错误的结论。要确定质谱中最右端、m/z 最大的质谱峰是否是分子离子峰通常可根据下列几点来判断：

（1）分子离子必须是一个奇电子离子。由于有机分子都是带有偶数个电子，因此失去一个电子生成的分子离子必定是奇电子离子。

（2）分子离子的稳定性有一定的规律。由于分子离子峰的强度与化合物的分子结构有着密切的关系，分子离子峰的强度决定于分子离子的稳定性，稳定性越高则分子离子峰越强。具有 π 电子的化合物，分子离子较稳定，如芳香族化合物和共轭多烯，分子离子峰很大；含有羟基或具有多分支的脂肪族化合物分子离子不稳定，分子离子峰很小或有时不出现。常见化合物在 EI 质谱中分子离子峰的强度大致有如下规律：芳香族化合物＞共轭多烯＞脂环化合物＞直链烷烃＞酮＞醛＞胺＞酯＞醚＞羧酸＞支链烷烃＞伯醇＞仲醇＞叔醇。

（3）分子离子的质量数服从氮律。不含氮原子或含有偶数个氮原子的有机分子，其分子量必为偶数；而含奇数个氮原子的分子，其分子量必为奇数，这个规律称为氮律。凡不符合氮律的质谱峰都不可能是分子离子峰。如甲苯的分子离子峰 m/z 为 92，而苯胺的分子离子峰的 m/z 为 93。

（4）碎片丢失应合理。即 m/z 最大的离子与其他碎片离子之间的质量差是否合理。分子离子在发生裂解时，失去的游离基或中性小分子在质量上是有一定规律的。在质谱中与分子离子峰紧邻的碎片离子峰，必定是由分子离子失去某个基团或小分子形成的。分子离子峰的质量数和相邻的碎片离子峰质量数之差 Δm 是丢失碎片的质量。如 $\Delta m=15$ 为失去甲基的峰，$\Delta m=17$ 为丢失羟基的峰。如果 Δm 在 3～14 之间，则该峰不可能是分子离子峰，因为若 $\Delta m=14$ 则意味着丢失一个亚甲基或 N 原子，而要丢失亚甲基或氮原子分别要断裂两根键和三根键，这是几乎不可能发生的。质谱中常见的中性碎片和碎片离子，见附录2、附录3。

（5）注意加合离子峰和 M–1 峰。某些化合物（如醚、酯、胺等）的质谱中分子离子峰强度很低甚至不出现，而 M+1 峰的强度却很大。解析此类化合物图谱时，其分子量应比此峰质量数小 1 个单位。而某些醛、醇或含氮化合物的分子离子峰较弱，但 M–1 峰较大，此时应根据氮律、丢失碎片是否合理加以确认。

2. 分子离子峰强度   当化合物的分子离子峰的强度太低而不能检出时，可采用下列几种方法来提高分子离子峰强度：

（1）降低轰击电子流的能量，避免分子离子进一步裂解，增加分子离子的稳定性。此时，质谱图中分子离子峰的相对强度增加,而碎片离子的相对强度则下降。

（2）制备易挥发的衍生物,分子离子峰就容易出现。例如,某些有机酸和醇的熔点相当高,不容易挥发,这个时候可以把酸变为酯,把醇变为醚再进行测定。

（3）采用各种软电离技术如 CI、FAB 等,可得到很显著的分子离子峰。

二、分子量的测定

在质谱图中确认分子离子峰后,根据分子离子峰的质荷比（m/z）确定化合物的分子量。用低分辨率的质谱仪只能测得每一个质谱峰（包括分子离子峰）整数的质量数,而用高分辨质谱法能精确测定分子量,通常可记录到小数点后 4～6 位。质谱仪分辨率越高,分子量测定越精确。

三、分子式的确定

在质谱分析中,常用的确定化合物分子式的方法主要有两种,一种为精确质量法,另一种由同位素离子峰丰度比确定分子式,也称为查 Beynon 表法。

1. 精确质量法 利用高分辨质谱仪,可精确测定分子离子（包括碎片离子）的质荷比。如果离子的质荷比非常精确,则可以确定该化合物的唯一的分子式。

如用高分辨质谱仪测得某有机物的分子离子的精密质量为 78.0462,试确定该有机物的分子式。

查精密质量表可知,$M=78$ 的分子离子共有 14 个。质量比较接近的有 5 个,分别为 $H_4N_3O_2$（78.0304）、H_6N_4O（78.0542）、$CH_6N_2O_2$（78.0429）、$C_2H_6O_3$（78.0317）、C_6H_6（78.0470）。其中 $H_4N_3O_2$ 不服从氮律,故舍去。在剩下的几种离子中,C_6H_6（78.0470）的质量最接近,因此该化合物最可能的分子式为 C_6H_6

目前,商品高分辨质谱仪附带的计算机系统均可以给出分子离子峰的元素组成、分子式,同时也可给出质谱图中各碎片峰的元素组成式。

2. 查 Beynon 表法 Beynon 表是根据同位素峰强度比与离子的元素组成间的关系编制成按离子质量为序,含 C、H、O、N 的分子离子及碎片离子的（M+1）/M% 及（M+2）/M% 数据表。使用时,只需将所测化合物的分子离子峰的质量、（M+1）/M 及（M+2）/M 等数据与 Beynon 表中各数据进行对比,找出数据最接近的化学式,即为该化合物的分子式。

例 8-4 某化合物质谱中高质量端有三个峰,它们的丰度比如下:

m/z 122	M	100%
m/z 123	（M+1）/M%	8.68%
m/z 124	（M+2）/M%	0.56%

解：由（M+2）/M% 为 0.56% 可知该化合物不可能含有 S、Cl、Br 等元素。从 Beynon 表中查得分子量 122 的分子式共有 24 个,见表 8-3。

表 8-3 部分 Beynon 表（ M=122 部分）

分子式	M+1	M+2	分子式	M+1	M+2	分子式	M+1	M+2	分子式	M+1	M+2
$C_2H_6N_2O_4$	3.18	0.84	$C_4N_3O_2$	5.54	0.53	$C_6H_2O_3$	6.63	0.79	$C_7H_{10}N_2$	8.49	0.32
$C_2H_8N_3O_3$	3.55	0.65	$C_4H_2N_4O$	5.92	0.35	$C_6H_4NO_2$	7.01	0.61	$C_8H_{10}O$	8.84	0.54
$C_2H_{10}N_4O_2$	3.93	0.46	C_5NO_3	5.90	0.75	$C_6H_6N_2O$	7.38	0.44	$C_8H_{12}N$	9.22	0.38
$C_3H_8NO_4$	3.91	0.86	$C_5H_2N_2O_2$	6.28	0.57	$C_6H_8N_3$	7.76	0.26	C_9H_{14}	9.95	0.44
$C_3H_{10}N_2O_3$	4.28	0.67	$C_5H_4N_3O$	6.65	0.39	$C_7H_6O_2$	7.74	0.66	C_9N	10.11	0.46
$C_4H_{10}O_4$	4.64	0.89	$C_5H_6N_4$	7.02	0.21	C_7H_8NO	8.11	0.49	$C_{10}H_2$	10.84	0.53

从表中可以看出，化合物的数据与表中 $C_8H_{10}O$ 的数据最接近，因此可以确定该化合物的分子式为 $C_8H_{10}O$。

第 5 节　基本有机化合物质谱

各类有机化合物由于结构上的差异，在质谱中显示出特有的裂解方式和裂解规律，这些信息对未知化合物的结构解析具有重要作用，以下是各类有机化合物的裂解特征。

一、烷烃

烷烃的质谱有以下特征（图 8-12、图 8-13）：

（1）分子离子峰较弱，且强度随碳链增长而降低。

（2）直链烷烃具有一系列 m/z 相差 14 的碎片离子峰，其中 m/z 43 或 m/z 57 峰很强（一般为基峰）。

（3）直链烷烃不易失去甲基，因此 M–15 峰一般不出现。

（4）具有支链的烷烃在分支处最易裂解，形成稳定的碳正离子结构，开裂时优先失去最大烷基。支链烷烃的分子离子峰强度比直链烷烃更低。

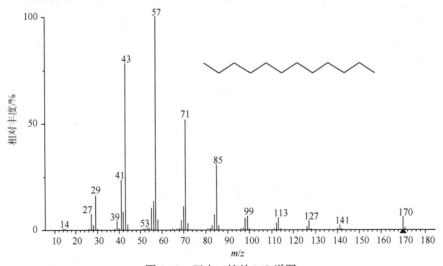

图 8-12　正十二烷的 MS 谱图

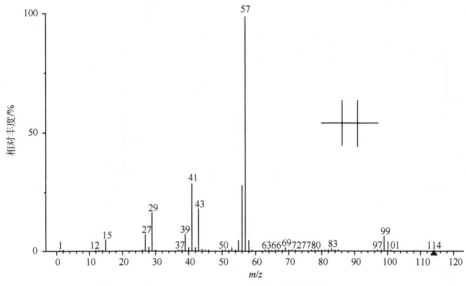

图 8-13　2, 2, 3, 3-四甲基丁烷质谱图

二、烯烃

烯烃的质谱有以下特征（图 8-14、图 8-15）：

（1）分子离子峰较强，强度随分子量增加而减弱。

（2）烯烃易发生 β-裂解（双键 β 位键断裂），电荷留在不饱和的碎片上，此碎片离子峰一般为基峰。这是由于断裂后生成的丙烯基碳正离子有利于电荷分散，因此非常稳定。

$$CH_2 \overset{+\cdot}{-}CH-CH_2-CH_3 \longrightarrow \overset{+}{CH_2}-CH=CH_2 + \cdot CH_3$$

（3）如果烯烃分子中含有 γ-H，则可发生麦氏重排。

（4）环己烯类易发生逆 Diels-Alder 重排（RDA 重排）。

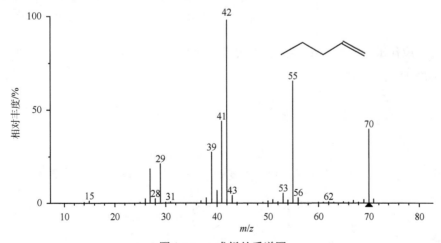

图 8-14　1-戊烯的质谱图

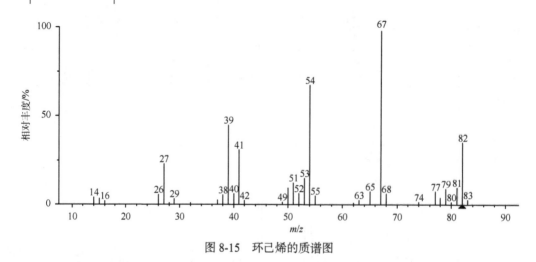

图 8-15　环己烯的质谱图

三、芳烃

　　大多数芳烃的分子离子峰很强，原因是芳环结构能使分子离子稳定。芳烃类化合物的裂解方式主要有：

　　（1）烷基取代苯易发生 β-裂解生成 m/z 91 的䓬鎓离子，该离子非常稳定，一般为取代苯质谱中的基峰。䓬鎓离子的出现可确定苯环上有烷基取代，若基峰的 m/z 为 91+14n，则表明苯环 α-碳上有取代基，裂解后生成了有取代基的䓬鎓离子。

m/z 91（䓬鎓离子）

　　䓬鎓离子可进一步裂解生成环戊二烯及环丙烯正离子。

m/z 91　$CH\equiv CH$　m/z 65　$CH\equiv CH$　m/z 39

　　（2）烷基取代苯也能发生 α-裂解，生成苯基阳离子 $C_6H_5^+$（m/z 77），$C_6H_5^+$ 进一步裂解生成环丁烯阳离子。

m/z 77　　m/z 51

　　（3）麦氏重排。若有 γ-H 存在，则发生麦氏重排，产生 m/z 92 的重排离子。

m/z 120　　m/z 92

（4）RDA 开裂。若分子中存在环己烯结构，则会发生 RDA 开裂。

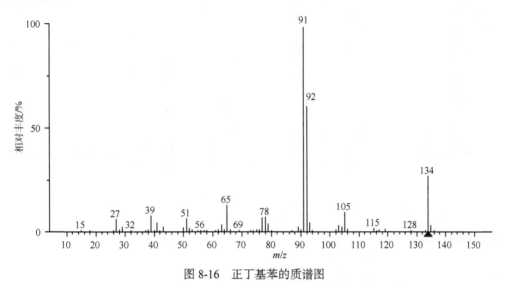

m/z 132   *m/z* 104

质荷比为 39、51、65、77、91、92 等离子是芳烃类化合物的特征离子，如图 8-16 是正丁基苯的质谱图。

图 8-16　正丁基苯的质谱图

四、醇类化合物

醇类分子中伯醇和仲醇的分子离子峰很小，叔醇的分子离子一般检测不到，随碳链的增长，分子离子峰的强度逐渐减弱以至消失。醇类化合物的裂解方式主要有：

（1）脱水：主要包括 1,2-脱水、1,3-脱水以及 1,4-脱水，脱水后生成 M-18 的峰。

（2）α-开裂：形成极强的 *m/z* 31 峰（$CH_2=\overset{+}{O}H$，伯醇）、*m/z* 45 峰（$CH_3-CH=\overset{+}{O}H$，仲醇）或 *m/z* 59 峰（$CH_3-\underset{CH_3}{\overset{+}{C}=OH}$，叔醇）。这些峰对鉴定醇类化合物非常有价值。因为醇类化合物的质谱由于脱水而与相应烯烃的质谱相似，*m/z* 31 或 *m/z* 45、*m/z* 59 峰的存在可判断样品是醇而不是烯。

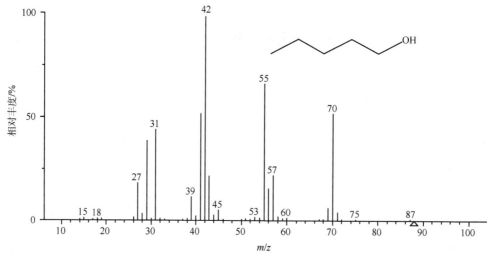

如图 8-17 是正戊醇的质谱图。

图 8-17　正戊醇的质谱

五、醛与酮类

1. 醛类　质谱图特征和主要裂解方式有：

（1）醛类分子都有较明显的分子离子峰，并且芳醛分子离子峰强度比脂肪醛更高。

（2）α 裂解。产生 M-1 峰、m/z 29 峰、M-29 峰均为醛类化合物发生 α 裂解后的特征质谱峰。

（3）具有 γ-H 的醛，能产生麦氏重排。例如丁醛：

如图 8-18 是苯甲醛的质谱图。

2. 酮类　质谱图特征和主要裂解方式有：

（1）酮类的分子离子峰非常明显。

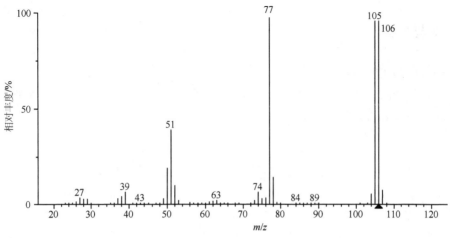

图 8-18　苯甲醛的质谱图

（2）α 裂解

酮类分子发生 α 裂解所形成的含氧碎片通常为基峰，脂肪酮失去烃基时遵循最大烃基丢失规律，即开裂时优先失去最大烷基。

（3）含有γ-H 的酮可发生麦氏重排，例如甲基丁基酮：

如图 8-19 是甲基丁基酮的质谱图。

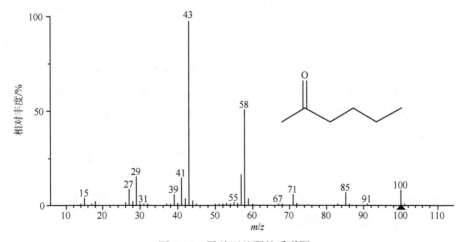

图 8-19　甲基丁基酮的质谱图

六、酸与酯类

质谱图特征和主要裂解方式有：

（1）一元饱和羧酸及其酯的分子离子峰一般都较弱。芳酸及其酯的分子离子则较强。

（2）易发生 α 裂解，如：

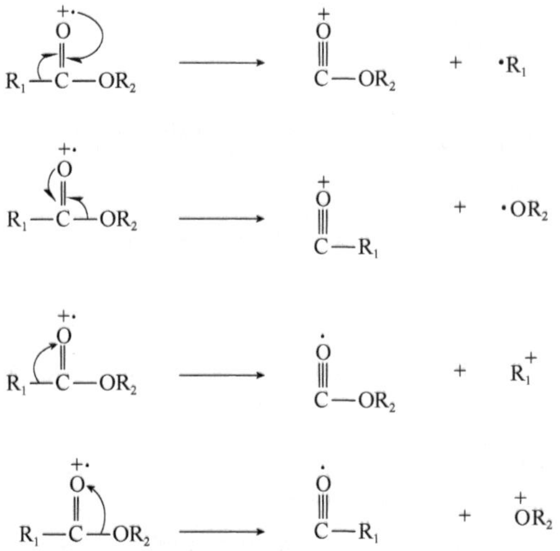

（3）含有γ-H 的羧酸及酯易发生麦氏重排，如：

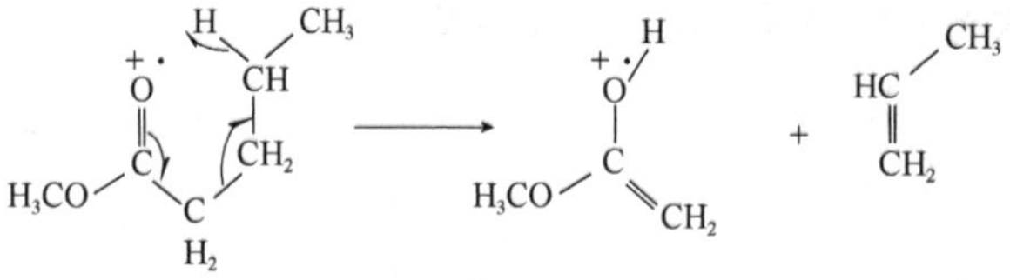

第 6 节　应用与示例

质谱图的解析是利用质谱所提供的信息来推测分子结构。这个过程可用一个比较形象的比喻来形容：将化合物可看成一个古董，而各种离子就像古董的一个个碎片，将这些碎片拼接起来使古董恢复原样的过程就类似于由各种离子信息解析分子结构的过程，在找碎片和拼接时，首先要找出其中最具特征和比较大的碎片，这样才有利于确定分子结构。

对于分子量比较小、结构简单的化合物，仅靠质谱数据有可能推出其分子结构，而对于分子量较大、结构复杂的化合物，仅靠质谱很难完全确定其分子结构。在结构解析中，质谱主要用于测定分子量、分子式、确立碎片离子和作为光谱解析结论的佐证。目前大多数商品质谱仪都提供了大量的已知化合物质谱数据库，使用者能通过检索数据库来简化解析工作。尽管如此，了解和掌握质谱规律仍是非常必要的。

一、解析步骤

（1）首先确认分子离子峰，确定分子量。

（2）用精密质量法或同位素丰度对比法确定分子式。

（3）计算化合物不饱和度。

（4）研究低质量端的离子可推测碎片离子结构。高质量端的离子峰是由分子离子脱去某些基团形成的，通过脱去的碎片可以确定化合物中含有哪些取代基。

（5）将各结构单元组合起来，推测化合物可能的结构式。

（6）验证所得结果。将所得结构式按质谱断裂规律裂解，看所得离子与谱图中离子是否一致；或查阅该化合物的标准质谱图，看是否与该谱图相同。

二、解析示例

例 8-5 已知某化合物分子式为 C_4H_8O，其质谱图见图 8-20，试确定其分子结构。

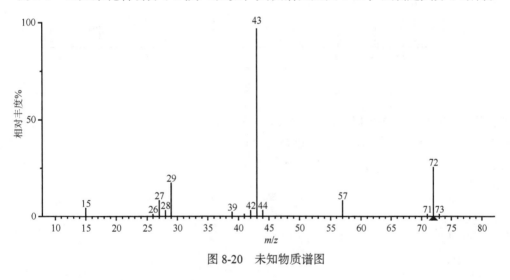

图 8-20 未知物质谱图

解：化合物的不饱和度 $U = \dfrac{2 + 2 \times 4 - 8}{2} = 1$。

m/z 72 峰为分子离子峰 $M^{+\cdot}$，m/z 57 峰结构可能为 $C_4H_9^+$ 或 $C_2H_5CO^+$，而 m/z 57 峰为 $M^{+\cdot}$ 脱去一个甲基后形成的，m/z 57 如为 $C_4H_9^+$，整个分子的分子式为 C_5H_{12}，不饱和度为 0，而化合物的不饱和度为 1，故不合题意。因此 m/z 57 的峰为 $C_2H_5CO^+$，推断该化合物的分子式为 $C_2H_5COCH_3$。m/z 43 峰为基峰，结构为 CH_3CO^+。各离子的裂解过程如下：

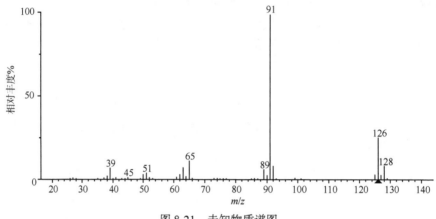

例 8-6　某化合物的质谱图如图 8-21，试确定其结构。

图 8-21　未知物质谱图

解：从化合物质谱图中可以看出，（M+2）∶M ≈1∶3，可知其分子中含有一个氯原子。而 m/z 为 39、51、65、91 等峰可以确认化合物含有一个苯环。m/z 91 峰很强（基峰），说明分子中含有一个烷基取代苯结构，m/z 91 峰为䓬鎓离子。故化合物的结构应为

各主要碎片离子的裂解过程为

三、综合波谱解析示例

综合波谱解析是指综合运用化合物的四种波谱（紫外-可见光谱、红外光谱、核磁共振波谱及质谱）对物质进行结构解析。对于复杂化合物只靠一种波谱法往往很难解析其化学结构，如果将化合物的四种波谱结合起来，相互补充、相互验证，则可以更好地进行结构解析。四种波谱法在结构解析中所起的作用分别如下。

1. 质谱　质谱主要用于测定化合物的分子量，确定分子式，通过解析质谱图中各主要

离子峰可以确定可能的结构单元。另外,质谱法还可以作为一个验证手段验证推测结果的正确性。

2. 紫外-可见吸收光谱 紫外-可见吸收光谱主要用于确定化合物类型及共轭情况,如是否是不饱和化合物,是否具有芳香环结构等。但紫外-可见光谱曲线比较单调,提供的信息量非常少,在综合光谱解析中用得比较少。

3. 红外吸收光谱 红外吸收光谱主要用于确定化合物具有哪些官能团以及确定化合物的类别(芳香族、脂肪族、羰基化合物、羟基化合物、胺类等)。

4. 核磁共振氢谱 ¹H-NMR 在结构解析中主要提供有关质子类型、氢分布,不同基团的相互连接情况等方面的结构信息:

①质子类型是说明化合物具有哪些官能团,如是否含有醛基、双键、芳环等。

②氢的分布可以说明各种含氢官能团中氢原子的数目。

③峰的裂分可以确定氢核间的耦合关系以及相邻基团含有氢原子的数目,有助于确定各基团的连接顺序。

波谱综合解析没有固定的步骤,一般可按以下顺序进行:

(1)了解关于样品的信息,包括来源、熔点、沸点等;

(2)通过质谱或其他方法确定化合物的分子式;

(3)求出化合物的不饱和度,大致判断化合物的类型,如是否为不饱和化合物,是否具有芳环结构等;

(4)从四个波谱中提取有关结构的信息,列出可能的片断;

(5)确定各片断的连接方式,列出可能的结构式;

(6)确定最可能的结构,通过质谱加以验证;

例 8-7 某化合物 MS、IR、¹H-NMR 图如图 8-22,试根据各波谱提供的信息解析化合物的结构。

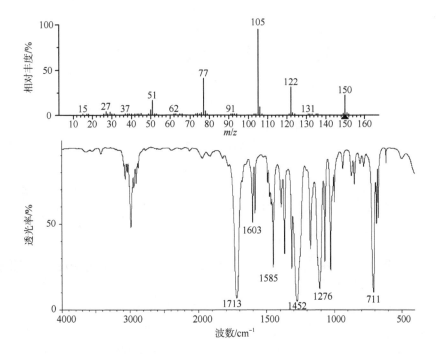

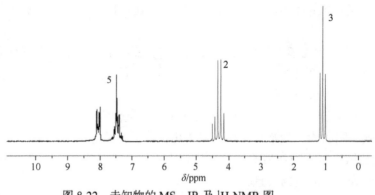

图 8-22　未知物的 MS、IR 及 ^{1}H-NMR 图

解：从化合物的 IR 图可以看出，1713 cm^{-1} 提示化合物具有羰基，而 1585 cm^{-1}、1603 cm^{-1} 等峰说明化合物具有苯环结构。氢谱中，$\delta\,7.2\sim8.2$ 的信号进一步验证化合物中具有苯环结构，氢谱中各信号的氢的数目之比为 5 : 2 : 3，可知苯环为单取代，$\delta\,4.32$ 处的信号说明化合物可能含有一个 CH$_2$，且与一吸电子基团相连，$\delta\,1.43$ 处的信号说明化合物可能含有一个 CH$_3$，由峰的裂解数可知 CH$_2$ 与 CH$_3$ 相连。化合物的分子离子峰为 m/z 150 峰，化合物质谱中 m/z 105 峰说明化合物可能具有 结构，化合物的分子量为 150，而碎片离子 、CH$_2$、CH$_3$ 的分子量之和为 134，可知 CH$_2$ 与一氧原子相连。故化合物结构为

利用 MS 加以验证：

例 8-8　某化合物 MS、IR、^{1}H-NMR 图如图 8-23，分子离子峰为 102，试根据各波谱提供的信息确定化合物的结构。

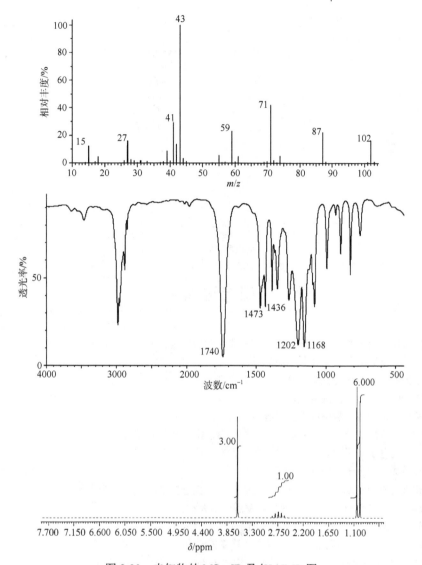

图 8-23　未知物的 MS、IR 及 ¹H-NMR 图

解：从 IR 图可知化合物含有羰基，从 NMR 图可知化合物不含有苯环，而且各信号积分曲线高度比为 3∶1∶6，可大致确定 $\delta3.62$（3H）为 CH_3 信号，且可能与电负性较大的基团相连，$\delta2.73$（1H）为 CH 信号，$\delta1.05$（6H）为两个 CH_3 信号。MS 谱显示 m/z 102 峰为分子离子峰，再结合上述碎片，可知化合物中还含有一个氧原子。因此结构单元分别为：3 个 CH_3，1 个 CH，一个羰基、一个氧原子。根据 NMR 谱中各峰的裂分情况：$\delta3.62$ 处信号为单峰，$\delta2.73$ 处为多重峰，$\delta1.05$ 处为两重峰，表明两个甲基与一次甲基相连。因此该化合物可能的结构为

$$CH_3-CH-C-OCH_3$$

利用 MS 加以验证：

$$CH_3-CH\cdot \ + \ \overset{\overset{+}{O}}{\underset{}{C}}-OCH_3$$

$$\textit{m/z} \ 59$$

$$CH_3-\underset{m/z\ 102}{\overset{CH_3\ \ \ \overset{+\cdot}{O}}{\underset{|\ \ \ \ \ \ ||}{CH-C}}-OCH_3} \ \longrightarrow \ CH_3-\underset{m/z\ 71}{\overset{CH_3\ \ \ \overset{+}{O}}{\underset{|\ \ \ \ \ \ ||}{CH-C}}} \ + \ \cdot OCH_3$$

$$| \ -CO$$

$$CH_3-CH\cdot \ + \ CH_3^+ \ \longleftarrow \ CH_3-\overset{CH_3}{\underset{\overset{+}{CH}}{CH}}$$

$$\textit{m/z}\ 15 \qquad\qquad \textit{m/z}\ 43$$

思考与练习

1. 质谱仪的仪器由哪些部件组成？仪器的主要性能指标包括哪些？

2. 离子源的类型有哪些？简述其电离原理。

3. 质量分析器类型有哪些？简述其质量分离原理。

4. 简述质谱中离子类型及其特点。

5. 简述简单裂解和重排裂解的类型及各自特点。

6. 简述烷烃、烯烃、芳香烃、醇类、醛、酮、酸、酯类物质质谱特征。

7. 影响化合物分子离子峰相对丰度的主要因素有哪些？如何鉴定分子离子峰？

8. 利用质谱法确定分子式的方法有哪些？

9. 综合波谱解析中，四大光谱的作用分别是什么？综合波谱解析的一般步骤有哪些？

10. 欲分辨下列各离子对，质谱仪的分辨率需要多大？

①相对分子质量为 75.03 和 75.05 的两个离子；②相对分子质量分别为 164.0712 和 164.0950 的两个离子。

11. 试写出 CH_3Br 中所有可能的同位素峰及其峰高比值。

12. 某有机化合物的结构，可能是甲或乙，它的质谱中 $\textit{m/z}$ 29 和 $\textit{m/z}$ 57 峰为丰度较高的峰，试推测该化合物是甲还是乙？解释 $\textit{m/z}$ 57 及 $\textit{m/z}$ 29 峰成因。

$$CH_3-CH_2-\overset{\overset{O}{||}}{C}-CH_2-CH_3 \ （甲） \qquad\qquad CH_3-CH_2-CH_2-\overset{\overset{O}{||}}{C}-CH_3 \ （乙）$$

13. 丁酸甲酯（$M=102$），在 $\textit{m/z}$ 71（55%），$\textit{m/z}$ 59（25%），$\textit{m/z}$ 43（100%）及 $\textit{m/z}$ 31（43%）处均出现离子峰，解释各离子峰的成因。

14. 试预测化合物 $CH_3-CO-C_3H_7$ 在质谱图上的主要离子峰，写明各离子裂解过程。

15. 某化合物分子量 $M=108$，其质谱图如下，试给出它的结构，并写出获得主要碎片的裂解方程式.

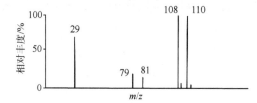

16. 某未知化合物，其红外、核磁、质谱图如下，已知其分子量为 150，在 NMR 图中吸收峰频率从高到低的峰面积积分高度比为 5∶2∶3，试推断其结构。

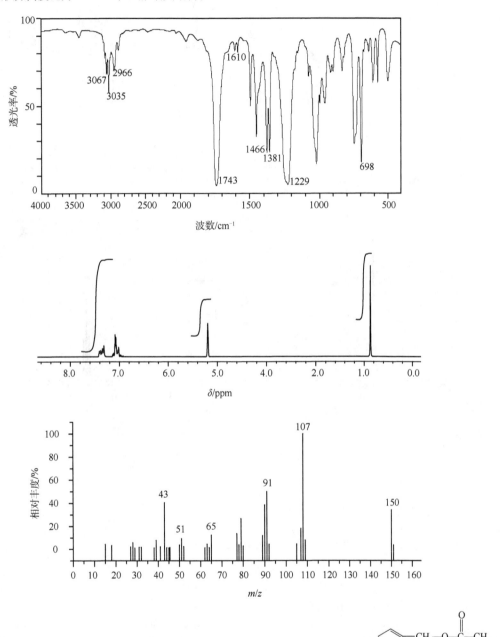

17. 某化合物分子式为 $C_8H_{10}O$，其红外、其结构中活泼氢被氘代后的 NMR、质谱图如下，已知在 NMR 图中吸收峰频率从高到低的峰面积积分高度比为 5∶2∶2，试推断其结构。

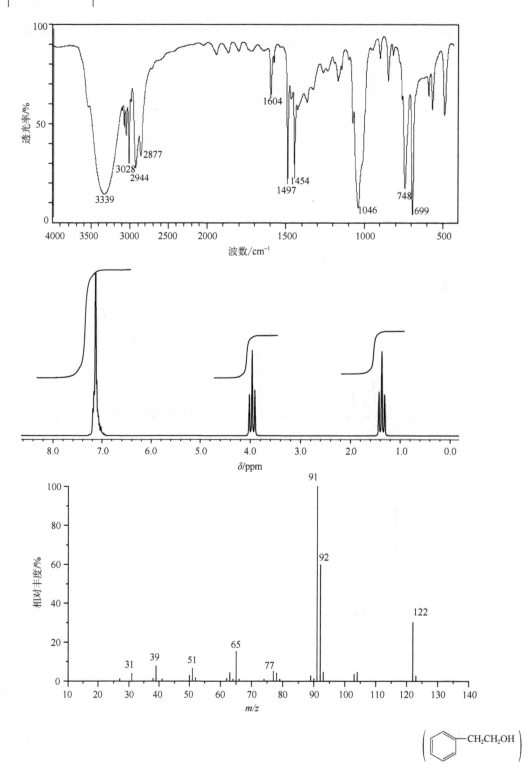

课 程 人 文

一、第一台质谱仪

第一台质谱仪是英国科学家 Francis William Aston 于 1919 年制成的。Aston 用这台装置发现了多种同位素，研究了 53 种非放射性元素，发现了天然存在的 287 种核素中的 212 种，并第一次证明了原子质量亏损。为此他获得了 1922 年诺贝尔化学奖。

二、同位素

同位素是质子数相同，但中子数不同，因而具有相同原子序数但质量数不同的一类核素。同位素的发现，使人们对原子结构的认识更深一步。这不仅使元素概念有了新的含义，而且使原子量的基准也发生了重大的变革，再一次证明了决定元素化学性质的是质子数（核电荷数），而不是原子质量数。

许多同位素有重要的用途，例如 C-12 是作为确定原子量标准的原子；两种 H 原子是制造氢弹的材料；U-235 是制造原子弹的材料和核反应堆的原料。同位素示踪法广泛应用于科学研究（如国防）、工农业生产和医疗技术方面，例如用 O 标记化合物确证了酯化反应的历程，I 用于甲状腺吸碘机能的实验等。在临床上已建立了多项同位素治疗方法，包括体外照射治疗和体内药物照射治疗。同位素在免疫学、分子生物学、遗传工程研究和发展基础核医学中，发挥着重要作用。

第9章
色谱法概论

　　色谱法（chromatography）也称为层析法，是一种物理或物理化学分离分析方法，特别适宜于分离多组分的试样。色谱法最早运用于分离有颜色的物质，不同的有色物质经过色谱分离后形成连续的色带或色层，色谱法由此而得名。现在随着检测技术的不断发展，该方法已广泛用于分离分析有色和无色化合物。

　　20世纪初，俄国的植物学家茨维特（M. Tswett）首次提出色谱法。茨维特研究植物色素的过程中，在一根玻璃管内装入碳酸钙，然后将植物色素提取液加在碳酸钙上面，加入石油醚进行洗脱，结果发现植物色素在向下移动的过程中分散成数条不同颜色的色带，把这种色带叫作"色谱"。色谱过程中所使用的玻璃管叫作"色谱柱（chromatographic column）"，碳酸钙称为"固定相（stationary phase）"，石油醚称为"流动相（mobile phase）"。1931年，奥地利化学家 R. 库恩（Richard Kuhn）利用色谱法分离并测定了胡萝卜素的分子式，促进了色谱法在化学分离中的运用；30～40年代出现了薄层色谱法；1956年 van Deemter 等在前人研究的基础上，发展了描述色谱过程的速率理论；1957年 Golay 开创了开管柱气相色谱法（GC）；20世纪60年代末 Giddings 总结和扩展了前人的色谱理论，发展起来一种重要的分离分析方法——高效液相色谱法（HPLC）；20世纪80年代以来，超临界流体色谱法、毛细管电色谱法得以发展，各种联用技术也相继出现，HPLC-MS、GC-MS、ICP-MS 等联用技术已形成；21世纪初随着新型固定相的研制成功和超速高效液相色谱仪的问世，产生了超高效液相色谱法（UPLC），使得色谱柱的分离效率大为提高，分析时间缩短，分离分析的成本大幅下降。最早期色谱主要是作为一种分离技术，随着人们对分离分析要求的不断提高，分离与检测相结合进一步促进了色谱技术的发展，现代色谱技术已成为高效、高灵敏度、应用最广的分离分析方法。目前，色谱法在生命科学的研究、临床诊断、病理研究、法医鉴定、药品研究等领域有着广泛的应用，如《中华人民共和国药典》中药品的鉴别和含量测定，绝大部分均采用色谱法进行分析。

第1节　色谱法的分类

　　根据不同的分类方法，色谱法可分为不同的类别。下面分别根据固定相和流动相的状态、色谱法的分离原理、色谱操作形式不同等进行分类。

　　1. 按流动相和固定相的状态分类　在色谱过程中，若流动相为气体，则称为气相色谱法，可简写为 GC（gas chromatography）法；若流动相为液体的色谱法称为液相色谱法，可简写为 LC（liquid chromatography）法；在流动相分类的基础上，再按固定相的状态不同，气相色谱法可分为气-固色谱法（GSC）、气-液色谱法（GLC）；液相色谱法可分为液-固色谱法（LSC）、液-液色谱法（LLC）。

2. 按色谱过程中分离原理分类

（1）吸附色谱法（adsorption chromatography）：利用试样中不同组分与固定相的吸附能力的不同而进行分离分析的一种色谱方法。

（2）分配色谱法（partition chromatography）：分配色谱法中的固定相和流动相为互不相溶的液体，利用试样中不同组分在互不相溶的两相中溶解度的差异，进行分离分析的一种色谱方法。

（3）空间排阻色谱法（steric exclusion chromatography，SEC）：利用试样中不同组分的分子体积大小的不同进行分离分析的一种色谱方法，又称为凝胶色谱法。

（4）离子交换色谱法（ion exchange chromatography，IEC）：利用试样中不同离子与固定相的结合能力的差别而进行分离分析的一种色谱法。

3. 按操作形式分类

（1）柱色谱法（column chromatography）：将固定相装于柱管内的色谱法，称为柱色谱法。根据色谱柱的直径大小又可分为填充柱色谱法和毛细管柱色谱法等。

（2）平面色谱法（plane chromatography）：在平面上进行色谱分离分析的一种色谱方法，它主要包括薄层色谱法和纸色谱法。薄层色谱法（thin layer chromatography，TLC）是将固定相均匀地涂铺在平面板（玻璃板、塑料板等）上，形成一薄层，在此薄层上进行分离分析的一种色谱方法。纸色谱法（paper chromatography，PC）是以吸附在纸纤维上的水作为固定相，有机溶剂作为流动相，而进行分离分析的一种色谱方法。

第 2 节　色谱法基础知识与名词术语

一、色谱过程

色谱分离体系由固定相、流动相和被分离的物质（混合物）组成。混合物在色谱柱中随着流动相向前移动，在移动过程中，物质中各组分与两相发生相互作用，在两相间存在"分配平衡"过程。但由于不同组分结构和性质不同，与两相作用的强度不同，其在两相中移动的速度也不同，从而产生差速迁移而被分离。若组分与固定相作用强度较大，与流动相作用强度较弱，则该组分迁移速度较慢，在色谱柱中停留时间较长，后流出色谱柱；反之，若组分与固定相作用强度较弱，与流动相作用较强，则先流出色谱柱。经过色谱过程，混合物中的各组分最终实现组分分离。

下面以液-固吸附色谱为例来说明色谱过程，如图 9-1 所示，含有 A、B 组分的混合物加入色谱柱上，被吸附在固定相上，然后用适当的流动相冲洗，当流动相流过时，被吸附在固定相上的两种组分又溶解于流动相中而被解吸，并随着流动相向前移行，解吸的组分遇到新的吸附剂颗粒，又再次被吸附、解吸……的过程。若 B 与固定相吸附力比 A 大，A 的迁移速度比 B 大，在色谱柱内停留时间短，先流出色谱柱；当 A 进入检测器时，流出曲线开始出现信号峰；当 A 全部流出检测器后，仅有流动相进入检测器，流出曲线恢复平直；当 B 组分通过检测器时又形成 B 组分的信号峰。各组分按迁移速率的不同依次流出色谱柱，且各组分的迁移速率相差越大，分离越完全。而各组分的迁移速率由该组分的分配系数决定，分配系数与组分的性质、固定相和流动相的性质相关，因此要实现混合组分的完全分离，应根据被分离物质的性质，通过选择适当的固定相和流动相，建立一个合适的色谱分离条件。

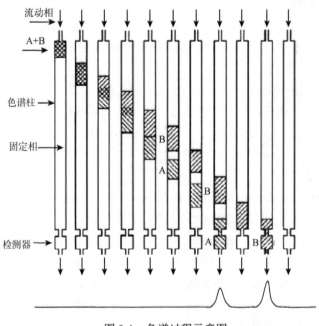

图 9-1　色谱过程示意图

二、色谱流出曲线

色谱柱内分离的试样各组分依次进入柱后检测器产生检测信号，其响应信号大小随时间的变化而形成的色谱流出曲线称为色谱图，如图 9-2 所示。色谱图中横坐标为时间，纵坐标为组分响应信号，与组分的浓度有关。

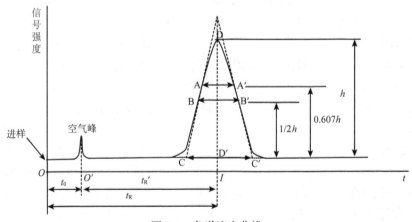

图 9-2　色谱流出曲线

1. 色谱峰（chromatographic peak）　色谱图中突起部分称为色谱峰，色谱峰是组分进入检测器后所检测到的信号，一般色谱峰为对称的正态分布曲线。色谱图可提供许多重要信息，如色谱图中可能含有一个或多个色谱峰，每个色谱峰表示至少存在一个组分，因此，通过色谱图中色谱峰的个数可判断试样中至少含有多少个组分；可根据色谱图上各色谱峰间的分离情况判断色谱条件是否合理；可根据待测组分色谱峰的峰宽，评价色谱柱的分离柱效；根据色谱峰的出峰时间和峰面积或峰高，对组分进行定性、定量分析。

2. 基线（base line）　色谱过程中仅有流动相通过检测器时，仪器所记录到的信号称为基线。基线可反映出操作条件和仪器状态的稳定性，基线稳定时才能进行色谱分离的工作，稳定的基线是一条平行于横轴的直线，如图 9-2 中无色谱峰的水平直线。但在实际工作中，各种未知的偶然因素可能会引起的基线起伏，见图 9-3，称为噪声（noise，N）；当基线随时间向一个方向单方向偏离，见图 9-4，这种现象称为基线漂移（drift，d）。

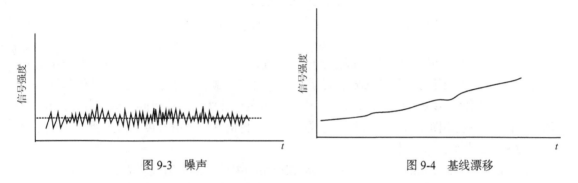

图 9-3　噪声　　　　　　　　　　图 9-4　基线漂移

3. 峰高（peak height，h）　色谱峰顶点与基线之间的垂直距离称为色谱峰高。峰高表示组分洗脱最大浓度时进入检测器的信号，如图 9-2 中 DD'段。

4. 标准偏差（standard deviation，σ）　色谱流出曲线上两拐点距离的一半，称为标准偏差，即 0.607 倍峰高处色谱峰宽度的一半，如图 9-2 中 AA'距离的一半。

5. 半峰宽（peak width at half height，$W_{1/2}$）　即峰高一半处对应的宽度，如图 9-2 中 BB'间的距离，它与标准偏差的关系为

$$W_{1/2} = 2.355\sigma \tag{9-1}$$

6. 峰宽（peak width，W）　由色谱峰两边的拐点作切线，与基线相交点间的距离，如图 9-2 中 CC'距离，它与标准偏差和半峰宽的关系是

$$W = 4\sigma = 1.699W_{1/2} \tag{9-2}$$

三、色谱基本概念与术语

在色谱法中，常涉及许多概念、术语及相关参数，下面具体介绍。

1. 拖尾因子（tailing factor，T）　拖尾因子又叫对称因子（symmetry factor），反映色谱峰的对称程度。正常的色谱峰应为正态分布曲线，但在实际工作中，由于各种因素的影响，色谱峰并非一定完全对称，可用拖尾因子衡量色谱峰的对称性，见图 9-5，其计算式为

$$T = \frac{W_{0.05h}}{2W_1} = \frac{W_1 + W_2}{2W_1} \tag{9-3}$$

式中，$W_{0.05h}$ 为 0.05 倍峰高处的峰宽；W_1 为色谱峰前沿 A 到 O 间距离（O 为峰顶在 0.05 峰高处横坐标平行线的投影点），W_2 为色谱峰点 B 到 O 间距离。T 应在 0.95～1.05 之间，此时色谱峰为对称峰；$T>1.05$ 时为拖尾峰，$T<0.95$ 时为前伸峰。

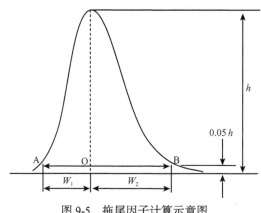

图 9-5　拖尾因子计算示意图

2. 保留值　保留值是组分在色谱体系中保留行为的度量，体现了组分与两相的作用结果。保留值受色谱条件及组分性质的影响，是重要的色谱热力学参数和定性依据。具体包括：

（1）保留时间（retention time，t_R）：组分通过色谱柱所需要的时间，即组分在两相中停留的总时间。在色谱图中表现为组分从进样开始到其色谱峰出现信号极大值时所需要的时间，如图 9-2 中 OI 段所表示的时间。

（2）死时间（dead time，t_M）：不被固定相保留的组分流经色谱柱所需要的时间。由于流动相不被固定相保留，所以死时间一般指流动相通过色谱柱的时间，如图 9-2 中 OO'段所表示的时间。若流动相平均线速度为 u 时，则其 t_M 值可用柱长 L 与线速 u 比值计算，即

$$t_M = \frac{L}{u} \tag{9-4}$$

（3）调整保留时间（adjusted retention time，t_R'）：组分在固定相中停留的时间，如图 9-2 中 O'I 段所表示的时间。组分进入色谱柱后，在流动相和固定相之间进行分配，总停留时间为保留时间 t_R，其在流动相中停留的时间为死时间 t_M，其在固定相中停留的时间称为调整保留时间 t_R'。即

$$t_R' = t_R - t_M \tag{9-5}$$

（4）保留体积（retention volume，V_R）：组分流经色谱柱所需要的流动相体积。设流动相的流速为 F_c，保留体积与保留时间的关系为

$$V_R = t_R F_c \tag{9-6}$$

（5）死体积（dead volume，V_M）：在色谱流路中未被固定相占用的体积称为死体积，包括色谱柱内固定相颗粒间的间隙体积、色谱仪中连接管道、接头及检测器的内部体积的总和。色谱柱死体积可由死时间与流动相的体积流速 F_c 计算，即

$$V_M = t_M F_c \tag{9-7}$$

（6）调整保留体积（adjusted retention volume，V_R'）：某组分的保留体积扣除死体积后就是该组分的调整保留体积。即

$$V_R' = V_R - V_M = t_R' F_c \tag{9-8}$$

3. 分配系数和分配比

（1）分配系数（distribution coefficient，K）：分配系数是在一定条件下，组分在两相间分配达平衡时的浓度比，其关系式为

$$K = \frac{c_s}{c_m} \qquad (9\text{-}9)$$

式中，c_s 为组分在固定相中的浓度；c_m 为组分在流动相中的浓度。

分配系数是由组分、固定相和流动相的性质决定的，在固定相和流动相一定的情况下，分配系数仅与组分的性质及温度有关，是组分的热力学常数，而与两相体积、柱管特性及所使用仪器等条件无关。在同一色谱条件下，如两组分的 K 值相等，则色谱峰无法分开；若两组分 K 值不同，则 K 值大的组分在固定相中浓度大，后流出色谱柱；反之，则先出柱，因此，组分的分配系数不相等是分离的前提。

（2）分配比（capacity factor, k）：分配比又称为容量因子，表示在一定条件下，组分在两相间达分配平衡时的质量比。若以 m_s 表示组分在固定相中的质量，m_m 表示组分在流动相中的质量，则其关系式如下

$$k = \frac{m_s}{m_m} \qquad (9\text{-}10)$$

若用 V_s、V_m 分别表示色谱柱中固定相和流动相的体积，则分配系数与分配比的关系如下

$$k = \frac{m_s}{m_m} = \frac{c_s \cdot V_s}{c_m \cdot V_m} = K \cdot \frac{V_s}{V_m} \qquad (9\text{-}11)$$

（3）选择性因子（selectivity factor, α）：试样中组分 2 与组分 1 的分配系数之比称为选择性因子。

$$\alpha = \frac{K_2}{K_1} = \frac{k_2}{k_1} = \frac{t'_{R2}}{t'_{R1}} = \frac{V'_{R2}}{V'_{R1}} \qquad (9\text{-}12)$$

α 只能用于衡量色谱柱的选择性，不能用于定性。α 越大，色谱柱的选择性越好。

4. 保留因子与分配比及分配系数的关系　某组分在色谱柱内达到分配平衡时，若停留在流动相中的量为 m_m，停留在固定相中的量为 m_s，则停留在流动相中的比例为 $R' = m_m / (m_m + m_s)$，R' 可以衡量组分被保留的情况，称为保留因子。当 $R'=1$ 时，溶质全部随流动相前移，不能进入固定相，不被保留；当 $R'=0$ 时，溶质全部进入固定相，不随流动相前移。可见 R' 在 0～1 之间。若 $R'=1/4$，则表示有 1/4 的分子在流动相，有 3/4（即 $1-R'$）的分子在固定相中，因此，保留因子与分配比及分配系数关系可为

$$\frac{1-R'}{R'} = k = K \cdot \frac{V_s}{V_m} \qquad (9\text{-}13)$$

整理上式即得

$$R' = \frac{1}{1+k} = \frac{1}{1 + K \cdot \dfrac{V_s}{V_m}} \qquad (9\text{-}14)$$

同理，R' 也是表示组分在流经整个色谱柱时在流动相中所占用的时间的比值，若组分在色谱柱中的保留时间为 t_R，在流动相中的保留时间为 t_M，则 $R' = t_M / t_R$，即 $t_R = t_M / R'$。例如 $R'=1/4$，表示组分在流动相中的时间即死时间为 $t_M = 1/4\, t_R$，在固定相中的调整保留时间为 $t'_R = 3/4\, t_R$。即可得

$$t_R = \frac{t_M}{R'} = t_M \left(1 + K \cdot \frac{V_s}{V_m}\right) = t_M (1+k) \qquad (9\text{-}15)$$

此式说明在给定条件下，分配系数或容量因子越大，溶质分子的保留时间越长。

由式（9-15）可得

$$k = \frac{t_R - t_M}{t_M} = \frac{t'_R}{t_M} \tag{9-16}$$

5. 分布等温线　在某一温度下，色谱过程达平衡时，以组分的 c_s 为纵坐标、c_m 为横坐标作图，所得的曲线称为分布等温线。分布等温线表明了组分在两相中的浓度关系，即分配系数 K 随组分浓度的变化关系，理论上来说，组分的分配系数应与其浓度无关，但在实际色谱条件下，由于受到多方面因素的影响，K 值可能也会随着组分浓度的变化而变化。一般来说，色谱中存在三种类型等温线：线性、凸形和凹形，见图 9-6。

（1）线性等温线：线性等温线中组分分配系数与浓度无关，即组分在任何浓度范围内，其分配系数 K 为固定常数，此时组分在固定相中的浓度 c_s 与其在流动相中的浓度 c_m 成正比。线性等温线是理想的等温线，组分在洗脱时能获得对称的色谱峰。如图 9-6A 所示。

（2）凸形等温线：凸形等温线是组分随着浓度的增大，其分配系数变小而形成的。对组分进行洗脱过程中，开始洗脱时，色谱柱内组分浓度相对较大，其 K 较小，易洗脱，随着洗脱的量越来越多，柱内组分浓度越来越小，其 K 变大，更难洗脱，因此所得到的色谱流出曲线为一拖尾峰，如图 9-6B 所示。

（3）凹形等温线：凹形等温线是组分随着浓度的增大，其分配系数变大而形成的。对组分进行洗脱过程中，开始洗脱时，色谱柱内组分浓度相对较大，其 K 较大，难洗脱，随着洗脱的量越来越多，柱内组分浓度越来越小，其 K 变小，更易洗脱，因此所得到的色谱流出曲线为前伸峰，如图 9-6C 所示。

通常在低浓度时，等温线呈线性，而高浓度时，等温线则呈凸形或凹形。不对称峰的出现对组分的定性、定量测定均会产生不利的影响，因此应尽量避免拖尾峰和前伸峰出现。克服的方法是：减小进样量或样品的浓度，即利用吸附等温线的直线部分，从而得到左右对称的流出曲线。

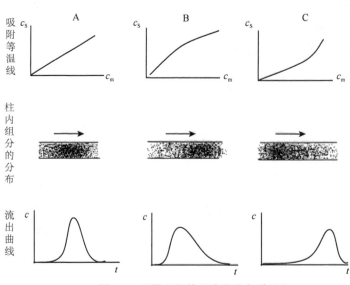

图 9-6　不同吸附等温线及其色谱行为

思考与练习

1. 简述色谱法的各种分类方法。

2. 简述色谱分离过程及其主要影响因素。

3. 简述峰高、峰宽、半峰宽、标准偏的概念及其相互之间的关系。

4. 简述拖尾因子的概念及作用，什么是拖尾峰，什么是前伸峰？

5. 什么是保留值，其大小受到哪些因素的影响？主要包括哪些方面，其相互关系如何？

6. 简述分配系数、分配比和保留因子的定义及相互关系。

7. 什么是分布等温线，其类型包括哪三种？简述这三种分布等温线的特点。

8. 在整个色谱过程中，从进入色谱柱到从色谱柱中分离出来总的时间称为（   ），组分在固定相中停留的时间为（   ），在流动相中的停留时间为（   ）。

A. 死时间   B. 保留时间   C. 调整保留时间

D. 分配系数   E. 分配因子   F. 容量因子

9. 用分配柱色谱法分离 A、B、C 三组分的混合样品，已知它们的分配系数 $K_A > K_B > K_C$，则其保留时间的大小顺序应为（   ）。

A. A < C < B   B. B < A < C   C. A > B > C   D. A < B < C

10. 某组分的容量因子为 0.1，则其在流动相中的质量百分数是多少？若某组分的保留因子为 0.1，则其在流动相中的质量百分数是多少？   (91%, 10%)

11. 某色谱法中，组分甲的保留时间为 16.0 min，组分乙的保留时间为 20 min，死时间为 2 min，试计算：（1）组分甲、乙的分配比分别为多少？（2）组分乙对组分甲的选择性因子为多少？（3）组分甲、乙的保留因子分别为多少？   (7，9；$9/7$；$R'_{甲} = \dfrac{1}{8}$；$R'_{乙} = \dfrac{1}{10}$）

课 程 人 文

一、色谱

1. 色：色界，一切物质的存在。

2. 谱：从言，普声。本义是记载事物类别或系统的书。如依照事物的类别、系统制的表册：年谱、家谱、食谱等；记录音乐、棋局等的符号或图形：乐谱、棋谱等。

色谱：研究物质排序的规律，记录物质迁移时间和强度的关系，所得谱图。

二、分配系数 K

1. $K = 0$，不保留。"左耳朵进，右耳朵出"。

2. $K = \infty$，不能洗脱。"思想固化，解放思想"。

第 10 章

经典液相色谱法

液相色谱法按照固定相的规格、流动相的驱动力、柱效和分离周期的不同，又分为经典液相色谱法和现代液相色谱法。经典液相色谱法是在常压下靠重力或毛细作用输送流动相的色谱方法，根据操作形式不同，分为经典柱色谱法和平面色谱法。

经典柱色谱法是将普通规格的固定相装柱，常压输送流动相，以重力为驱动力，对物质进行分离。经典柱色谱法与现代柱色谱法相比，其设备简单，操作方便，但分析周期较长，分离效率较低。经典柱色谱法包括液-固吸附色谱法、液-液分配色谱法、离子交换色谱法及空间排阻色谱法等。

最常用的平面色谱法是薄层色谱法（TLC），薄层色谱法是以毛细管作用力为流动相的输送动力。其特点是设备简单、费用低、能同时分析多个样品。

经典液相色谱法在药物研究、食品化学及化学化工等各领域都有广泛的应用。特别是在天然药物成分的分离、物质测定前处理中的除杂等方面发挥着独特的作用，也是药物鉴别及检查的主要方法之一。

第 1 节　液-固吸附色谱法

液-固吸附色谱法（liquid-solid adsorption chromatography，LSC）是指固定相为固体吸附剂，流动相为液态溶剂，利用不同组分与固定相吸附能力的差异进行分离分析的方法。由于吸附剂对强极性物质的吸附作用太强，因此该法一般适用于分离分析非极性至极性较强的化合物，不适于分离分析极性极强的物质。

一、基本原理

吸附是指物质分子与吸附剂之间产生作用力，而使物质分子聚集在吸附剂表面的现象。在液-固吸附色谱中，吸附剂表面存在吸附活性中心，组分和流动相流经固定相时，均可能与吸附剂发生吸附作用，其吸附过程是组分分子与流动相分子竞争吸附剂表面活性中心的过程，若吸附剂吸附组分分子，则流动相分子被解吸附；反之，若吸附剂吸附流动相分子，则组分分子被解吸附，在整个色谱柱的流经过程中，组分分子、流动相分子与吸附剂在不断的吸附与解吸附作用中达到吸附平衡，若以 c_s 表示溶质在固定相的浓度，c_m 表示为溶质在流动相中的浓度，则

$$K = \frac{c_s}{c_m}$$

（10-1）

吸附平衡常数 K 即为其分配系数，是物质的热力学常数，仅与组分的性质、吸附剂和流动相的性质及温度有关。在同一色谱条件下，不同的组分有不同的 K 值，K 值大，说明该物质与吸附剂作用力大，在固定相中滞留时间长，后流出色谱柱；若 K 值小，说明该物质与吸附剂作用力相对较小，在固定相中滞留时间短，先流出色谱柱。吸附色谱法就是利用组分之间 K 值的差异而实现相互分离，且 K 值相差越大，各组分越容易实现相互分离。

二、吸附剂与流动相

1. 吸附剂　吸附剂一般是多孔性物质，具有较大的比表面积，在其表面有许多吸附中心，在色谱分离时，组分与吸附剂的表面活性中心相互作用。常用的吸附剂有硅胶、氧化铝、聚酰胺、大孔吸附树脂、活性炭、碳酸钙、硅藻土等。下面重点介绍硅胶、氧化铝、聚酰胺、大孔吸附树脂这四种吸附剂。

（1）硅胶：硅胶是最常见的吸附剂，其应用最广。硅胶表面的硅醇基（—Si—OH）为吸附中心，硅醇基与极性基团形成氢键而产生吸附，它与不同极性的物质具有不同的吸附能力。硅胶具有弱酸性，适用于分离酸性和中性化合物。硅胶分离效率的高低与其粒度、孔径及表面积等几何结构有关。硅胶粒度越小，粒度越均匀，其分离效率越高，液-固吸附柱色谱法中硅胶吸附剂的粒度一般为 100~200 目。吸附活性（能力）除与吸附剂本身的性质有关以外，还与其含水量相关，见表 10-1。硅胶含水量越低，活度级别越小，其吸附力越强。反之，含水量越高，活度级别越大，其吸附力越弱。在 105~110℃加热 30min，加热除去水分以增强吸附活性的过程称之为活化，因此硅胶在使用前必须活化处理。硅胶吸收一定量水分使其吸附活性降低的现象，称为失活或减活。

表 10-1　硅胶、氧化铝的含水量与活度级别的关系

硅胶含水量/%	氧化铝含水量/%	活度级别
0	0	I
5	3	II
15	6	III
25	10	IV
38	15	V

同一种吸附剂，如果制备和处理方法不同，吸附剂的吸附性能相差较大，使分离结果的重现性也较差。因此应尽量采用相同的批号与同样方法处理的吸附剂。分离极性小的物质，一般选用吸附活性大（活度级别小）的吸附剂。当分离极性大的物质则应选用活性小（活度级别大）的吸附剂。

（2）氧化铝：为一种吸附力较强的吸附剂，可分为碱性、中性和酸性三种。碱性氧化铝（pH 9~10）适用于碱性和中性化合物的分离；中性氧化铝（pH 7.5）适用范围广，适用于中性、酸性和碱性物质的分离；酸性氧化铝（pH 5~4）适用于分离酸性化合物，如有机酸等物质。

氧化铝的活性与含水量有关，与硅胶类似，见表 10-1。

（3）聚酰胺：聚酰胺是一类由酰胺聚合而成的高分子化合物。常用的聚酰胺是聚己内酰胺，

不溶于水和有机溶剂，易溶于浓无机酸。其酰胺基与酚类、黄酮类中的羟基或羧基形成氢键，根据活性基团的种类、数目与位置的不同，形成氢键的能力不同而实现分离。一般来说，分子中羟基数越多，形成氢键的能力越强，吸附力越强。聚酰胺吸附剂常用来分离黄酮类物质。

（4）大孔吸附树脂：大孔吸附树脂是一种具有大孔网状结构的有机高分子吸附剂，具有较大的表面积，粒度多为 20～60 目，理化性质稳定，不溶于酸、碱及有机溶剂。组分与吸附剂之间的范德华引力或生成氢键是大孔树脂产生吸附作用的主要原因，大孔树脂在水溶液中吸附力较强且有良好的吸附选择性，而在有机溶剂中吸附能力较弱。大孔吸附树脂主要用于极性较大水溶性化合物的分离纯化，近年来多用于皂苷及其他苷类化合物与水溶性杂质的分离，也可用于待测试样的纯化、除杂和浓缩等方面。大孔吸附树脂具有吸附容量大、成本低、选择性好和再生容易等优点，运用越来越广泛。

2. 流动相　流动相的洗脱作用实质上是流动相分子与组分分子竞争吸附中心的过程，流动相的极性越大，占据极性中心能力越强，洗脱作用越强。因此，为了使样品中各组分得以分离，应根据样品的性质、吸附剂的活性选择适当极性的流动相。常用溶剂的极性顺序为

石油醚＜环己烷＜四氯化碳＜三氯乙烯＜苯＜甲苯＜二氯甲烷＜乙醚＜三氯甲烷＜乙酸乙酯＜丙酮＜正丁醇＜乙醇＜甲醇＜水＜乙酸等。

三、色谱条件的选择

选择色谱分离条件时，必须从吸附剂、被分离组分、流动相（洗脱剂或展开剂）三方面进行综合考虑。组分极性越大，在极性吸附剂上吸附越强，需用极性较大的洗脱剂进行洗脱。常见化合物按其极性由小到大顺序为

烷烃＜烯烃＜醚＜硝基化合物＜二甲胺＜酯类＜酮类＜醛类＜硫醇＜胺类＜酰胺类＜醇类＜酚类＜羧酸类

吸附剂、流动相及被测组分三者之间的关系是：①吸附剂的活性越大，吸附能力越强；②强极性组分应选择弱吸附剂；③弱极性组分应选择强吸附剂；④流动相的选择为"相似相溶"原则，极性大的组分，以极性大的溶剂作流动相；极性小的组分，以极性小的溶剂作流动相。

在吸附色谱中，由于吸附剂的种类有限，因此，当被分离物质、吸附剂种类一定时，分离成败的关键取决于流动相的选择。当采用单一流动相进行分离，分离效果不佳时，可采用两种或两种以上的溶剂按一定比例组成混合流动相，调整流动相的极性、酸碱性、溶解性等性质，以达到待测组分较好的分离效果。

四、操作方法

1. 色谱柱的制备　常用的色谱柱柱管由玻璃、金属或有机高分子材料制成。对吸附剂要求是粒度细而均匀，吸附剂的用量应根据被分离的样品量而定，注意不能超载。一般选择细长型色谱柱用于分离，可提高分离效率；选择短粗型色谱柱用来除杂，可提高分析速度。

柱要求填装均匀，且不能有气泡，否则影响分离效率。采用干法或湿法装柱，干法装柱是将吸附剂均匀地倒入柱内，必要时轻轻敲打色谱柱使填装均匀，柱装好后，沿管壁轻轻倒入流动相，至吸附剂湿润，柱内不能残留气泡。湿法装柱是先将流动相加入柱管内，然后将吸附剂

（先用流动相拌湿、拌匀并赶走气泡）慢慢连续不断地倒入柱内，随着流动相流出，吸附剂慢慢沉降于柱管的下端，直到吸附剂的沉降不再变动。

2. 加样与洗脱 加入的样品量应不超过色谱柱的承载能力。加样方法有两种，一种是干法上样，另一种是湿法上样。干法上样是将样品配成溶液后，加入吸附剂拌匀，挥干溶剂后上样；湿法上样是将被分离样品配成溶液上样，选用的溶剂极性应低，体积要小，以不干扰流动相洗脱组分为宜。加入流动相，以一定的流速洗脱，洗脱时流动相液面应始终保持在样品之上，切勿断流。

3. 检出 可以通过分段收集流出液，采用相应的物理和化学方法进行检出。

第 2 节 液-液分配色谱法

一、基本原理

经典的液-液分配色谱法（liquid liquid partition chromatography，LLC）是将固定液涂布在载体上，形成一层液膜，构成固定相，以另一互不相溶的溶剂为流动相，试样中各组分在两相中因溶解度的差异而实现分离。

物质的溶解度是符合"相似相溶"经验规则，即极性强的组分易溶于极性强的溶剂中，弱极性组分易溶于弱极性溶剂中，因此液-液分配色谱法的原理与液-液萃取基本相同，只是分配色谱法的分离效率更高。组分在流动相携带下经过固定液，并在固定液与流动相中进行分配，达分配平衡时，若 c_s 表示组分在固定液中的浓度，c_m 表示为组分在流动相中的浓度，则

$$K = \frac{c_s}{c_m} \qquad (10\text{-}2)$$

在液-液分配色谱中，一定温度下，K 值主要与组分在流动相和固定液中的溶解度有关，K 值越大，表示组分在固定液中的溶解度越大，在流动相中的溶解度则较小，其流出色谱柱所需时间越长；反之，K 值越小，表示组分在固定液中的溶解度小，在流动相中的溶解度则更大，流出色谱柱所需时间越短。

二、正相色谱与反相色谱

在液-液分配色谱法中，固定液需涂渍于载体上。载体也称为担体，是一种化学惰性的、多孔性的固体微粒，能提供较大的惰性表面，使固定液以液膜状态均匀地分布在其表面。载体仅起到支撑与分散固定液的作用，在色谱过程中不能有其他色谱行为。对于载体的要求是能吸附固定液，但对被分离组分化学惰性，不能产生吸附；另载体必须纯净，颗粒大小均匀。常用的载体有硅胶、硅藻土、玻璃微球、高分子多孔微球、纤维素等。

根据固定液和流动相的相对极性大小，液-液分配色谱可以分为两类：一类称为正相分配色谱（normal phase chromatography），其固定相的极性大于流动相，即以强极性物质作为固定液，以弱极性的有机溶剂作为流动相；另一类为反相分配色谱（reversed phase chromatography），其流动相极性大于固定液，即以弱极性物质作为固定液，以强极性溶剂作为流动相。

在正相分配色谱法中,固定液有水、各种缓冲溶液等强极性溶剂,用石油醚、三氯甲烷等低极性有机溶剂为洗脱剂进行洗脱分离,适用于分离中性至极性物质。当不同极性的混合组分通过正相分配色谱分离时,极性弱组分保留时间短,先流出色谱柱;极性强的组分保留时间长,后流出色谱柱。

在反相分配色谱中,常以硅油、液体石蜡等极性较小的物质作为固定液,而以水、甲醇、乙腈或与水混溶的有机溶剂等为流动相,适用于分离中等极性至非极性的物质。被分离组分流出色谱柱的顺序与正相分配色谱相反,极性弱组分保留时间长,后流出色谱柱;极性大的成分保留时间短,先流出色谱柱。

第3节 离子交换色谱法

利用待分离组分中各离子对离子交换剂的亲和能力的差异而实现分离的方法称为离子交换色谱法(ion exchange chromatography,IEC)。离子交换树脂是一种具有活性基团的高分子化合物作为固定相,流动相一般为水、弱酸弱碱溶液或是加入少量有机溶剂的水溶液等。根据所交换的离子类型,可分为阳离子交换树脂色谱法和阴离子交换树脂色谱法。

一、基本原理

用离子交换树脂分离不同离子时,样品组分离子与其他离子及流动相离子在树脂上产生竞争交换,交换能力弱的离子易被洗脱,交换能力强的离子被树脂吸附,离子的交换能力可用离子交换平衡常数表示。以阳离子交换为例来说明离子交换平衡常数计算,离子交换反应可用下列通式表示

$$[R^-B^+]+[A^+] \rightleftharpoons [R^-A^+]+[B^+]$$

当交换反应达到平衡时,离子交换平衡常数为

$$K_{A/B} = \frac{[R^-A^+][B^+]}{[R^-B^+][A^+]} \tag{10-3}$$

式中,$[R^-A^+]$、$[R^-B^+]$分别表示 A^+ 与 B^+离子在树脂相中的浓度;$[A^+]$与$[B^+]$分别表示它们在流动相中的浓度。平衡常数 $K_{A/B}$ 也称为 A^+对 B^+的选择性系数,它可衡量组分离子对离子交换树脂亲和能力大小。选择性系数 $K_{A/B}$ 越大,表示 A^+组分与树脂作用力越大,在柱中停留的时间越长,流出色谱柱所需时间越长。

选择性系数与离子的化合价和水合离子半径有关,离子化合价高、水合离子半径小的离子,其选择性系数大,亲和力强。具体表现为:①不同价态的离子,电荷越高,亲和力越强,选择性系数越大,如 $Al^{3+}>Ca^{2+}>Na^+$;②同价态的离子,水合离子半径越小,选择性系数越大,如 $K^+>NH_4^+>Na^+>H^+$、$I^->Cl^->HCOO^->CH_3COO^->OH^-$。

二、离子交换树脂

1. 离子交换树脂的类型 离子交换树脂是由苯乙烯和二乙烯基苯相互交联而形成的具有

网状结构的聚合物，具有这种结构的物质十分稳定，酸、碱及有机溶剂一般都不与其反应，在网状结构上有许多可电离、可被交换的活性基团，根据树脂所含活性基团可交换离子的类型分为阳离子交换树脂和阴离子交换树脂。

（1）阳离子交换树脂：树脂中可交换的基团是阳离子的称为阳离子交换树脂。如树脂中可能含有—SO_3H，—COOH，—OH 等酸性基团，这些基团中的 H^+离子可电离并与样品溶液中某些阳离子发生交换。依据树脂中活性基团的酸性强弱，可分为强酸型与弱酸型阳离子交换树脂。树脂的酸性强度一般按下列次序递减：R—SO_3H＞R—COOH＞R—OH。以磺酸基为例，阳离子交换树脂的交换与再生反应可写为

$$R—SO_3^-H^+ + X^+ \rightleftharpoons R—SO_3^-X^+ + H^+$$

（2）阴离子交换树脂：树脂中可交换的基团是阴离子的称为阴离子交换树脂。树脂中含有—NH_2、—NHR、—NR_2 或—$N^+R_3X^-$等碱性基团，可进行阴离子交换。这些基团先与阴离子如 OH^-、Cl^-等结合后，具有可进行阴离子交换的基团。根据树脂中活性基团交换能力的强弱，可分为弱碱型和强碱型阴离子交换树脂。含有伯胺基（—NH_2）、仲胺基（—NHR）和叔胺基（—NR_2）等基团者为弱碱性，含有季铵基者（—$N^+R_3X^-$）为强碱性，强碱性阴离子交换树脂的交换与再生反应为

$$R—N(CH_3)_3^+Cl^- + Y^- \rightleftharpoons R—N(CH_3)_3^+Y^- + Cl^-$$

2. 离子交换树脂的特性 表征离子交换树脂性能有粒度、溶胀度、交换容量和交联度等指标，这些指标对色谱分离均有影响。

（1）交联度：交联度表示离子交换树脂中二乙烯基苯交联剂所占质量的百分比。高交联度树脂网状结构紧密，体积较大的离子进入树脂中阻力大，交换速度慢，体积较小的离子进入树脂中阻力小，交换速度快，但对不同体积离子的选择性较好；低交联度的树脂交换速度较快，但树脂存在易脆、易变形等问题。

（2）交换容量：是指树脂中参加交换反应的基团比例，通常用每克干树脂中可交换基团的数（mmol/g）或每 1 mL 溶胀后树脂中可交换基团的数（mmol/mL）来表示。交换容量表示树脂进行离子交换的能力大小，主要与树脂上酸性或碱性基团数目有关，同时还与树脂的交联度、溶胀度、溶液的酸碱度及待交换的离子性质等有关。

（3）溶胀度：树脂吸收水分后引起的树脂膨胀，称为溶胀。溶胀的程度取决于交联度的高低，交联度高，溶胀小；反之，溶胀大。

（4）粒度：离子交换树脂的颗粒大小，常以树脂溶胀状态的体积大小表示。树脂粒度小，离子交换达到平衡快，但洗脱速度慢；粒度大，洗脱速度快，但交换效率较差。如制备纯水常用 10～50 目树脂，分析用树脂常用 100～200 目。

三、离子交换树脂柱色谱法的操作与应用

1. 树脂的处理 新树脂中含有少量的低聚物等杂质，使用前应先进行清洗以除去杂质，同时，使树脂转变为可进行离子交换的形式，如将阳离子交换树脂转变为氢型，将阴离子交换树脂转变为氯型或羟基型。以阳离子交换树脂为例说明其处理过程：溶胀后的树脂用约 1 mol/L 盐酸淋洗，用量约为树脂体积的 2～5 倍，然后用水洗至近中性，改用约 1 mol/L NaOH 溶液

淋洗，再用水洗至近中性，再用 1 mol/L 盐酸或硫酸将树脂转变为氢型后，用水洗至近中性即可使用。阴离子交换树脂的处理方法与阳离子交换树脂类似，只是其处理次序为碱→水→酸→水→碱→水，最终使其变为羟基型或氯型即可使用。

2. 洗脱　洗脱时流动相主要是水溶液，有时可以在水溶液加入酸、碱、缓冲溶液或有机溶剂以调节流动相的洗脱效率。在离子交换色谱法中，样品组分的洗脱顺序由离子的选择性系数 $K_{A/B}$ 和流动相的洗脱能力决定，$K_{A/B}$ 越大，在色谱柱中的保留时间越长。$K_{A/B}$ 与离子的电荷及半径及洗脱剂的组成等有关，一般来说，低价态的离子先被洗脱出柱，高价态的离子则后出色谱柱；价态相同的离子水合离子半径越大越先被洗脱；交换能力强、选择性系数大的离子组成的流动相有较强的洗脱能力，流动相的洗脱能力越强，保留时间越短。

3. 再生　离子交换树脂使用一段时间后，吸附的杂质接近饱和状态，可使其再生并反复使用。再生是指用化学试剂将树脂所吸附的离子和其他杂质洗脱除去，使之恢复原来的性能。离子交换树脂再生的化学反应是树脂原先的交换吸附的逆反应，其方法一般是采用适量的酸、碱、盐溶液（如 HCl、NaOH、NaCl）反复淋洗处理。

4. 应用　离子交换色谱法设备简单，操作方便，主要运用于去离子水的制备、微量元素的富集、生物碱、有机酸化合物分离分析等方面。

例 10-1　益母草流浸膏中盐酸水苏碱的分离　取本品约 5 g，精密称定，用稀盐酸调节 pH 至 1~2，加在强酸性阳离子交换树脂柱（732 型钠型，内径为 2 cm，柱高为 15 cm）上，以每分钟 8 mL 的速度用水洗至流出液近无色，弃去水液，再以每分钟 2 mL 的速度用 2 mol/L 氨水溶液 150 mL 洗脱，收集洗脱液。

第 4 节　空间排阻色谱法

一、基本原理

空间排阻色谱法（steric exclusion chromatography，SEC）是根据被分离组分分子体积大小不同而进行分离的色谱分析方法，又称为体积排阻色谱法（size-exclusion chromatography），

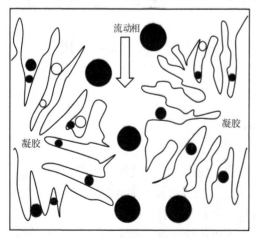

图 10-1　空间排阻色谱分离示意图

由于固定相常用的是网状多孔凝胶材料，故又称为凝胶色谱法（gel chromatography），其分离过程见图 10-1 所示。当不同体积（或分子量）的组分分子流经多孔型固定相时，体积比凝胶孔大的组分分子不能进入孔穴中而无保留，随流动相流出色谱柱，先流出色谱柱，保留时间短；而体积较小的组分分子可渗入凝胶颗粒内的孔穴中，后流出色谱柱，保留时间长；体积介于两者之间的组分分子，渗透进入孔穴的程度根据其渗透能力的不同而不同，其保留时间介于两者之者。由此可知，空间排阻色谱法中组分分离仅与组分体积的大小有关，与流动相的性质无关，可根据分子量的大小对组分分

子实现分离。

空间排阻色谱达平衡时，孔内外同等大小的组分分子处于扩散平衡状态，设 c_m 为分子在流动相中的浓度，c_s 为分子在固定相孔穴中的浓度，组分在该色谱中分配系数称为渗透系数，用 K 表示，则

$$K = \frac{c_s}{c_m} \tag{10-4}$$

渗透系数由组分分子的体积大小与固定相的孔径大小决定，与流动相的种类无关。分子体积（分子量）越小，K 越大，保留时间越长，分子体积（分子量）越大，K 越小，保留时间越短。K 值在 0～1 之间，$K=0$ 时组分分子不能进入到凝胶孔穴中，$K=1$ 时组分分子全部进入到凝胶孔穴中。

二、固定相与流动相

在空间排阻色谱中，固定相多用多孔凝胶，凝胶可分为软质凝胶（如常见的葡聚糖凝胶）、半刚性凝胶、刚性凝胶。凝胶的主要性能参数包括全渗透点、排斥极限、分子量范围。当小于某一分子量值的所有组分均可进入凝胶孔穴，此时对应的分子量值称为该凝胶的全渗透点；当大于某一分子量值的所有组分均不能进入凝胶孔穴中，此时对应的分子量值称为该凝胶的排斥极限；分子量处于全渗透点和排斥极限之间的范围，称为分子量范围，分离样品组分时，所选凝胶的分子量范围应包括该组分的分子量。

在空间排阻色谱中，流动相性质不影响分离情况，流动相选择主要考虑其对待测样品的溶解情况，及与固定相、检测器的匹配程度。可采用水或有机溶剂，若以水为流动相，称为凝胶过滤色谱法（gel filtration chromatography，GFC），如用于分离蛋白质、多肽、多糖等极性大，高分子化合物；若以有机溶剂为流动相，称为凝胶渗透色谱法（gel permeation chromatography，GPC），如用于分离极性较低，小分子量化合物。

第 5 节　薄层色谱法

将固定相均匀地涂铺在具有光洁表面的玻璃板、铝箔或是塑料板上，把这种涂布有固定相层的板称为薄层板。在此薄层板上进行色谱分离的方法称为薄层色谱法（thin layer chromatography，TLC）。具体来说，薄层色谱法是将待测试样溶液点于薄层板的一端，放入装有流动相（又称展开剂）的密闭体系中（层析缸），利用毛细现象作用，随着展开剂从下往上的移动，试样中各组分得以分离，对分离后的组分进行定性、定量分析的方法。

与其他分离分析方法相比较，薄层色谱有下列特点：①分离能力强，分析时间短，有较高的分离效率。薄层板上可同时点多个样品点，每个样品中含有多个组分均可被同时分离分析，且一次展开所需的时间不长即可获得结果。②该方法运用广泛，灵敏度高。对薄层色谱分离后组分检测方法多样，有日光检测、紫外线检测和显色检测等方法，显色检测时显色剂的种类繁多，适用于不同性质的组分检测。该方法灵敏度高，通常可检测出微克级的含量。③所用仪器简单，操作方便，检测成本低。薄层色谱法常用于药物的鉴别、杂质检查、纯度检测及物质分

离、定量测定等方面。

一、基本原理

薄层色谱法的分离原理与柱色谱法相似，根据组分与两相的作用机理不同，可分为吸附薄层色谱法、分配薄层色谱法等。

1. 吸附薄层色谱法 利用不同组分与薄层色谱固定相吸附能力的差异进行分离分析的方法，称为吸附薄层色谱法，吸附薄层色谱法的固定相是吸附剂，流动相一般为有机溶剂。将试样溶液点在薄层板上，吸附于固定相上，置于流动相中，流动相由下往上展开，试样中各组分被流动相溶解而解吸附，随着流动相向上移动，又被固定相吸附，接着又被流动相所溶解而解吸附，如此不断地进行着吸附和解吸附的过程……由于吸附剂对各组分具有不同的吸附能力，展开剂对各组分的溶解能力和解吸附能力也不相同，即各组分的吸附平衡常数不同，在展开过程中实现分离。在常用的硅胶和氧化铝吸附薄层色谱中，极性大的组分与吸附剂作用力强，移动慢；极性小的组分与吸附剂作用力弱，移动快。

2. 分配薄层色谱法 利用不同组分在薄层色谱两相间溶解度的不同进行分离分析的方法，称为分配薄层色谱法，分配薄层色谱法的固定相和流动相均为液态。薄层色谱中各组分的分配平衡常数 K 越大，其在流动相中溶解度越小，移动速度越慢；K 越小，其在流动相中溶解度越大，移动速度越快。

二、定性参数

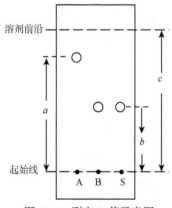

图 10-2 测定 R_f 值示意图

1. 比移值（retardation factor，R_f） 在薄层色谱法中，常用比移值来表示各组分在色谱中的相对位置。比移值是指组分移动的距离与流动相移动的距离之比。其计算如图 10-2 所示，A、B、S 组分斑点中心至原点的距离分别为 a、b、b，流动相移动的距离为原点至溶剂前沿的距离 c，则其 R_f 值分别为

$$R_{f(A)} = \frac{a}{c} \quad R_{f(B)} = \frac{b}{c} \quad R_{f(S)} = \frac{b}{c} \quad\quad (10\text{-}5)$$

当色谱条件一定时，组分的 R_f 是一常数，可利用同一组分其 R_f 值相同对物质进行定性分析。R_f 值在 0~1 之间，R_f 越小，表示组分与固定相吸附越牢，当 $R_f = 0$ 时，表示组分在薄层展开时不移动，停留在原点位置；$R_f = 1$ 时，表示组分不被固定相所吸附，即组分随流动相移动至溶剂前沿。R_f 过大或过小，均不利于组分的分离，一般要求组分的 R_f 值在 0.2~0.8 之间，最佳范围是 0.3~0.5。

2. R_f 与分配系数 K 及容量因子 k 的关系 由第 9 章色谱法概论中可知，如果组分在流动相出现的概率即保留因子为 R'，则组分移动速度 u 是流动相移动速度 u_0 的 R' 倍，则 $u = R'u_0$。在薄层色谱中，组分与流动相移行时间相同，则组分比移值 $R_f = \frac{l}{l_0} = \frac{u}{u_0}$，所以 $R_f = R'$，即比移值与保留因子相等，则

$$R_{f} = \frac{1}{1+k} = \frac{1}{1+K \cdot \dfrac{V_{s}}{V_{m}}} \qquad (10\text{-}6)$$

由上式可知，分配系数 K 或容量因子 k 不同，则其 R_f 不同，这是薄层色谱法分离的根本原因，且两组分 K 或 k 相差越大，其 R_f 值相差越大，分离效果越好。

3. 相对比移值（relative retardation factor，R_{st}）　在同一色谱条件下，试样中被测组分的移动距离与参考物移动距离之比，或者是被测组分的比移值与参考物比移值之比，称为相对比移值。如图 10-2 中，设 A 为待测组分，S 为参考物质，则其关系式为

$$R_{st} = \frac{a}{b} = \frac{R_{f(A)}}{R_{f(s)}} \qquad (10\text{-}7)$$

参考物可以是另外加入的标准物质，也可以是待测试样中的某一组分。R_{st} 值不但与被测组分性质有关，还与参考物质的性质有关，其值既可以大于也可小于 1。由于影响 R_f 的因素较多，在测定时重复性较差，而 R_{st} 是一个相对值，采用 R_{st} 来代替 R_f 值，则可以消除这些因素的影响，使定性结果更为可靠。

4. 影响比移值的因素　由于组分的比移值由分配系数决定，影响组分分配系数的因素均影响 R_f 值。以吸附薄层色谱法为例，主要影响因素有：①组分的性质，若组分极性较强，与固定相吸附力大，R_f 值小，反之，极性弱的组分 R_f 值大。②固定相与流动相的性质及状态。固定相吸附活性强弱、粒度大小、薄层板的厚度、流动相极性强弱等都影响组分的 R_f。③温度、湿度对 R_f 值也有影响。因此，为了获得适当稳定的 R_f 值，需要选择适当的固定相和展开剂，同时应保持恒定的色谱条件。

三、固定相与流动相

1. 固定相　以广泛应用的吸附薄层色谱法为例，对其固定相与流动相进行讨论。薄层色谱法中常用的吸附剂有硅胶、氧化铝、聚酰胺等，其中硅胶、氧化铝适用于各类成分的分离分析，聚酰胺适用于含酚羟基类物质如黄酮类成分的分离分析。与柱色谱法相比较，薄层色谱法固定相粒度更小，如硅胶、氧化铝的粒度一般为 200～300 目，这使得薄层色谱法的分离效率比柱色谱法高。选择固定相主要根据被测组分的结构与性质，如极性、酸碱性等。

（1）硅胶：薄层色谱法用的硅胶分为硅胶 H、硅胶 G、硅胶 GF₂₅₄ 及硅胶 HF₂₅₄ 等。硅胶 H 为不含黏合剂的硅胶；硅胶 G 是硅胶中加入了煅石膏（gypsum）混合而成，煅石膏具有一定的黏合作用；硅胶 GF₂₅₄ 为硅胶 G 中加入一种无机荧光剂的硅胶，加入的荧光剂在 254 nm 紫外线照射下可发射出荧光，如加入锰激活的硅酸锌（Zn_2SiO_4：Mn）的硅胶，在 254 nm 紫外线下激发出黄绿色荧光，使铺有此种硅胶的薄层板整块板显黄绿色荧光；硅胶 HF₂₅₄ 为硅胶 H 中加入荧光剂的硅胶。硅胶表面的 pH=5 左右，适合中性或酸性成分的分离，若分离碱性成分，易发生酸碱反应而被严重吸附。

（2）氧化铝：薄层色谱用的氧化铝也可分为氧化铝 H、氧化铝 G 和氧化铝 GF₂₅₄ 及氧化铝 HF₂₅₄ 等。按制造方法的不同，氧化铝又可分为碱性氧化铝、酸性氧化铝和中性氧化铝。一般酸性氧化铝可分离酸性或中性物质，碱性氧化铝可分离碱性或中性物质，中性氧化铝可分离中性、酸性或碱性物质。

由于薄层色谱法中固定相的粒度大小及分布均匀程度、薄层板涂铺的质量等均会影响薄层板的分离效率,一般来说,固定相粒度越小、粒度分布越均匀,薄层板分离效率越高;薄层板涂铺得越平整,分离效率越高。按薄层板的分离效率不同,又可分为经典薄层色谱法及高效薄层色谱法(high performance thin layer chromatography,HPTLC)两类。

2. 流动相 薄层色谱法的流动相又称为展开剂。吸附薄层色谱法中,展开剂选择的原则与吸附柱色谱法中流动相的选择原则相同,即根据被分离组分的极性、固定相的活性、展开剂的极性三者综合考虑。一般来说,若被测组分的极性较大,应选择吸附力较弱的固定相;若固定相不变,则待测组分的极性越大,所需展开剂的极性应越强;若待测组分不变,固定相吸附力越大,则选用的展开剂极性应越强。

在薄层色谱法中,首先用单一溶剂展开,对难分离组分,则需使用二元、三元甚至多元的溶剂系统进行展开。如某一物质采用极性小的石油醚作展开剂展开时,R_f 太小,说明展开剂的极性太小,此时可以加入一定量的极性大的溶剂如乙酸乙酯、正丁醇、甲醇等;若待测物质的色谱斑点 R_f 太大,则说明展开剂极性太大,应减少极性大的溶剂的用量,降低展开剂的极性。多元溶剂系统中不同溶剂的配比可根据分离的效果调整。

某些有机酸、生物碱及酚羟基类组分在进行薄层色谱分析时易离解,导致与固定相的吸附变强,在进行薄层展开时易产生拖尾现象,这时应考虑对展开剂酸碱性进行调节,以防止组分的离解,防止斑点拖尾现象的产生。对于弱酸性组分应在展开剂中加入一定比例的酸,如乙酸、甲酸等;对于弱碱性物质可在展开剂中加入一定比例的碱,如氨水、二乙胺等。

对展开剂的基本要求有:①具有适中的沸点和小的黏度,不与组分或吸附剂发生化学反应;②使样品各组分完全分离,使待测组分的 R_f 值在 0.3~0.5,展开后各斑点圆而集中,不拖尾;③展开剂临用前配制。

四、操作方法

1. 薄层板的制备 薄层板的质量如厚度、均匀度等均影响组分的分离效果。薄层板铺制得越均匀,分离效率越高;薄层板的厚度决定了分离时对样品的承载能力,薄层板越厚,可分离样品的量越大,因此,薄层板可分为分析型薄层板和制备型薄层板,分析型薄层板厚度较小,适用于组分的分析,制备型薄层板厚度较大,适用于纯物质的分离制备。薄层板又分为外加黏合剂制备的硬板和不加黏合剂仅用水铺制的软板。软板制备简单,但表面松散,易脱落,仅适用于某些需去除黏合剂干扰的情况下使用,一般情况下均使用硬板。下面介绍硬板的制备方法。

(1)载板的选择:用于制备薄层板的载板应表面光滑、平整、清洁,可选用玻璃板、塑料膜和铝箔。可根据实验需要选择载板的规格,常用规格有 10 cm×10 cm、20 cm×10 cm、20 cm×20 cm 及载玻片等。

(2)薄层板的铺制:配制 0.3%~0.7%羧甲基纤维素钠(CMC-Na)的水溶液作为黏合剂溶液。将固定相及黏合剂溶液以一定比例放入研钵中,研磨至均匀且无气泡,得固定相匀浆。将固定相匀浆立即均匀涂铺于备好的载板上,涂铺好的薄层板置于水平面上,晾干。薄层板的铺制方法可分为手工制板法、涂铺器制板法及全自动制板法。

(3)薄层板的活化:晾干后的薄层板置于 105~110 ℃烘箱中活化 0.5~1 h,取出,随即置于有干燥剂的干燥箱中备用。

2. 点样　薄层板上样品的点样效果直接影响了薄层色谱的分离效果。点样工具常用的是点样毛细管或自动点样器等，进行定量分析时，点样量要求准确，一般采用定量毛细管点样。进行点样时，应注意避免斑点扩散，点样的斑点应越集中越好。

（1）样品溶液的制备：制备样品溶液所选择的溶剂应具有对被测组分溶解度大、沸点较低、易挥发等特点。常用的有甲醇、乙醇、丙酮、三氯甲烷等挥发性的有机溶剂，选择易挥发的有机溶剂可以减少点样时斑点的扩散。应尽量避免用水作溶剂，主要是由于水不易挥发，且易使斑点扩散。

（2）点样量：点样量应根据薄层板的承载量、样品的组成情况及检视灵敏度来决定。适当的点样量，可使斑点集中，薄层分离效率高；点样量过大，斑点易扩散，且由于薄层板超载造成分离拖尾现象；点样量过少，组分不易被检出。一般来说，分析用薄层板点样体积为 1～10 μL；若进行制备分离，点样量可大些。

（3）点样方法：点样时应注意：①点于薄层板上的多个样品应在同一条水平线上，以保证所有样品同时展开，且每个样品的间距应在 1 cm 以上，样品点应距离薄层板底端 1 cm 以上，以防止展开剂溶解样品；②为了克服边缘效应，使图谱中相同组分的 R_f 值一致，薄层板上两边的样品点应距离两边缘 1 cm 以上，见图 10-3；③若采用毛细管点样，点样时毛细管应垂直，轻轻接触薄层板，以免损坏薄层板；④同一斑点反复点样时，每点一次样品后应使溶剂迅速挥发，再进行下一次点样，以避免斑点的扩散，点样完成后，斑点扩散的直径以不超过 2～3 mm 为宜；⑤点样方式可分为圆点型和条带状，一般来说，如用于制备，可采用条带状点样法，如用于定性定量分析，可采用圆点型点样法。

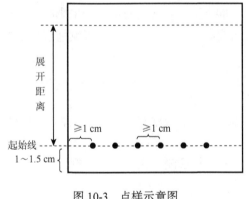

图 10-3　点样示意图

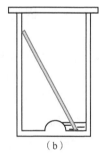

（a）　　　　　　　（b）

图 10-4　双槽层析缸及上行展开示意图
（a）预饱和；（b）展开

3. 展开　将展开剂装入展开装置中，预饱和后，将薄层板浸入展开剂中，展开剂借助毛细作用携带样品组分在薄层板上向上展开，待迁移一定距离后，将薄层板取出的过程称为展开。预饱和是指在展开之前，薄层板置于盛有展开剂的展开装置中放置 15～30 min（注：此时薄层板不能放入展开剂中），待展开装置中展开剂蒸气达到动态平衡时，体系达到饱和状态，见图 10-4。

（1）展开装置：展开装置又称为层析缸或色谱缸，常用的有单槽色谱缸和双槽色谱缸，由于双槽色谱缸便于预饱和，目前较为常用。

（2）展开方式

1）上行展开：将点好样的薄层板放入已盛有展开剂的色谱缸中，展开剂沿薄层下端从下往上展开的过程，该展开方式为薄层色谱中最常用。

2）单向多次展开：用同一种配比的展开剂，多次重复展开同一薄层板，以达到更好的分离效果。要求是每次用的展开剂应重新配制，薄层板展开一次后应挥干展开剂，再进行第二次展开。

3）单向多级展开：利用不同展开剂，多次重复展开同一薄层板，以达到更好的分离效果。

4）双向展开：薄层板经一次展开后，取出，挥去溶剂，将此薄层板旋转 90°角后，再改用另一种展开剂展开。

（3）影响色谱展开效果的因素

1）展距：薄层展开过程中，不同的展距对其组分的分离产生较大的影响，若展距太小，则样品分离不完全，若展距太大，则样品组分斑点在上行展开过程中易扩散，使斑点不集中，分离效果变差。因此，在实际工作中应根据实验结果选择合适的展距。

2）预饱和程度：薄层色谱展开前，应先进行预饱和，若预饱和程度不够即层析缸中体系未达饱和状态，就进行薄层层析，则易出现边缘效应。边缘效应是指同一组分在同一薄层板上出现两边缘斑点的 R_f 值大于中间斑点的 R_f 值的现象。产生该现象的主要原因是色谱缸内溶剂蒸气未达饱和，造成展开剂的蒸发速率在薄层板两边与中间部分不等。展开剂中极性较弱和沸点较低的溶剂在边缘挥发得快些，致使边缘部分的展开剂中极性溶剂比例增大，故 R_f 值相对变大。为了促进预饱和，层析缸必须密闭良好，不能出现漏气现象；也常在色谱缸内的内壁贴上浸有展开剂的滤纸，以加速其达到饱和。

3）温度与湿度：温度和湿度的改变都会影响 R_f 值和分离效果。这主要是由于温度影响分配系数，从而影响到组分的 R_f 值；而湿度对吸附剂如硅胶、氧化铝的活性产生影响，从而影响其分配系数。因此，在进行薄层层析时，应保持温度和湿度的稳定，以免影响薄层色谱的重现性。

4. 检视 展开完毕后，对薄层板上的组分进行检视，其方法有如下几种：

（1）对有色物质的色谱斑点定位，可直接在日光下观察。

（2）对无色物质，可在紫外灯下（254 nm 或 366 nm）下观察有无荧光斑点，并记录其颜色、位置及强弱。能发荧光的物质可用此法检出。

（3）在 254 nm 紫外灯下，根据有无荧光猝灭点来进行检测。主要用于检视无色、无荧光产生，但能产生荧光猝灭的物质。

（4）利用显色剂与待测物质反应，使色谱斑点产生颜色而定位。主要用于检视无色、无荧光产生、不能产生荧光猝灭的物质。

显色剂可分为通用型显色剂和专属型显色剂两种。通用型显色剂有碘、硫酸乙醇溶液等。碘对许多有机化合物都可显色，如生物碱、氨基酸、肽类、脂类、皂苷等，其最大特点是显色反应往往是可逆的。大多数无色化合物喷以 10%的硫酸乙醇溶液加热后可显色，形成有色斑点。专属型显色剂是对某个或某一类化合物显色的试剂。如碘化铋钾可显色生物碱；茚三酮则是氨基酸和脂肪族伯胺的专用显色剂；三氯化铝乙醇液可作为黄酮类成分的显色剂等。

五、薄层色谱法运用

（一）定性分析

鉴别物质成分是薄层色谱法的主要运用之一，进行定性的依据是同一物质，在同一色谱条件下，其 R_f 值相同。常用的方法是将被测组分与对照品在同一薄层板上进行薄层层析，根据对照品与被测组分的 R_f 值来进行判断，若两者的 R_f 值不相同，则组分与对照品不是同一种物质；若两者的 R_f 值相同，且两斑点颜色相同，即可初步定性该斑点与对照品为同一物质。这时应进一步确认其是否是同一种物质，如改变展开剂体系后其 R_f 值是否还相同，斑点颜色是否相同，斑点对显色剂显色反应是否相同等方面进行比较，若这些条件下两者均一致，则可得到较为肯定的定性结论，这种方法适用于已知范围的未知物的定性。

例如山茱萸中熊果酸成分的鉴别：取山茱萸粉末制成供试品溶液，另取熊果酸对照品溶液，分别点于同一硅胶 G 薄层板上，以甲苯-乙酸乙酯-甲酸（20∶4∶0.5）为展开剂，展开，取出，晾干，喷以 10%硫酸乙醇溶液，在 105℃加热至斑点显色清晰。供试品色谱中，在与对照品色谱相应的位置上，显相同的紫红色斑点；置紫外线灯（365 nm）下检视，显相同的橙黄色荧光斑点。

（二）限量检查与杂质检查

薄层色谱法可用于药物中有关物质的检查及杂质限量的检查。杂质检查可通过对供试品溶液和杂质对照品溶液同时进行薄层层析，若薄层板上出现与杂质对照品 R_f 相同的斑点，且斑点颜色（显色或荧光）完全相同，则说明可能存在此杂质，反之则无此杂质。例如大黄中土大黄苷的检查：取大黄粉末制成供试品溶液，另取土大黄苷对照品溶液，分别点于同一聚酰胺薄膜上，以甲苯-甲酸乙酯-丙酮-甲醇-甲酸（30∶5∶5∶20∶0.1）为展开剂，展开，取出，晾干，置紫外线灯（365 nm）下检视。供试品色谱中，在与对照品色谱相应的位置上，不得显相同的亮蓝色荧光斑点。

杂质限量检测是指药物中所含杂质的最大容许量。可通过对供试品溶液与最大容许量浓度的杂质对照品溶液同时进行薄层层析，供试品溶液色谱图中待检查的杂质斑点与上述浓度的杂质对照品斑点比较，颜色（或荧光）不得更深，则说明此杂质在限量范围内，否则，超出限量。例如卡比马唑原料药中甲巯咪唑的检查：取本品，加三氯甲烷溶解并稀释制成每 1 mL 中约含 10 mg 的溶液，作为供试品溶液。另取甲巯咪唑对照品，加三氯甲烷溶解并稀释制成每 1 mL 中约含 50 μg 的溶液，作为对照品溶液。吸取上述两种溶液各 10 μL，分别点于同一硅胶 G 薄层板上，以三氯甲烷-丙酮（4∶1）为展开剂，展开，晾干，喷以稀碘化铋钾试液使显色。供试品溶液如显与对照品溶液相应的杂质斑点，其颜色与对照品溶液的主斑点比较，不得更深（0.5%）。

（三）定量分析

1. 洗脱法 洗脱法定量分析是利用样品经薄层色谱分离后，将薄层板上待测物质的色谱斑点定量地取出，溶剂洗脱后，然后用适当的方法进行定量测定，目前，该方法较少运用。

2. 薄层扫描法（TLCS） 薄层扫描法是将一定波长的单色光垂直照射在展开后的薄层板

斑点上，测定薄层色谱斑点对光的吸收度或所发出荧光的强度，根据吸收度或荧光强度与色谱斑点中待测物质的浓度或量成正比的关系，进行定量分析的方法。分为吸收扫描法和荧光扫描法，下面重点讨论薄层吸收扫描法。

（1）基本原理：用一定波长的光束对薄层板进行扫描，记录其吸收度（A）随展开距离的变化，得到薄层色谱扫描曲线，曲线上的每一个峰相当于薄层上的一个斑点，色谱峰面积与组分的量之间有一定的关系，比较对照品与样品的峰面积，可得出样品中待测组分的含量。但由于薄层板上的固定相为固体，不可避免地存在对光的散射现象，因此色谱斑点中待测物质的吸收度与浓度的关系不符合比尔定律。

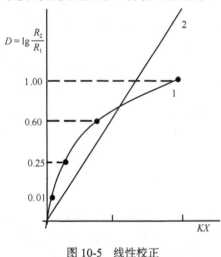

图 10-5　线性校正
1—校正前的标准曲线；2—校正后的标准曲线

Kubelka-Munk 理论充分阐明了薄层色谱斑点中待测物质的吸收度与浓度或量（KX）的定量关系，如图 10-5 中曲线 1 所示，显然这给定量分析带来不便，为方便定量，必须对其曲线进行校直，如图 10-5 中曲线 2。用校正后的曲线测得吸光度值在一定的范围内与物质的量呈线性关系。曲线校正是在实验前根据薄层板的类型，选择合适的散射参数（SX），由计算机根据适当的修正程序，自动进行校正，曲线校直后方可进行定量分析。

（2）薄层扫描方法

1）测定光的模式：薄层扫描法可测定反射光和透射光两种模式，分别称为反射法和透射法。反射法是指光束照在薄层斑点上，部分光被吸收后，剩余的光被反射至检测器中，检测器检测其反射光的强度，反射法适用于不透明薄层板，例如硅胶、氧化铝薄层板。透射法是指光束照到薄层斑点上，部分光被吸收后，剩余的光通过薄层板照射至检测器中，检测器检测其透射光的强度，透射法适用于透明的凝胶板和电泳胶片，不适合玻璃板等不透过紫外线的薄层板。

2）波长的选择：薄层扫描法可分为单波长模式和双波长模式。单波长扫描是指在测定过程中仅使用一个波长进行薄层扫描，测定斑点的吸光度。由于薄层扫描法的背景吸收影响较大，这种测量模式无法去除背景吸收的干扰，因而较少使用。双波长扫描是采用两种不同波长的光束，先后扫描所要测定的斑点，并记录下此两波长吸光度之差。通常选择斑点中化合物的吸收峰波长作为测定波长，选择化合物光谱的基线部分，即化合物无吸收的波长作为参比波长。该法可使薄层背景的不均匀性得到补偿，能显著改善基线的平稳性，减少背景吸收的干扰。

3）扫描模式的选择：根据扫描过程中，光斑在薄层板上相对移动的方式不同，薄层扫描模式可分为直线扫描法和锯齿形扫描法，见图 10-6。直线扫描法是光束以直线轨迹通过色斑，扫描光束应将整个色斑包括在内，它适用于色斑外形规则的斑点。锯齿形扫描法是光束呈锯齿状轨迹移动，这种扫描方式特别适用于外形不规则及浓度不均匀的色谱斑点。

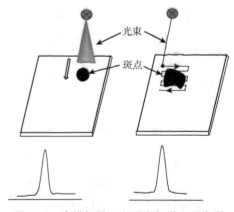

图 10-6　直线扫描法和锯齿扫描法示意图

（3）定量分析方法：由于薄层色谱法各板间的误差较大，重现性较差，通常使用的定量分析方法是随行标准、外标两点法。所谓随行标准，即是把样品溶液与对照品溶液点在同一薄层板上，展开，测定。外标两点法则是配制两种不同浓度的对照品溶液，分别点在薄层板上，测定峰面积，利用两点法确定含量测定计算曲线。

思考与练习

1. 简述吸附柱色谱法的分离原理,其色谱条件应如何选择? 简述色谱柱的操作基本流程及其应注意事项。

2. 作为固定相的常用吸附剂有哪些? 各有何特点?

3. 简述液-液分配柱色谱法的分离原理, 正相色谱法与反相色谱法的定义及特点。

4. 简述离子交换柱色谱法的分离原理, 类型及各类型的特点, 离子交换色谱柱的基本操作过程及其运用。

5. 离子选择性系数受离子的哪些性质影响? 其影响规律是什么?

6. 简述空间排阻柱色谱法的分离原理及对物质的分离特点。

7. 简述薄层色谱法的原理、特点及薄层色谱法的操作方法。

8. 简述比移值、相对比移值的概念、测量方法、影响因素及其在薄层色谱法中作用。

9. 试比较薄层色谱法中吸附剂硅胶、氧化铝与柱色谱法中的吸附剂硅胶、氧化铝有何异同点。

10. 薄层色谱法应如何选择展开剂? 在选择和使用展开剂时应注意哪些问题?

11. 制备薄层色谱法样品溶液时应如何选择溶剂? 点样的量应如何确定? 点样时应注意的问题有哪些?

12. 影响薄层色谱展开效果的因素有哪些? 什么是边缘效应,实际工作中如何克服边缘效应?

13. 简述检视薄层斑点的方法,并说明各种方法的使用条件。

14. 薄层色谱法在药物分析中的运用有定性分析、定量分析、限量检查与杂质检查等方面,简述各方面运用的检测原理及方法。

15. 样品在分离时,要求其 R_f 值往往在（　　）之间。
A. 0～0.3　　　　B. 0.7～1.0　　　　C. 0.2～0.8　　　　D. 1.0～1.5

16. 在薄层色谱中,以硅胶为固定相,氯仿为流动相时,试样中某些组分 R_f 值小于 0.1,将下列溶剂加入展开剂中会使 R_f 值变大是（　　）。
A. 甲醇　　　　B. 环己烷　　　　C. 石油醚　　　　D. 苯

17. 下列哪个说法是错误的（　　）
A. 氧化铝柱色谱法分离时,样品中极性小的组分先被洗脱
B. 硅胶薄层色谱法分离时,样品中极性大的组分 R_f 值小
C. 凝胶色谱法分离样品,分子量小的组分先被洗脱下来
D. 用离子交换色谱时,样品中高价离子后被洗脱下来

18. 利用硅胶柱色谱法分离某一含有 A、B、C 三种不同极性物质的混合样品,已知极性大小顺序为 A＞B＞C,现拟以甲醇、乙酸乙酯、乙酸乙酯-甲醇（3:2）为流动相进行洗脱,试写出进行洗脱时,加入上述流动相的顺序及三种物质的流出顺序。

19. 益母草流浸膏中盐酸水苏碱测定的前处理过程为:取本品约 5 g,精密称定,用稀盐酸调节 pH 至 1～2,加在强酸性阳离子交换树脂柱上,用水洗至流出液近无色,弃去水液,用 2 mol/L 氨水溶液 150 mL 洗脱,收集洗脱液。请解释此过程中加入稀盐酸调节 pH 至 1～2 的作用是什么? 采用氨水溶液洗脱的原因是什么?

课 程 人 文

重经典，强实践

经典是指核心价值不会随时间流逝而改变的事物，具有典范性、权威性。

古今中外，各个知识领域中那些典范性、权威性的著作，就是经典。尤其是那些重大原创性、奠基性的著作，更被单称为"经"，如《诗经》《道德经》《黄帝内经》《神农本草经》等。有些甚至被称为经中之经，位居群经之首，如《易经》等，就有此殊荣。

经典以不同的载体在历史长河中不断流传，如经典著作、经典音乐、经典电影等。经典永流传！

中医中药的学习，更要"重经典，强实践"。

第 11 章
气相色谱法

第 1 节 概 述

气相色谱法（gas chromatography，GC）是以气体为流动相的色谱分析方法，主要用于气态或易挥发组分的分离分析。气相色谱法自 20 世纪 50 年代创建以来，随着色谱法理论的发展及分析仪器软硬件的发展，其分析技术得以很大的发展，分离能力不断提高，目前已成为极为重要的分离分析方法之一，越来越广泛地运用于医药卫生、农业食品、石油化学、环境监测等领域。在药学和中药学领域中，气相色谱法已成为药物杂质检查和含量测定、中药挥发油分析、溶剂残留分析等的重要手段。

气相色谱法中气体流动相的作用主要是带动组分在固定相中运行，对分离起作用的主要是固定相和组分的性质。按固定相的状态不同，气相色谱法可分为气-固吸附色谱法（GSC）和气-液分配色谱法（GLC）两类。在气-固吸附色谱法中，固定相常为吸附剂，在气-液分配色谱法中，固定相是涂渍在惰性载体上的高沸点的有机物，由于可供选择的固定液种类较多，故气-液分配色谱法应用广泛，本章主要介绍气-液色谱法。气相色谱法属于柱色谱，按色谱柱的内径不同，可分为填充柱（packed column）色谱法及毛细管柱（capillary column）色谱法。填充柱内径较粗（约为 2~4 mm），是将固定相填充在柱管中；毛细管柱内径细（为 0.1~0.8 mm），可分为开管毛细管柱、填充毛细管柱等。

气相色谱仪主要由气路系统、进样系统、分离系统、检测系统及控制显示系统组成，其结构见图 11-1 所示。气相色谱法的分析流程为：载气由高压气瓶或气体发生器供给，经调压、调速及净化后，流经进样系统，待测样品注入进样系统中并被气化，流动相携带气化后的样品

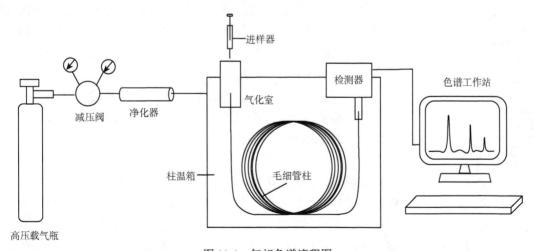

图 11-1 气相色谱流程图

流入分离系统中,分离系统主要由色谱柱及柱温箱组成,色谱柱中的固定相与样品中各组分相互作用,按不同组分的分配系数不同进行分离,分配系数小的组分先流出色谱柱,分配系数大的组分后流出,经色谱柱分离后,流动相及各组分流入检测器中进行检测,结果在显示系统中输出,即得到色谱图,利用色谱图可进行定性和定量分析。

气相色谱法具有分离效率高、选择性高、灵敏度高、分析速度快、样品用量少等特点。目前其运用非常广泛,气相色谱法可分析气体样品,也可通过适当的前处理分析易挥发或易转化为挥发性物质的液体或固体。随着检测技术的发展,气相色谱法在物质定性定量分析方面的运用将更广阔。

第 2 节　色谱法基本理论

色谱法中谱峰相邻的两组分要实现完全分离,应同时满足两个方面的条件:一是相邻组分的两色谱峰间的距离必须足够远;二是两组分色谱峰宽足够窄。两色谱峰间的距离由两组分保留时间决定,保留时间是由物质在两相间的分配系数决定的,而分配系数与色谱过程的热力学性质有关;若两组分保留时间虽有一定距离,但如果每个峰都很宽,则两组分还是不能完全分离,组分的色谱峰的宽度是由组分在色谱柱中的传质和扩散行为决定的,即与色谱过程的动力学性质有关。由此可见,色谱过程由热力学和动力学两方面性质决定,色谱热力学理论是从相平衡观点来研究分离过程,以塔板理论(plate theory)为代表;动力学理论是从动力学观点来研究各种动力学因素对色谱峰展宽的影响,以速率理论(rate theory)为代表。

一、塔板理论

在色谱法的理论基础研究中,英国学者 A. J. P. Martin 和 R. L. M. Synge 首次提出塔板理论,塔板理论是将色谱柱看作一个分馏塔,组分在色谱柱中的色谱行为与样品在分馏塔中的分馏行为类似。

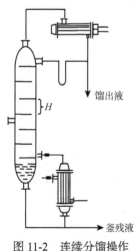

图 11-2　连续分馏操作
流程

在石油化工生产中,常用分馏塔来分馏石油,见图 11-2。待分离物进料后,进入分馏塔中,混合物立即在第 1 个塔板间达成一次气液分配平衡,即进行了一次分离,所得的气体进入到第 2 个塔板间,又达成一次气液平衡,即进行了第二次分离,如此下去,混合物在这个塔内进行了多次分离。经过多次分离后,挥发性大的组分从塔顶馏出分馏塔,挥发性小的组分从塔底馏出分馏塔。分馏塔中塔板数越多,分离次数越多,分离效率越高。若用 n 来表示塔板数,用 L 表示分馏塔高度,H 表示每个塔板的高度,则

$$n = L/H \tag{11-1}$$

类似的,在色谱法中,塔板理论把色谱柱看成是有多个塔板的分馏塔,被分离的组分在每个塔板的流动相和固定相内进行分配平衡,再进入到下一个塔板中进行分配至平衡,如此反复,组分经过多次转移、平衡、转移、……过程后,各组分得以分离。塔板理论是在以下

几点假设基础上建立起来的。

①在色谱柱内每个塔板的色谱性质相同,如内径相等、填充均匀等,且每个塔板的高度相等,用 H 表示塔板高度。

②组分的分配系数在各塔板上是常数,且组分可以很快在两相中达到分配平衡。

③样品组分都是加在 0 号塔板上,且样品的纵向扩散可以忽略。

④载气通过色谱柱不是连续前进,而是间歇式的,每次进气为一个塔板体积。

1. 组分在色谱柱中的色谱行为　现以分配色谱为例,来说明某组分在色谱柱内迁移及通过分配平衡后的分布情况。若 A 组分($K_A=1.0$)加入色谱柱的量为 100,色谱柱的塔板数为 5,组分 A 的分配转移色谱过程模拟情况见表 11-1,表中每一大格代表一块塔板,每一块塔板上层格代表流动相,下层格代表固定相,表中数据代表组分 A 的质量分数(%)。

表 11-1　分配色谱过程模拟表

塔板号	加入流动相的体积次数					
	1	2	3	4	5	
0	50	25	12.5	6.25	3.125	流动相
	50	25	12.5	6.25	3.125	固定相
1		25	25	18.75	12.5	流动相
		25	25	18.75	12.5	固定相
2			12.5	18.75	18.75	流动相
			12.5	18.75	18.75	固定相
3				6.25	12.5	流动相
				6.25	12.5	固定相
4					3.125	流动相
					3.125	固定相

组分首先加入到 0 号塔板上,加入流动相,此时,组分 A 在 0 号塔板上进行分配平衡,由分配系数 $K_A=1.0$ 可得,在 0 号塔板的流动相和固定相中,A 组分的质量分数均为 50,50。当新加入一个体积的流动相进入 0 号塔板中,0 号塔板中原来的流动相携带其中的组分 A 进入到 1 号塔板,且在 1 号塔板上进行分配平衡,1 号塔板上的流动相与固定相分别为 25,25,而此时 0 号塔板上固定相中的组分 A 重新在流动相和固定相中进行分配平衡,其质量分数分别为 25,25,如此不断加入新的流动相,组分 A 也在每个塔板中分配达平衡后依次转移,如此重复进行,直到组分被洗脱为止。

由表 11-1 的数据可知,经过多次分配平衡及转移后,组分在色谱柱中的质量(浓度)分布情况为中间浓度高,两边浓度低,若以柱后洗出组分的量为纵坐标,加入流动相体积数为横坐标作图,组分在色谱柱内分离转移次数即塔板数 $n < 20$ 次时,组分在色谱柱内各板上的量或浓度符合二项式分布,见图 11-3。

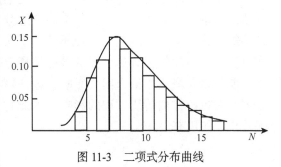

图 11-3　二项式分布曲线

2. 色谱流出曲线方程　实际色谱柱的 n 很

大，一般大于 10^3，其洗脱曲线趋近于正态分布，可用正态分布方程来描述组分流出色谱柱的浓度（c）与时间（t）的关系。

$$c = \frac{c_0}{\sigma\sqrt{2\pi}} \cdot \exp\left[-\frac{(t-t_R)^2}{2\sigma^2}\right] \tag{11-2}$$

式中，c 为时间 t 时的洗脱组分浓度；c_0 为组分总浓度；t_R 为组分的保留时间；σ 为标准差。由式（11-2）可知，当 $t=t_R$ 时，c 值最大，即

$$c = c_{max} = \frac{c_0}{\sigma\sqrt{2\pi}} \tag{11-3}$$

式中，c_{max} 表示洗脱过程中，组分出现浓度最大值，也可表示为色谱流出曲线的峰高，即 h_{max}。当组分量 c_0 一定时，σ 越小，c_{max} 越大，即色谱峰越尖锐。

当 $t>t_R$ 或 $t<t_R$ 时，式（11-2）可写成

$$c = c_{max} \cdot \exp\left[-\frac{(t-t_R)^2}{2\sigma^2}\right] \tag{11-4}$$

即当 $t>t_R$ 或 $t<t_R$ 时，$c<c_{max}$ 或 $h<h_{max}$，c 随时间 t 向两侧对称下降。

3. 柱效方程 根据色谱流出曲线方程，可推导出理论塔板数（n）、保留时间及标准差之间的关系，并根据 $W_{h/2} = 2.355\sigma$ 和 $W = 4\sigma$，可得

$$n = \left(\frac{t_R}{\sigma}\right)^2 = 5.54\left(\frac{t_R}{W_{h/2}}\right)^2 = 16\left(\frac{t_R}{W}\right)^2 \tag{11-5}$$

理论塔板数或理论塔板高度可反映出色谱柱的柱效，式（11-5）称为柱效方程。由式（11-5）及（11-1）可见，色谱峰越窄，塔板数 n 越多，板高 H 就越小，柱效越高。但在实际工作中，由于色谱系统中存在死体积，即 t_R 中包括了死时间 t_M，死时间不参与柱内分配平衡，会导致计算出来的 n 值尽管很大，但与实际柱效相差甚远。因此，扣除死时间的影响可更准确地反映色谱柱的实际柱效。用 n_{eff} 表示有效的塔板数，H_{eff} 表示有效的塔板高度，得

$$n_{eff} = \left(\frac{t'_R}{\sigma}\right)^2 = 5.54\left(\frac{t'_R}{W_{h/2}}\right)^2 = 16\left(\frac{t'_R}{W}\right)^2 \tag{11-6}$$

$$H_{eff} = L/n_{eff} \tag{11-7}$$

4. 塔板理论的成就与局限性 塔板理论揭示了组分在色谱柱中的分配平衡和分离过程，并依此导出了色谱流出曲线方程，解释了流出曲线的形状和浓度极大值的位置及其影响因素，提出了评价色谱柱柱效的参数是塔板数或塔板高度，并推导出其计算公式。

由于塔板理论是建立在一定的假说之上的，某些假说与实际色谱过程不完全相符，所以该理论也存在局限性。例如，假说中组分可以瞬间在两相中达到分配平衡，纵向扩散可忽略等，这些均与实际色谱过程不符，事实上流动相携带组分流经色谱柱时，由于通过速度较快，在两相间很难达真正的分配平衡，组分（特别是气体组分）在色谱柱中纵向扩散是不能忽略。塔板理论未阐明影响色谱柱塔板数或塔板高度的因素，也没有考虑各种动力学因素对色谱柱内传质过程的影响，因此它对色谱柱的制备、操作条件优化等色谱实践过程的指导作用有限。

二、速率理论

1. 速率方程（van Deemter 方程）　由塔板理论可知，色谱峰的宽度直接影响了色谱柱的柱效，为了阐明影响色谱峰扩张的动力学因素，荷兰学者范第姆特（J. J. van Deemter）提出了色谱过程动力学理论——速率理论。速率理论充分考虑了组分在两相间的扩散和传质过程，在动力学基础上较全面地阐述了影响塔板高度的各种因素，并在此基础上建立了速率方程，也称为 van Deemter 方程，其数学简化式为

$$H = A + B/u + Cu \tag{11-8}$$

式中，H 为塔板高度；u 为流动相的线速度；A，B，C 为常数，分别代表涡流扩散系数、分子扩散系数、传质阻抗系数。

2. 影响柱效的动力学因素

（1）涡流扩散项（A）：又称为多径项。在色谱柱中，由于柱填料粒径大小不同、填充不均匀等因素，组分在流经色谱柱时，所走的路径不同，见图 11-4 所示，有些分子沿较短路径运行，可较快地通过色谱柱，有些分子需通过绕行以避开固定相颗粒的阻挡，

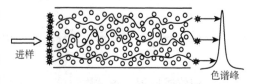

图 11-4　色谱柱中的涡流扩散示意图

所走的路程较长，发生滞后，结果使色谱峰展宽。涡流扩散引起色谱峰变宽由式（11-9）表示。

$$A = 2\lambda d_{\mathrm{p}} \tag{11-9}$$

式中，d_{p} 是指固定相颗粒直径；λ 为填充不规则因子，其大小与固定相颗粒大小分布及填充均匀性有关，均匀性越好，λ 越小。为了减少涡流扩散，提高柱效，固定相应采用分布均匀、粒度小的颗粒，且应填充均匀。

（2）分子扩散项（B/u）：也称为纵向扩散项。组分进入色谱柱后，由于存在浓度梯度，产生浓差扩散。随着流动相带着组分向前移动，组分分子从浓度中心向两边扩散，形成组分分子超前和滞后，造成谱带展宽，如图 11-5 所示。分子扩散系数为

$$B = 2\gamma D_{\mathrm{m}} \tag{11-10}$$

式中，γ 是填充柱内流动相扩散路径弯曲的因素，称为弯曲因子，它反映了固定相颗粒的几何形状对自由分子扩散的阻碍情况；D_{m} 为组分在流动相中的扩散系数，其大小与流动相性质、组分性质及柱温有关。一般来说分子量大的物质 D_{m} 小，因此为了降低 B 项，可采用分子量较大的流动相；D_{m} 随柱温增高而增大，温度增高，分子运动速度变大，其扩散系数增大；分子扩散与组分在色谱柱内停留时间有关，若流动相流速小，组分停留时间长，分子扩散就大，反之，分子扩散小，因此为降低纵向扩散影响，要加大流动相流速。

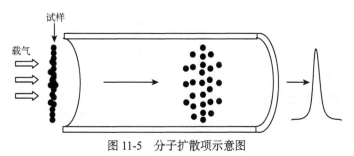

图 11-5　分子扩散项示意图

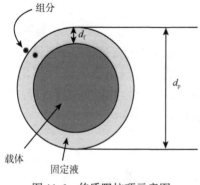

载体
固定液

图 11-6 传质阻抗项示意图

（3）传质阻抗项（Cu）：组分在固定相和流动相之间进行溶解、扩散、转移的过程称为传质过程，而影响这些过程进行的阻力称为传质阻抗。色谱过程是处于连续流动状态，组分分子难以在两相中瞬间达到分配平衡，而使得色谱过程总是处于非平衡状态，导致有些组分分子未能与固定相充分作用而随流动相较快流出，有些组分分子虽然与固定相发生作用，但由于固定相有一定的厚度，不同组分分子停留在固定相的不同位置，其传质过程所需的时间也是不同的，从而引起峰展宽，如图 11-6 所示。

对于气液色谱，传质阻力系数 C 包括气相传质阻力系数 C_g 和液相传质阻力系数 C_l 两项，即

$$C = C_g + C_l \qquad (11-11)$$

气相传质过程是指组分在气体流动相中转移的过程，由于相对于 C_l，C_g 可忽略，故

$$C \approx C_l \qquad (11-12)$$

液相传质过程是指试样组分从固定相的气/液界面移动到液相内部，并发生质量交换，达到分配平衡，然后又返回气/液界面的传质过程。这个过程也需要一定的时间。液相传质阻力系数 C_l 为

$$C_l = q \cdot \frac{k}{(1+k)^2} \cdot \frac{d_f^2}{D_l} \qquad (11-13)$$

式中，k 为保留因子；D_l 为组分在固定液中的扩散系数；d_f 为固定相的液膜厚度；参数 q 是由固定相颗粒形状等决定的结构因子，若固定相填料为球形，q 为 $8/\pi^2$，若固定相填料为不规则形，则 q 为 2/3。

由式（11-13）可知，固定液的液膜厚度越薄，即 d_f 越小，其传质阻抗系数越小，柱效越高，但载样量也相应变小；组分在固定液中的扩散系数数 D_l 越大，则传质阻抗系数越小，实际工作中可采用低黏度的固定液，升高柱温也可降低固定液黏度；传质阻抗项受流动相流速影响，流速越大，Cu 项越大。

3. 流速对柱效的影响 由式（11-8）可知，塔板高度（H）由涡流扩散项（A）、分子扩散项（B/u）和传质阻抗项（Cu）三部分决定，其中 A 与流动相流速无关，对 H 影响不随流速变化；B/u 项随流速的增大而减小；Cu 项随流速增大而增大；H 与 u 综合关系可通过作 $H-u$ 关系曲线得出，见图 11-7。在 $H-u$ 曲线中，有一最低点，此点表示 H 最小，柱效最高，对应的流动相流速为最佳流速，以 u_{opt} 表示。当 $u < u_{opt}$ 时，分子扩散项是色谱峰扩张的主要影响因素；当 $u > u_{opt}$ 时，传质阻抗项是色谱峰扩张的主要影响因素。

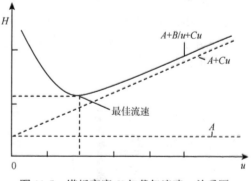

图 11-7 塔板高度 H 与载气流速 u 关系图

第 3 节　固定相与流动相

气相色谱法按固定相状态可分为气-液色谱法和气-固色谱法。气-液色谱法固定相为液体，其作用机制主要是分配作用；气-固色谱法固定相为固体，其作用机制主要是吸附作用。液体固定相的应用比固体固定相更广泛。

一、液体固定相

液体固定相由固定液（stationary liquid）和载体（support）组成。

（一）固定液

固定液大多为高沸点的有机化合物，涂渍在载体表面，在室温时为固态或液态，在操作温度下呈液态。

1. 对固定液的要求　①在操作温度下蒸气压应很低，以防固定液流失，色谱柱寿命变短，各种固定液均有"最高使用温度"，使用时，不能超过最高使用温度；②对样品中各组分应具有较高的选择性，即对各组分的分配系数应有较大差别，同时对样品中各组分应具有足够的溶解能力；③稳定性要好，在操作条件下，固定液不分解，不与样品组分或载体发生反应；④对载体具有良好的浸润性，以便固定液在载体表面均匀分布。

2. 固定液的分类　固定液品种繁多，表 11-2 列出了部分常用固定液。合理分类有利于固定液的选择使用，目前针对固定液的结构、极性、特征常数等方面，提出了多种评价和分类方法，下面介绍按化学结构类型分类法。

表 11-2　常用固定液的性能

固定液	英文名称或商品名称	相对极性	最高使用温度/℃
异三十烷（角鲨烷）	squalane	0	120
聚二甲基硅油	OV-101	+1	350
苯基（10%）聚甲基硅氧烷	OV-3	+1	350
苯基（50%）聚甲基硅氧烷	OV-17	+2	375
聚氰丙基（5%）硅氧烷	OV-105	+3	275
邻苯二甲酸二壬酯	DNP	+2	150
聚乙二醇-20M	PEG-20M	+4	250
丁二酸二乙二醇聚酯	DEGS	+4	200
β, β'-氧二丙腈	β, β'-oxydipropionitrile	+5	100

根据固定液中官能团的类型分类，可分为烃类、聚硅氧烷类、醇和聚醇类、酯和聚酯类等。

（1）烃类：包括烷烃、芳烃及其聚合物，均为非极性和弱极性固定液，此类固定液适用于非极性和弱极性化合物的分析，它们与待测组分分子之间的作用力以色散力为主。如常用的有角鲨烷（又称异三十烷），是标准的非极性固定液。

（2）聚硅氧烷类：这是目前最常用的固定相，其结构式为

$$(CH_3)_3Si-O \left[\begin{matrix} CH_3 \\ | \\ Si-O \\ | \\ R \end{matrix} \right]_n \left[\begin{matrix} CH_3 \\ | \\ Si-O \\ | \\ CH_3 \end{matrix} \right]_m Si(CH_3)_3$$

根据 R 取代基的不同，又可分为不同的类型，若 R 为甲基，则为聚二甲基硅氧烷；若 R 为苯基，则为含苯的聚甲基硅氧烷；若 R 为氰烷基，则为聚氰烷基甲基硅氧烷等。R 取代基不同，可形成不同极性和选择性的固定液系列。

（3）醇和聚醇类：此类固定液中存在羟基，是一类强极性的固定液且易形成氢键，与待测组分分子间作用力以氢键为主，组分按形成氢键的难易程度出峰，不易形成氢键的组分先出峰。其中运用广泛是聚乙二醇类固定液（如：聚乙二醇-2000，PEG-20M），它们是分离各种极性化合物的重要固定液。

（4）酯和聚酯类：聚酯由多元酸和多元醇反应而成，含有较强的极性基团，它们与待测组分分子间作用力以静电力和诱导力为主，适用于中等极性或强极性化合物的分析。常用的固定液有邻苯二甲酸二壬酯（DNP）、丁二酸二乙二醇聚酯（DEGS）等。

3. 固定液的表征　固定液的极性用来描述固定液的分离特征，以上在讲述各种不同结构固定液时，用非极性、弱极性、中等极性、极性和强极性等描述，这种描述较为笼统，为了更准确地评价固定液的极性，罗尔施奈德提出了用"相对极性"P 来表示固定液的分离特征，以角鲨烷为非极性固定相，其 P=0，β，β'-氧二丙腈的 P=100，其他固定液的相对极性在 0~100 之间。以每 20 个相对极性单位为一级，共分为五级，1~20 称为"+1"级；21~40 为"+2"级；41~60 为"+3"级；61~80 为"+4"级；81~100 为"+5"级。一般来说，0、+1 级称为非极性固定液，+2 级为弱极性固定液，+3 级为中等极性固定液，+4~+5 级为强极性固定液。

大量实验表明，固定液的极性大小不仅取决于本身的性质，还与被测组分的性质有关，为了评价固定液的极性，罗尔施奈德利用五种化合物（苯、乙醇、甲乙酮、硝基甲烷、吡啶）在被测固定液中的保留指数与在角鲨烷固定液中的保留指数差值 ΔI 表示相对极性的大小，ΔI 越大，表示该固定液的极性越强。为了提高保留指数的准确性，McReynolds 又提出了用 McReynolds 固定液常数来表示固定液的极性。

4. 固定液的选择

（1）按相似性原则选择：根据相似相溶原理，选择固定液时，可按待测组分的极性或官能团与固定液相似的原则来选择。

1）按极性相似选择：①非极性组分应首先选择非极性固定液，此时组分与固定液分子间的作用力是色散力，各组分基本上以沸点顺序出柱，低沸点的先出柱。若样品中有极性组分，相同沸点的极性组分先出柱。②中等极性组分可首选中等极性固定液，分子间的作用力主要为诱导力和色散力。组分出峰顺序与沸点和极性有关，若组分沸点相近，而极性差异大，诱导力起主导作用，则极性小的先出峰；若组分间极性差异小，沸点差异大，则沸点小的先出峰。③强极性组分首选极性固定液，分子间的作用力为静电力。组分按极性顺序出柱，极性强的组分后出柱。④能形成氢键的化合物，一般选用极性或氢键型固定液，按试样组分与固定液分子形成氢键的能力从小到大地先后流出，不能形成氢键的组分先流出。

2）按化学官能团相似选择：当固定液的化学官能团与组分的相似时，相互作用力最强，选择性高。例如，被分离组分为酯可选酯和聚酯类固定液，组分为醇可选聚乙二醇类固定液。

（2）按主要差别选择：若组分的沸点差别是主要矛盾，可选非极性固定液；若极性差别为主要矛盾，则选极性固定液。现举例说明：苯与环己烷沸点相差 0.6℃（苯 80.1℃，环己烷 80.7℃）。而苯为弱极性化合物，环己烷为非极性化合物，二者极性差别虽然不大，但相对沸点差异而言，极性差别是主要矛盾。用非极性固定液很难将苯与环己烷分开。若改用中等极性的固定液，如用邻苯二甲酸二壬酯，则苯的保留时间是环己烷的 1.5 倍。若再改用聚乙二醇 400，则苯的保留时间是环己烷的 3.9 倍。

（二）载体

载体又称为担体，是一种化学惰性的颗粒材料，它的作用是提供一个大的惰性表面，使固定液以薄膜状态均匀分布在其表面上。

1. 对载体的要求　①比表面积大，粒度均匀且形状规则，孔径分布均匀，润湿性好，热稳定性好；②载体表面应化学惰性，不与被分离物质或固定液起化学反应。

2. 载体的分类　载体可分为两大类：硅藻土型载体与非硅藻土型载体。硅藻土型载体是天然硅藻土经煅烧而得，因处理方法不同分为红色硅藻土载体和白色硅藻土载体。红色硅藻土载体是由于煅烧后内有氧化铁，呈现浅红色，此载体孔穴多，孔径小，比表面大，可负担较多固定液，缺点是表面存在活性吸附中心，易与待分析组分产生吸附作用。白色硅藻土载体是由于煅烧后铁转变为铁硅酸钠，为白色，此载体表面孔径大，比表面积小，活性中心较少，表面吸附作用和催化作用小。非硅藻土型有如玻璃微球、氟化合物类载体及有机载体等。

3. 载体的钝化　载体表面存在吸附中心，若是固定液没有完全覆盖这些吸附中心，那么在进行色谱分离时，载体常具有吸附作用，破坏了组分在气-液二相中的分配关系，而产生拖尾现象，故需将这些活性中心除去。钝化是利用适当的方法除去或减弱载体表面的吸附活性。钝化的方法有酸洗、碱洗、硅烷化等。酸洗和碱洗能分别除去载体表面的铁、铝等金属氧化物及 Al_2O_3 等酸性杂质。硅烷化是将载体与硅烷化试剂反应，除去载体表面的硅醇基，消除形成氢键的能力，常用的硅烷化试剂有乙二酸、硬脂酸、对苯二甲酸等物质。

二、固体固定相

固体固定相有两类，分别由无机材料和有机材料聚合制成，无机材料固定相有硅胶、氧化铝、活性炭、分子筛等；有机材料固定相有高分子多孔微球等多孔聚合物。固体吸附剂为多孔性固体材料，有比较密集的吸附活性点，其保留和选择性取决于材料的结构、极性及固定相的比表面积。一般来说，固体固定相的色谱重复性较差，且易形成拖尾峰，为了克服这些不足之处，常需对吸附剂进行前处理。

分子筛是人工合成或天然的硅铝酸盐，其分离作用机理有两种解释，一是根据分子的尺寸大小来进行分离，即被分离的分子尺寸大于固定相筛孔尺寸，则分子不能进入固定相而不被保留，反之，则可进入固定相而被保留；二是根据分子筛的吸附能力大小来进行分离，分子筛有较大的表面积和较强的极性，同时分子筛的吸附能力与含水量相关，含水量越大，吸附活性越弱。

多孔聚合物是由二乙烯苯与另一种芳烃共聚而成，聚合物具有较大的表面积和一定的机械硬度，一般以微球形式使用。其特点是待测组分在固定相上的拖尾现象可降到最低限度且水样可直接进样分析。

三、流动相

气相色谱法中的流动相也称为载气,对于载气的要求是化学惰性,由于气相色谱分离温度一般要在100℃以上,这要求载气在此高温下稳定,且不与样品或固定相发生反应。常用的载气有氮气、氢气、氦气及其他惰性气体,选择载气时应根据待分析试样的性质、载气特性、检测器及色谱分析方法的要求来确定。氮气性质稳定、安全性高、来源广、价格较低廉,因此使用最广,但其热导系数与多数有机化合物相近,不适合热导池检测器时使用;氢气具有分子量小、扩散系数大、黏度小等特点,运用较广,且其热导系数与多数物质相差较大,故适合热导池检测器的使用,但氢气易燃、易爆,使用时应注意安全;氦气为惰性气体,具有安全性高、分子量小、扩散系数大、黏度小、热导系数大等优点,但其成本较高,普通气相色谱仪使用较少,主要应运用于气-质联用仪中。

第4节　气相色谱仪

气相色谱仪主要由气路系统、进样系统、分离系统、检测系统及数据处理系统组成,下面分别介绍。

一、气路系统

气路系统包括流动相及气体相应的控制装置,主要有:

(1)气体储藏或发生装置,如高压钢瓶、气体发生器等。进行气相色谱分析所需的载气及辅助气体均可储藏于高压钢瓶中,如氮气、氦气、氧气等,氢气虽然也可以用高压钢瓶储藏,但其安全性较差,可用在线气体发生装置产生。

(2)气体中若有杂质存在,对气相色谱分离会产生较大的影响,如载气中若存在水分、氧气会影响色谱柱性能及寿命,若载气中存在烃类等有机杂质会使检测器噪声增大等,故气体在进入气相色谱仪之前应先进行净化处理。净化剂主要有活性炭、分子筛、硅胶和脱氧剂,它们分别用来除去烃类物质、水分、氧气等。

(3)载气的压力和流量也直接影响了色谱分离结果的准确性和重现性,是影响色谱分离分析的重要操作参数之一,因此载气应进行控压、限流后才能流入气相色谱仪中。气流控制装置一般由阀门、压力表、稳流器、流量计等组成。

二、进样系统

进样系统包括样品导入装置(如注射器、自动进样针等)和气化室。样品经导入装置进入气化室后,气化为气体,载气将气体样品带入色谱柱中进行分离。根据速率理论可知,气体样品应尽可能同时进入色谱柱中,才能减少峰展宽,得到较好的分离效果。这就要求样品导入时应迅速，且保证样品尽可能同时有效的气化。

（一）样品导入装置

样品一般以溶液状态进样，目前主要有手动进样和自动进样两种形式，进样体积一般为 1～10μL，进样体积不宜太大，否则进样时间过长，难以保证样品同时气化。进样时应把样品迅速、准确地注入气化室中，若进样时间过长，则试样起始峰展宽严重，不利于样品的分离。

（二）气化室

液态样品在气化室中气化为蒸气，为了让样品瞬间气化，要求气化室温度足够高，同时为了尽量减小柱前色谱峰的展宽，气化室的体积应尽可能小。气化室根据所接色谱柱类型不同可分为填充柱气化室和毛细管柱气化室两种类型。

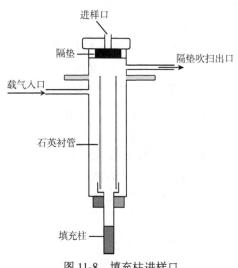

图 11-8　填充柱进样口

1. 填充柱气化室　图 11-8 是填充柱气化室的结构示意图，主要由石英玻璃衬管、隔垫、隔垫吹扫装置、加热装置等组成。气化室中插入石英玻璃衬管，试样被注入至衬管中发生气化，实际工作中应保持衬管干净，及时清洗，以免出现杂峰。进样口的隔垫一般为硅橡胶，其作用是防止进样后漏气。由于硅橡胶中不可避免地含有一些残留溶剂或低分子化合物，且硅橡胶在气化室高温的影响下还会发生部分降解，这些残留溶剂和降解产物进入色谱柱，就可能出现"鬼峰"（即不是样品本身的峰），影响分析，隔垫吹扫装置作用就是清除这些"鬼峰"。隔垫在使用一段时间后，若发现出现"鬼峰"或者是色谱峰重复性变差，则应更换。

气化室温度应略高于样品中待测组分的沸点，如果温度太高可能引起某些热不稳定组分的分解，如果温度太低，则不能气化完全，影响定性定量测定。

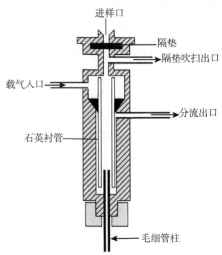

图 11-9　毛细管柱分流气化室

2. 毛细管柱气化室　若气化室连接的是毛细管柱，由于毛细管柱承载的样品量比填充柱要少很多，为防止毛细管柱超载，注射进入气化室的样品不能全部进入色谱柱中，而应采用分流进样（split injection）。分流进样的气化室结构示意图见图 11-9，与填充柱气化室不同之处是有一分流出口，用于被分流样品排出。当样品注入分流气化室气化后，只有一小部分样品进入毛细管柱，而大部分样品都随载气由分流出口排出。通常把进入毛细管柱内的载气流量（F_c）与排出的载气流量（F_s）的比称为分流比（split ratio），即

$$分流比 = F_c/F_s \qquad (11\text{-}14)$$

分析时使用的分流比范围一般为 1：10～1：100。

分流进样可控制样品进入色谱柱的量，确保毛细管柱不会超载；同时由于样品分流，进入色谱柱的样品量变少，减少了样品进入色谱柱的时间，可降低样品峰展宽，使其起始带变窄。

三、分离系统

分离系统主要包括色谱柱和柱温箱。色谱柱是色谱分离的主要部件，柱温箱起控制温度的作用。

（一）色谱柱

一般根据柱管的粗细和固定相的填充方式来分，色谱柱可分为填充柱和毛细管柱。

1. 填充柱　填充柱多用不锈钢管制成，内径 2～4 mm，柱长 2～3 m。填充柱是将涂渍有固定液的载体紧密地填入柱管中制备而得。新制备的填充柱必须进行老化处理，其目的是除去管柱内残余的溶剂、挥发性杂质，促进固定液膜更趋均匀。老化是指在通入载气的条件下，将柱温箱温度升至低于固定液最高使用温度 20～30℃，连续加热足够的时间，直至杂质成分均被除去，所获得基线平稳。在实际使用时，色谱柱使用结束后应进行老化，新色谱柱在使用前也应进行老化。

2. 毛细管柱　毛细管柱内径大多小于 1 mm，柱长可达几十米，甚至上百米，柱管材料常由石英玻璃制成。与填充柱相比较，毛细管柱固定相一般结合在柱内壁上，而不是以填充颗粒的形式置于柱管内，故又称为空心毛细管柱，或称为开管柱。

根据固定液在毛细管柱内涂渍的方式可分为壁涂开管柱（wall-coated open tubular column，WCOT）、载体涂层开管柱（support-coated open tubular column，SCOT）和多孔层开管柱（porous layer open tubular column，PLOT）等。壁涂开管柱把固定液直接涂在毛细管内壁上，是最常用的一类色谱柱；载体涂层开管柱是将载体黏附于毛细管柱内壁上，再涂固定液，此类型的色谱柱可提高色谱柱的载样量；多孔层开管柱是在管壁上涂一层多孔性物质，如分子筛、氧化铝、高分子微球等，在毛细管柱内壁形成多孔层。

毛细管柱与填充柱相比，具有以下特点：

①柱效高，分离能力强。由速率理论可知，填充柱内填充的固定相颗粒较难均匀、多路径使涡流扩散项严重，导致柱效低，而毛细管柱为空心柱，故无此项影响，同时又由于毛细管柱柱长比填充柱长得多，故其理论塔板数比填充柱大得多，一根毛细管柱的理论塔板数最高可达 10^6，从而使毛细管柱分离能力得以很大程度地提高。

②柱容量小，允许进样量少。这是由于柱内径小，固定液膜薄，其固定液量较填充柱少很多，故其柱容量小，通常需采用分流进样，也要求检测器有更高的灵敏度。

③柱渗透性好，分析速度快。由于是开管柱，载气流动阻力小，可在较高的载气流速下分析，分析速度较快。

④易实现气相色谱-质谱联用。由于毛细管柱的载气流量小，较易维持质谱仪离子源的高真空，易实现 GC-MS 联用技术，大大拓宽了气相色谱法的运用范围。

（二）柱温箱

柱温箱主要是起控制色谱柱温度的作用，其操作温度范围一般在室温～450℃，且均带有多阶程序升温设计，能满足优化色谱分离条件的需要。

四、检测系统

检测系统即检测器（detector），是气相色谱仪的重要组成部件，它是将待测组分的浓度或量转变为电信号输出，以便于定性定量检测。

气相色谱仪的检测器很多，常用的有热导检测器（thermal conductivity detector，TCD）、氢火焰离子化检测器（hydrogen flame ionization detector，FID）、电子捕获检测器（electron capture detector，ECD）、氮磷检测器（nitrogen-phosphorus detector，NPD）、火焰光度检测器（flame photometric detector，FPD）、质谱检测器（mass spectrometric detector，MSD）等。检测器根据其响应值与浓度或质量的关系，可分为浓度型和质量型两类。浓度型检测器的响应信号与载气中组分的瞬间浓度呈比例关系，如 TCD、ECD；质量型检测器的响应信号与单位时间内进入检测器组分的质量呈比例关系，而与组分在载气中的浓度无关，因此峰面积不受载气流速影响，如 FID、NPD、FPD。检测器又可分为通用型和选择型两类。通用型检测器对任何物质均有响应，适用于所用物质的检测，如 TCD、MSD；选择型检测器只对某些或某类物质有响应，只适合测定某些有特殊性质的物质，如 FID、NPD、FPD、ECD。

（一）检测器的性能指标

对气相色谱仪检测器性能要求为：灵敏度高、检测限低、稳定性好、噪声低、线性范围宽、响应速度快、死体积小等。检测器的主要评价参数如下。

1. 灵敏度　灵敏度（sensitivity，S）是指通过检测器物质的量变化时，该物质响应值的变化率。常用检测器响应信号变化值（ΔR）与组分量的变化值（ΔQ）之比计算而得，即

$$S = \frac{\Delta R}{\Delta Q} \tag{11-15}$$

检测器有浓度型和质量型两种，浓度型检测器的灵敏度用 S_c 表示，是指单位体积载气中单位量组分所产生的信号，如每 1 mL 载气携带 1 mg 的某组分通过检测器时产生的响应值；质量型检测器的灵敏度用 S_m 表示，是指单位时间内单位量组分所产生的信号，如每秒有 1 mg 组分通过检测器时产生的响应值。灵敏度与检测器性能有关，同时也与测定组分的性质有关，不同组分在同一检测器中灵敏度可能不同。灵敏度越高，可检测组分的含量越低。

2. 检测限　检测限（detectability，D）是指检测器检测某组分，其峰高恰为噪声的 3 倍时，单位体积载气内进入检测器中该组分的量（D_c）或单位时间内载气中所含该组分的量（D_m），见图 11-10。由于灵敏度表示的是检测器的响应信号，但信号可以被放大器任意放大，使灵敏度增高，此时，检测器的噪声也同时放大，弱信号仍然难以辨认。由此，检测限同时考虑了灵敏度与噪声的相对大小，可用来评价检测器性能，检测限越小，则表明检测器性能越好。其计算式可表示为

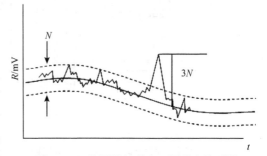

图 11-10　检测器的噪声、漂移和检测限

$$D = 3N/S \tag{11-16}$$

需注意，仪器的检测限与实际工作中色谱分析的最小检测量或最小检测浓度概念不同。检

测限仅与仪器本身的性能有关,而最小检测量或最小检测浓度是指恰恰能产生3倍噪声信号时的进样量或进样浓度,还与色谱条件有关。

3. 线性范围 线性范围(linear range)是指被测物质的量(或浓度)与检测器响应信号呈线性关系的范围。线性范围与检测器有关,不同的检测器线性范围不同;同时又与待测组分的性质有关,同一检测器测定不同组分,其线性范围也不同。线性范围越宽,对测定越有利,在进行定量分析时,待测组分的量(或浓度)应落在线性范围内。

(二)常用检测器

1. 热导检测器 热导检测器(TCD)是根据各组分和载气的热导率不同而检测组分浓度的变化。热导率是衡量物质导热性能的指标,热导率越大,导热性能越好。

(1)热导检测器结构与工作原理:热导检测器主要部件为热导池,热导池有双臂和四臂两种,现以双臂热导池为例介绍其工作原理。如图11-11所示为双臂热导池,由池体和热敏元件组成,热敏元件也称为热丝,其组成可为钨丝合金或铂丝等,热丝的特点是电阻温度系数高。将两个完全相同的热丝装入一个双腔池体中,见图11-11(a),一臂连接在色谱柱前,只有载气通入,称为参考臂;另一臂连接在色谱柱后,有载气及待测组分通过,称为测量臂。两臂与电阻组成惠斯顿电桥,其电路示意图见图11-11(b)。当恒定流速的载气通入两臂并以恒定的电压给热丝加热时,电桥处于平衡状态,即 $R_1/R_2 = R_3/R_4$,A、B两点电位相等,检流计无电流信号输出,记录为基线。当组分被载气带入测量臂时,若该组分与载气的热导率不等,则测量臂与参考臂内的温度不相同,热敏元件 R_1、R_2 电阻值产生变化,此时 $R_1/R_2 \neq R_3/R_4$,电桥不平衡,A、B两点电位不相等,检流计有电流信号输出,将此电信号放大,即成为检测信号。

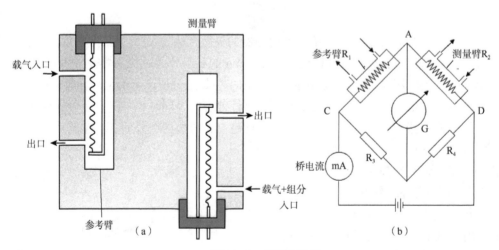

图 11-11 双臂热导池

(2)热导检测器特点:①由上述分析可知,热导检测器信号一是取决于组分在载气中的浓度,由此载气与组分一定时,峰高或峰面积与组分浓度呈正比关系,可用于定量分析;二是取决于组分与载气的热导率之差,两者相差越大,检测器的灵敏度越高。表11-3列出了一些常见物质的热导率,由表可知,氢气和氦气热导率比其他化合物热导率大得多,因此,常用这两种气体作为载气。②通过研究发现,热导检测器的灵敏度还与桥电流有关,增加桥电流可提高灵敏度，但桥电流太大会使检测器噪声增大，基线不稳，热丝易被烧坏，因此，在保证灵敏度的前提下，应尽可能采用低桥电流。③为防止热丝温度过高而损坏，在没通载气时，不能加桥电流，实际操作时应注意开机时，应先通载气，再加桥电流；关机时，应先关桥电流，再关载气。④热导检测器结构简单，性能稳定，线性范围宽，而且不破坏样品，但灵敏度较低是其缺点。

表 11-3 常见物质的热导率（100℃）

化合物	氢气	氦气	氮气	氩气	一氧化碳	二氧化碳	氨气	甲烷	乙烷
热导率（λ）/10^5	53.4	41.6	7.5	5.2	7.2	5.3	7.8	10.9	7.3
化合物	丙烷	正丁烷	异丁烷	正戊烷	正己烷	环乙烷	乙烯	乙炔	苯
热导率（λ）/10^5	6.3	5.6	5.8	5.3	5.0	4.3	7.4	6.8	4.4
化合物	甲醇	乙醇	氯乙烷	甲乙醚	乙酸乙酯	三氯甲烷	丙醚	丁醚	丙酮
热导率（λ）/10^5	5.5	5.3	4.1	5.8	4.1	2.5	4.6	4.0	4.2

2. 氢火焰离子化检测器 氢火焰离子化检测器（FID）是利用有机物在氢火焰中电离而形成离子流，通过检测所形成离子流的强度信号而对物质的质量进行测定。该检测器只对碳氢化合物产生信号，不能检测永久性气体以及 H_2O、H_2S 等无机物，是目前应用较广的一种检测器。

（1）氢火焰离子化检测器的结构及工作原理：主要部件是离子室，包括石英喷嘴、极化极、收集极等，如图 11-12 所示。从图可以看出，H_2 随载气进入，空气（助燃气）由一侧引入，在喷嘴处燃烧，待测有机物随载气进入火焰后，在火焰高温作用下发生离子化反应，产生大量的正离子和电子，在火焰上方收集极和下方的圆环状极化电极间施加恒定电压的作用下，形成离子流，微电流经放大器放大后，得到检测信号。

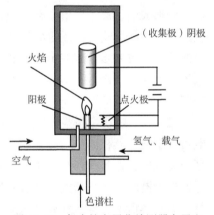

图 11-12 氢火焰离子化检测器离子室

（2）氢火焰离子化检测器特点：①在 FID 操作条件下，载气、氢气和空气的流量比例影响灵敏度，加大空气的量有利于灵敏度的提高，一般三者的流量为 1∶1∶10。②由于氢气燃烧，产生大量水蒸气，若检测器温度低于 100 ℃，水蒸气冷凝于检测器上，灵敏度会显著降低，因此，FID 检测器在使用时温度必须在 120 ℃以上。③毛细管柱接 FID 时，要采用尾吹气（make-up gas），尾吹气是指从色谱柱后直接进入检测器的一路气体。经分离的各组分流出毛细管柱后，由于管道体积增大而出现体积膨胀，流速减缓，因而易引起谱带展宽，尾吹气的作用是使样品快速到达检测器，来消除检测器死体积的柱外效应。④氢火焰离子化检测器为质量型检测器，其峰面积与组分进样的质量相关，可利用峰面积与质量的定量关系进行定量分析。该检测器灵敏度高（比 TCD 高 100～1000 倍），稳定性好，响应快，线性范围宽，适合于痕量有机物的分析，但样品被破坏，无法回收。

3. 电子捕获检测器 电子捕获检测器（ECD）是利用在放射源的作用下，载气发生电离，被测组分捕获载气电离所产生的电子而产生吸收峰，从而对组分浓度进行测定。由于易捕获电子的主要是含有强电负性元素的物质，如含卤素、硫、磷、羰基、氰基、氨基等化合物，该检测器主要用于分析高电负性的化合物。目前，已广泛用于农药残留分析，如药材中有机氯类农药残留的检查常采用 ECD 检测器。

（1）电子捕获检测器的结构及工作原理：如图 11-13 所示，主体是电离室，金属池体为阴极，在池体内壁装有 β 射线放射源，常用的放射源是 ^{63}Ni 或 ^{3}H，阳极是中间位置的铜管或不锈钢管，在两极间施加一直流或脉冲电压，常用的载气有 N_2 或 Ar。

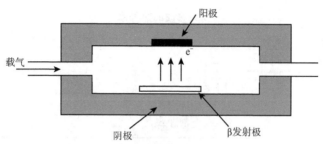

图 11-13　电子捕获检测器的结构图

当载气（如 N_2）进入检测器时，放射源放射出 β 射线，使载气电离，产生正离子及低能量电子

$$N_2 \rightarrow N_2^+ + e$$

所形成的正离子和电子在外电场作用下向两电极定向流动，形成了恒定的离子流，即为基流。当含电负性较大元素的组分进入离子室时，可以捕获低能量的电子，而形成负离子，所形成的负离子进一步与载气中的正离子复合成中性分子，使电极间电子数和离子数目减少，致使电流信号降低，产生了组分的检测信号是负峰，信号的大小与组分的浓度成正比，这是 ECD 的定量基础。

（2）电子捕获检测器的特点：①检测器只对含有高电负性基团的化合物有响应，化合物的电负性越强，其检测灵敏度越高，但对无电负性的物质如烷烃等几乎无响应。②ECD 应采用高纯度载气，如 N_2（纯度＞99.999%），载气中若含有少量水和氧气等电负性较大的组分，会降低检测器的基流，从而降低检测器的灵敏度。此外，载气流速也对检测器的灵敏度有影响，可根据具体情况选择最佳载气流速。③ECD 是浓度型检测器，具有灵敏度高、选择性好的优点，但其线性范围窄，易受操作条件影响而导致分析重现性较差。④检测器中含有放射源，应注意安全，防止放射性污染。

4. 其他类型检测器　在气相色谱中还常用到氮磷检测器（NPD）、火焰光度检测器（FPD）、质谱检测器（MSD）等。氮磷检测器主要用于分析含氮、磷的化合物，广泛用于农药、食品、药物、临床医学等各领域；火焰光度检测器又称为磷硫检测器，利用含磷、硫元素物质的发射光谱进行测定，主要用于有机磷或有机硫的测定。质谱检测器是把质谱作为气相色谱的检测器而得名，根据检测组分的各种离子质荷比及含量进行定性定量分析，其特点是灵敏度高，检测限低。

五、数据处理系统

数据处理系统即色谱工作站，是将各种控制功能，包括温度控制、气流控制和信号控制及数据处理等集于一体，其作用是实时控制色谱仪器的工作条件，并对其检测的数据进行处理，最后以色谱图形式输出，对其测定参数如保留时间、峰高、峰面积、分离度、塔板数、色谱峰的拖尾因子等的结果以数据形式输出，数据处理系统主要由相应的软件组成。

第 5 节 分离条件的选择

前面已提到，在色谱体系中两组分要实现完全分离，应满足一是两组分的色谱峰保留时间相差足够大，二是两组分色谱峰峰宽足够窄。两组分保留时间的差异大小由色谱分离条件的选择性决定的，而色谱峰峰宽由色谱分离柱的柱效决定的。分离度（resolution，R）是一个既能反映柱效能，又能反映柱选择性的指标，可作为色谱柱的总分离效能指标，其定义为

$$R = \frac{t_{R_2} - t_{R_1}}{\frac{1}{2} \cdot (W_1 + W_2)} = \frac{2(t_{R_2} - t_{R_1})}{W_1 + W_2} \tag{11-17}$$

式中，t_{R_1}、t_{R_2} 分别为两组分的保留时间；W_1、W_2 分别为两组分色谱峰的峰宽。两组分保留时间相差越大，两组分色谱峰峰宽越窄，其 R 值越大，两组分分离越好。若 R =1.5，两峰重叠峰面积≤0.3%，可认为两峰完全分开。在定量分析时，为了能获得较好的精密度与准确度，一般要求 $R \geqslant 1.5$（《中国药典》2020 年版规定）。

一、色谱分离方程式

分离度大小与色谱分离中的柱效及柱选择性有关，反映柱效及柱选择性的参数包括理论塔板数（n）、选择性因子（α）和容量因子（k）。对于两相邻组分，由于它们的分配系数差别小，此时 $k_1 \approx k_2$，可将公式（9-12）、（9-15）、（11-5）代入公式（11-17）中，推导出分离度与参数 n、α、k 的关系式：

$$R = \frac{\sqrt{n}}{4} \cdot \left(\frac{\alpha - 1}{\alpha}\right) \cdot \left(\frac{k_2}{1 + k_2}\right) \tag{11-18}$$

式（11-18）即为色谱分离方程式，它表明 R 随体系的热力学性质（α 和 k）的改变而变化，也与色谱动力学因素（n）有关，如图 11-14 所示。n 影响峰的宽度，n 越大，色谱峰越尖锐，从而改善分离度，在色谱条件确定情况下（塔板高度 H 确定），n 与色谱柱柱长 L 有关，L 越长，n 越大，但同时保留时间也变长；k 影响峰位，k 增大，分离度增加，但保留时间变长，峰变宽，一般来说 k 值范围 1～10 较适宜，$k > 10$ 时，$k/(k+1)$ 改变不大，对 R 的改进不明显，固定液、柱温和相比的改变均可影响 k 值；α 影响两峰的峰间距，增加 α，则分离度增加，一般改变固定相性质或降低柱温，可有效增大 α 值。

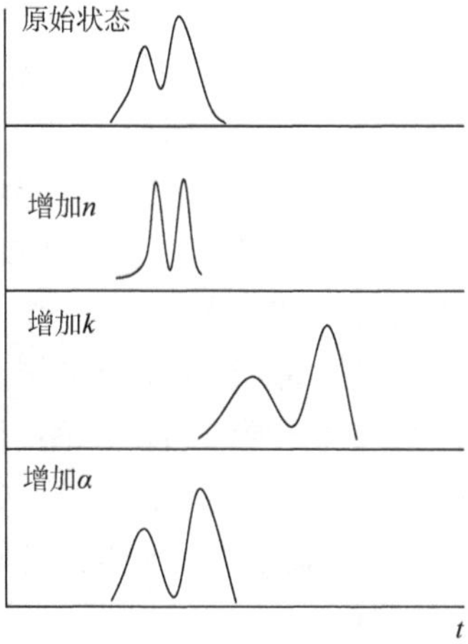

图 11-14 k、n、α 对分离度 R 的影响

二、气相色谱分析条件的选择

在选择气相色谱分析条件时，既要考虑使试样中组分达到完全分离的要求，提高柱效，还

应尽量缩短分析所需的时间及延长色谱柱的使用寿命。色谱分析条件主要包括：

1. 色谱柱的选择 色谱柱选择包括柱形式的选择和固定相的选择。柱形式主要包括填充柱和毛细管柱，毛细管柱比填充柱长得多，其柱效及分离性能比填充柱高，但毛细管柱载样量少，实际工作中可根据需要选择合适的色谱柱类型。固定相性质在很大程度上决定了组分分离的容量因子 k 以及选择性因子 α。α 越大，表明固定液的选择性越好，当 $\alpha=1$ 时，无论柱效有多高，分离度 $R=0$，两组分无法分离；由前述可知，k 值范围 1～10 较适宜，因此分离被测组分时应选择 k 适合，α 较大的固定相。

2. 载气种类及流速的选择 常用的载气有氮气、氢气、氦气、氩气等，载气种类的选择首先应考虑检测器的特点及适用性，如为了提高热导检测器的灵敏度，常选用热导率较高的氢气或氦气为载气，而氮气的热导率与大部分待测组分相差不大，灵敏度低，则不适合热导检测器；又如氢火焰离子化检测器常用价廉、稳定性高的氮气作载气。其次，选择载气时考虑其对柱效的影响。根据速率理论可知，载气的扩散系数对分子扩散项中的系数 B 及传质阻抗项中的系数 C 均有影响，而载气的扩散系数与其分子量有关，低分子量的气体如氢气、氦气有较大的扩散系数，而分子量较大的氮气的扩散系数相对较小。

由速率理论 $H=A+B/u+Cu$ 可知，载气流速影响塔板高度，其关系见图 11-7，当载气流速低时，分子扩散项为影响塔板高度的主要因素，一般选择扩散系数小的即分子量大的气体，如氮气、氩气等，以降低组分在载气中的扩散；当载气流速高时，传质阻抗项为影响塔板高度的主要因素，一般选择扩散系数大的即分子量小的气体，如氢气、氦气等作为载气，以减少传质阻抗。对一定的色谱柱和组分，有一个最佳的载气流速，此时柱效最高，以 u_{opt} 表示。u_{opt} 可由速率理论方程微分求得

$$\frac{\mathrm{d}H}{\mathrm{d}u}=-\frac{B}{u^2}+C=0$$

$$u_{\text{opt}}=\sqrt{B/C} \tag{11-19}$$

在实际工作中，为了缩短分析时间，往往使流速稍高于最佳流速。

3. 温度的选择 气相色谱法中，温度的控制包括三个部分，气化室温度、色谱柱温度和检测器温度，其中色谱柱温度即柱温是影响色谱分离的关键之一，它直接影响色谱柱的分离效率、选择性、使用寿命和分析速度。

提高柱温，载气和固定液的扩散系数增加，有利于减少传质阻抗项，提高柱效，但柱温高又会使分子扩散加剧，使柱效下降；同时柱温高分配系数变小，分离选择性下降，不利于分离；柱温高可加速分析速度，缩短分析时间。反之，柱温低有利于分配，有利于增加分离选择性；但柱温过低，被测组分可能在柱中冷凝，或者传质阻力增加，使色谱峰扩张，甚至拖尾。因此，柱温的选择要兼顾多方面的因素，根据实际情况来选择柱温。柱温的选择首先考虑的是固定液的最高使用温度，为了避免固定液流失，柱温应低于固定液的最高使用温度。柱温的选择原则是：在使难分离物质得到良好的分离、保留时间适宜且峰形不拖尾的前提下，尽可能采用较低的柱温。

在实际工作中一般根据样品沸点来选择柱温，对于高沸点样品（300～400℃），柱温可低于其沸点 100～200℃，对于沸点低于 300℃的样品，柱温可以在比各组分的平均沸点低 50℃至平均沸点的温度范围内。

柱温升温的方式有恒定柱温和程序升温两种，恒定柱温是指在分析时段内保持温度不变，当试样中各待分析组分沸点相差不太大时可采用恒定柱温；程序升温是指在分析时段内按一定的程序改变温度，分析宽沸程试样（组分中高沸点组分与低沸点组分的沸点之差称为沸程），常需采取程序升温方法。对于宽沸程试样，由于其组分沸点相差较大，当采用恒定柱温时，低沸点组分易集中出峰，出峰时间短；而高沸点组分则出峰时间拉长，峰形变宽。采用程序升温可使低沸点和高沸点各组分都能在各自适宜的温度下分离，且峰形和分离度都好。对于宽沸程试样，恒定柱温与程序升温色谱分离效果示意图见图 11-15。

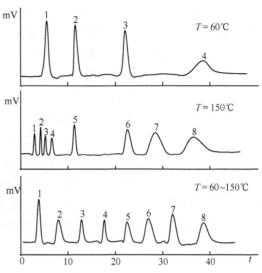

图 11-15　宽沸程混合物的恒温色谱与程序升温色谱分离效果的比较

气化室温度选择应根据试样组分的沸点、热稳定性及进样量等因素确定，一般来说，气化室温度应等于或稍高于试样的沸点，以保证试样组分的迅速气化。对于热不稳定性组分，应尽可能采用较低温度，以防止其受热分解。检测器的温度需高于柱温 20～50 ℃，以防止色谱柱中流出的组分在检测器中冷凝而产生污染。

第 6 节　分析方法

一、定性分析

气相色谱法首先通过对样品进行分离，再对所得的单一组分进行定性鉴别。一般来说，色谱定性鉴别需要依据已知纯物质及其相关色谱定性参考数据才能进行，随着联用技术的发展，GC-MS、GC-FTIR 等联用技术为未知化合物的定性鉴别提供了新的手段。

1. 利用对照品对照鉴别　根据同一种物质在同一色谱条件下保留时间相同的原理进行定性。利用对照品鉴别是实际工作中最常用的定性方法，对于已知组成的药物的分析尤为实用。

将对照品及待测样品在同一色谱条件下进行分析，确定对照品的保留时间及样品中各组分保留时间，若样品中某组分的保留时间与对照品保留时间一致，则该组分可能是与对照品相同的成分，若样品中不存在与保留时间相同的色谱峰，则说明该试样中不存在与对照品相同的成分。如图 11-16 所示，对照品 A、B、C 三种物质的保留时间依次为 5.0 min、17 min、30 min，待测试样中，1 号峰、5 号

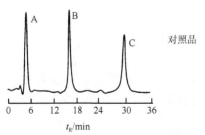

图 11-16　以对照品对照鉴别示意图

峰对应的保留时间与 A、C 相同，则说明试样中可能含有 A、C 两种物质，而试样在保留时间 17 min 时没有峰，则说明试样中不含 B 物质。这里需要强调的是，利用保留时间一致法来进行定性分析，要求对照品与样品分析时色谱条件严格保持一致，否则会得到错误的结论。为了避免载气流速和温度等色谱条件的微小变化而引起的保留时间的变化，可将对照品加入到样品中混合进样，若样品中待测组分峰比不加对照品前的峰相对增大，则表示原样品中含有对照品成分；或者采用双柱定性法，即在两根不同极性的色谱柱上进行分析，将样品中待测组分与对照品的保留时间进行比较，以进一步确定其是否是同一种物质。

2. 利用两谱联用定性　目前气相色谱常用的联用技术主要有气相色谱-质谱联用（GC-MS）、气相色谱-傅里叶红外光谱联用（GC-FTIR）。在此方法中气相色谱作为分离手段，把复杂试样中各组分分开，得单一组分，进入到质谱或红外光谱中进行检测，质谱和红外光谱相当于是检测器，可采集各组分的质谱图和红外光谱图，从而对各组分的结构进行分析，得以鉴定各物质。

二、定量分析

气相色谱定量分析的基础是在一定的分离和分析条件下，色谱峰的峰面积（或峰高）与所测组分的质量（或浓度）成正比。若用峰高来进行定量，则要求色谱峰对称性好，而峰面积不易受操作条件的影响，因此实际工作中常用峰面积进行定量分析，下面的讨论均以峰面积来进行。

（一）定量校正因子

不同物质在同一检测器上的响应灵敏度往往不同，即相同量的不同物质经同一检测器所得峰面积不同；同一种物质在不同类型检测器上往往有不同的响应灵敏度。因此，不能用峰面积来直接计算物质的含量，需引入定量校正因子，经校正后的峰面积才能定量地代表物质的量。

$$f_i' = m_i / A_i \tag{11-20}$$

式中，f_i' 称为绝对校正因子，表示单位峰面积所代表 i 物质的质量，f_i' 值随色谱实验条件变化而改变，所以在实际工作中常用相对校正因子 $f_{i,s}$ 来计算。$f_{i,s}$ 是指某组分 i 与所选定的参比物质 s 的绝对校正因子之比，即

$$f_{i,s} = \frac{f_i'}{f_s'} = \frac{m_i / A_i}{m_s / A_s} \tag{11-21}$$

测定相对校正因子是待测组分与参比物质在同一样品溶液中进样，在同一色谱条件下测定，因此，可以消除由于色谱实验条件的改变而引起校正因子的变化，$f_{i,s}$ 受色谱条件变化影响较小。

（二）定量分析方法

常用的气相色谱定量分析方法有归一化法、外标法、内标法等。每种方法都各有优缺点和适用范围，在实际工作中应根据分析的目的、要求以及样品的具体情况选择合适的定量方法。

1. 归一化法　组分的量与其峰面积呈正比关系，可根据组分的峰面积占总峰面积的比例

计算组分在试样中的含量，再考虑到检测器对不同物质的响应不同，面积应校正，其计算公式为

$$w_i = \frac{A_i f_i}{A_1 f_1 + A_2 f_2 + A_3 f_3 + \cdots + A_n f_n} \times 100\% \qquad (11\text{-}22)$$

归一化法的使用前提是：①样品中所有组分都能产生信号，得到相应的色谱峰；②样品中所有的组分均能完全分离；③所有的组分需已知校正因子。该法简便、准确，定量结果与进样量重复性无关，操作条件略有变化时对结果影响较小，但不适合微量杂质的含量测定。

若样品中各组分的校正因子相近，可将校正因子消去，直接用峰面积归一化进行计算。

$$w_i = \frac{A_i}{A_1 + A_2 + A_3 + \cdots + A_n} \times 100\% \qquad (11\text{-}23)$$

2. 外标法　对照品与试样在相同色谱条件下进行测定，比较它们的峰面积进行定量的方法称为外标法，包括工作曲线法及外标一点法，其具体的操作方法见第 3 章，此处不再赘述。

外标法的特点：①外标法定量是根据同一物质峰面积与浓度呈线性关系进行的，因此不需用校正因子；②不需要试样中所有的组分都出峰，仅需待测组分出峰即可定量；③需有待测组分的标准物质，且要求待测组分与其他组分能分离；④此法的准确性受进样重复性和实验条件稳定性的影响，对进样量和色谱条件的稳定性要求高。

3. 内标法　内标法是指将内标物加入至待测样品溶液中，以待测组分和内标物的校正峰面积进行比较，测定待测组分含量的方法。内标物为样品中不含有的纯物质，在内标法中作为参比物质使用。

在实际工作中，内标物的选择很关键。对内标物的要求是：①内标物是原样品中不含有的组分；②内标物的保留时间应与待测组分相近，或处于几个待测组分的色谱峰之间，但应与其他组分能完全分离；③内标物必须是纯度合乎要求的纯物质，一般使用含量测定用的对照品。

与其他定量方法相比，内标法具有以下特点：①内标法利用的是被测组分与内标物相对量来定量测定，其测定结果受色谱条件的微小变化及进样量的重复性影响较小，对进样量和色谱条件稳定性没有严格要求，定量结果准确；②不需要试样中所有的组分均出峰，只要待测组分及内标物出峰，且分离度合乎要求，就可定量；③适用于微量组分的分析；④内标法中内标物不易选择，样品配制较烦琐是该法的缺点。内标法可分为已知校正因子法、内标对比法及内标标准曲线法等。

（1）已知校正因子法：当待测组分及内标物的校正因子已知时，把一定量内标物加入准确质量的试样中，进样分析，根据试样待测组分与内标物的色谱图上的峰面积比，求出待测组分的含量的方法称为已知校正因子法。

例如准确称量 m g 样品，再准确称量 m_s g 内标物，加入样品中，混匀，进样。测量待测组分 i 的峰面积 A_i 及内标物的峰面积 A_s，若 i 组分的质量以 m_i 表示，与内标物的重量 m_s 有下述关系

$$\frac{m_i}{m_s} = \frac{f_i A_i}{f_s A_s}$$

待测组分 i 在样品中的百分含量 w_i 为

$$w_i = \frac{m_i}{m} \times 100\% = \frac{A_i f_i}{A_s f_s} \cdot \frac{m_s}{m} \times 100\% \qquad (11\text{-}24)$$

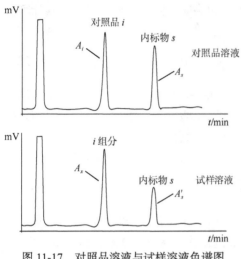

图 11-17 对照品溶液与试样溶液色谱图

（2）内标对比法：内标对比法主要是运用于校正因子不明确时。在很多情况下，校正因子无法查得，或是文献所载的校正因子测定条件与实际工作的测定条件不同，这时需利用内标对比法进行随行校正因子的测定后，才能对组分进行定量分析，即采用内标对比法进行测定。其方法为：先配制待测组分 i 的对照品溶液，浓度为 c_i，加入一定量的内标物 s，使其浓度为 c_s；另将内标物加入到待测试样的溶液中，使内标物在待测液中的浓度同为 c_s，设待测试样中 i 组分的浓度为 c_x，c_x 为未知待求浓度。配好的溶液分别进样测定，所得峰面积分别为 A_i、A_s、A_s'、A_x，见图 11-17 所示。则可由下式计算待测组分的浓度 c_x

$$\frac{c_i / A_i}{c_s / A_s} = \frac{c_x / A_x}{c_s / A_s'} \tag{11-25}$$

经整理也可得

$$\frac{c_x}{c_i} = \frac{A_x / A_s'}{A_i / A_s} \tag{11-26}$$

例 11-1 十滴水中樟脑的测定

（1）对照品溶液的配制：精密称取樟脑对照品适量，置 10 mL 量瓶中，精密加入内标物水杨酸甲酯适量，乙醇定容至刻度，摇匀，制得含内标物水杨酸甲酯（3.50 mg/mL）的樟脑对照品溶液（2.50 mg/mL）。

（2）供试品溶液的配制：精密量取十滴水试样 1 mL，置 10 mL 量瓶中，精密加入内标物适量，乙醇超声处理后，定容至刻度，摇匀，制得含内标物水杨酸甲酯（3.50 mg/mL）的供试品溶液。

（3）含量测定：分别取对照品溶液和供试品溶液 1 μL，注入气相色谱仪，分别测得对照品溶液中樟脑与内标的峰面积比为 3944/3208，供试品溶液中樟脑与内标的峰面积比为 4987/4505，计算十滴水中樟脑的含量。

解： 设供试品中待测组分的浓度为 c_x，由于内标物在对照品溶液及供试品溶液中的浓度相同，所以

$$\frac{c_x}{c_i} = \frac{A_x / A_s'}{A_i / A_s}$$

代入数据得：

$$\frac{c_x}{2.50} = \frac{(4987 / 4505)}{(3944 / 3208)}$$

$$c_x = 2.25 \text{ mg/mL}$$

（3）内标标准曲线法：配制一系列浓度的标准溶液，并在其中分别加入相同量的内标物，混匀后进样，分别测定各标准溶液中的 A_i 和 A_s。以 A_i/A_s 之比对标准溶液的浓度作图，求线性方程。样品溶液配制时加入内标物的浓度应与对照品溶液中内标物浓度相同，根据被测组分与

内标物的峰面积比值,由标准曲线求得被测组分的含量。

(三)色谱系统适用性试验

用气相色谱法对药物进行分析前,应对色谱系统进行适用性试验,即用对照品溶液或系统适用性试验溶液在所采用的色谱系统进行试验,通过试验可对色谱系统进行适当调整,以符合要求。色谱系统的适用性试验通常包括理论塔板数、分离度、灵敏度、拖尾因子和重复性等五个参数,其中分离度与重复性最为重要。

1. 色谱柱的理论塔板数(n)　用于评价色谱柱的分离效能。由于不同物质在同一色谱柱上的色谱行为不同,采用理论塔板数作为衡量色谱柱效能的指标时,应指明所测定的物质,一般为待测物质或内标物质的理论塔板数。色谱柱的理论塔板数由保留时间、峰宽或半高峰宽求得。理论塔板数越高,其色谱柱的柱效越高,分离效果越好。

2. 分离度(R)　用于评价待测物质与其相邻组分之间的分离程度,是衡量色谱系统分离效能的关键指标。定量分析时,要求待测物质色谱峰与相邻色谱峰之间的分离度应大于1.5。

3. 灵敏度　用于评价色谱系统检测微量物质的能力,通常以信噪比(S/N)来表示。定量测定时,信噪比应不小于10;定性测定时,信噪比应不小于3。

4. 拖尾因子(T)　用于评价色谱峰的对称性。为保证定量测定的准确度,应检查被测组分色谱峰的拖尾因子。特别是以峰高作定量参数时,除另有规定外,T值应在$0.95\sim1.05$之间;以峰面积作定量参数时,一般的峰拖尾或前伸不会影响峰面积积分,但严重拖尾会影响峰面积积分的准确性,此时应根据实际情况对拖尾因子做出规定。

5. 重复性　用于评价色谱系统连续进样时响应值的重复性能。采用外标法时,通常取对照品溶液,连续进样5次,其峰面积的$RSD\leqslant2.0\%$;采用内标法时,通常配制相当于80%、100%和120%的对照品溶液,加入规定量的内标溶液,配成3种不同浓度的溶液,分别至少进样2次,计算平均校正因子,要求$RSD\leqslant2.0\%$。

第 7 节　应用与示例

气相色谱法可用于测定气态物质或在测定条件下可以气化而不分解的物质,对部分热不稳定物质,或难以气化的物质,通过化学衍生化的方法,仍可用气相色谱法分析。该法在药物分析中的应用很广泛,如药物的含量测定、杂质及农药残留的检查、中药中挥发油的测定等方面均有运用。

一、药物的含量测定

例 11-2　复方十一烯酸锌软膏主要由十一烯酸锌及十一烯酸组成,可利用气相色谱法测定该制剂中十一烯酸的含量,方法如下:

色谱条件与系统适用性试验　以二甲基聚硅氧烷为固定液,柱温为210 ℃;进样口温度与检测器温度均为250 ℃。内标峰与十一烯酸峰的分离度应大于5.0。理论塔板数按十一烯酸峰计算不低于10 000。

内标溶液的制备 取正十一烷适量,加三氯甲烷制成每 1 mL 中约含 3 mg 的溶液,即得。

测定法 取本品约 0.4g,精密称定,置锥形瓶中,加盐酸溶液(1→50)25 mL,水浴加热,振摇,至油层澄清,放冷,移至分液漏斗中,用三氯甲烷提取,得提取液,置 100 mL 量瓶中,精密加内标溶液 5 mL,用三氯甲烷稀释至刻度,摇匀,作为供试品溶液。精密量取 1 μL,注入气相色谱仪,记录色谱图;另取十一烯酸对照品约 80 mg,置 100 mL 量瓶中,同法测定,按内标法以峰面积计算,即得。

例 11-3 广藿香中广藿香醇的含量测定

色谱条件与系统适用性试验 HP-5 毛细管柱(交联 5%苯基甲基聚硅氧烷为固定相);程序升温:初始温度 150 ℃,保持 23 min,以每分钟 8 ℃的速率升至 230 ℃,保持 2 min;进样口温度为 280 ℃,检测器温度为 280 ℃;分流比为 20︰1。理论塔板数按广藿香醇峰计算应不低于 50 000。

校正因子测定 取正十八烷适量,精密称定,加正己烷制成每 1 mL 含 15 mg 的溶液,作为内标溶液。取广藿香醇对照品 30 mg,精密称定,置 10 mL 量瓶中,精密加入内标溶液 1 mL,用正己烷稀释至刻度,摇匀,取 1 μL 注入气相色谱仪,计算校正因子。

测定法 取本品粗粉约 3g,精密称定,置锥形瓶中,加三氯甲烷 50 mL,超声处理 3 次,每次 20 分钟,过滤,合并滤液,回收溶剂至干,残渣加正己烷使溶解,转移至 5 mL 量瓶中,精密加入内标溶液 0.5 mL,加正己烷至刻度,摇匀,吸取 1 μL,注入气相色谱仪,测定,即得。

二、药物中杂质及农药残留的检查

例 11-4 盐酸多西环素中乙醇量的检查

供试品溶液制备 取本品约 1.0 g,精密称定,置 10 mL 量瓶中,加内标溶液(0.5%正丙醇溶液)溶解并稀释至刻度,摇匀。

对照品溶液制备 精密称取无水乙醇约 0.5 g,置 100 mL 量瓶中,加内标溶液稀释至刻度,摇匀。

色谱条件与系统适用性试验 用二乙烯基-乙基乙烯苯型高分子多孔小球作为固定相,柱温为 135 ℃;进样口温度与检测器温度均为 150 ℃。乙醇峰与正丙醇峰间的分离度应符合要求。

测定法 精密量取供试品溶液与对照品溶液各 2 μL,分别注入气相色谱仪,记录色谱图,按内标法以峰面积比值计算,含乙醇的量应为 4.3%~6.0%。

例 11-5 依托咪酯注射液是由依托咪酯加 1, 2-丙二醇制成的灭菌水溶液,该制剂中二甘醇的检查方法如下:

精密量取本品 5 mL,置 100 mL 量瓶中,加甲醇溶解并稀释至刻度,摇匀,作为供试品溶液;另取二甘醇对照品适量,用甲醇定量稀释制成每 1 mL 中含二甘醇 25 μg 的溶液,作为对照溶液。以聚乙二醇为固定液;程序升温:初始温度为 120 ℃,维持 3 min,以每分钟 10 ℃的速率升温至 230 ℃,维持 5 min;进样口温度为 220 ℃;检测器温度为 250 ℃。精密量取对照溶液与供试品溶液各 1 μL,注入气相色谱仪,记录色谱图,按外标法以峰面积计算,含二甘醇不得过 0.05%(质量体积比)。

例 11-6　药材中六六六（BHC）（α-BHC、β-BHC、γ-BHC、δ-BHC），滴滴涕（DDT）（p,p'-DDE、p,p'-DDD、o,p'-DDT、p,p'-DDT）及五氯硝基苯（PCNB）9 种有机氯类农药残留量测定法：

色谱条件与系统适用性试验　以（14%氰丙基-苯基）甲基聚硅氧烷或（5%苯基）甲基聚硅氧烷为固定液的弹性石英毛细管柱（30 m×0.32 mm×0.25 μm）；^{63}Ni-ECD 电子捕获检测器；进样口温度 230 ℃、检测器温度 300 ℃；不分流进样；程序升温：初始 100 ℃，每分钟 10 ℃升至 220 ℃，每分钟 8 ℃升至 250 ℃，保持 10 min。理论塔板数按 α-BHC 峰计算应不低于 10^6，两个相邻色谱峰的分离度应大于 1.5。

混合对照品溶液的制备　精密称取六六六（BHC）（α-BHC、β-BHC、γ-BHC、δ-BHC）、滴滴涕（DDT）（p,p'-DDE、p,p'-DDD、o,p'-DDT、p,p'-DDT）及五氯硝基苯（PCNB）农药对照品适量，用石油醚（60～90 ℃）分别制成每 1 mL 约含 1 μg、5 μg、10 μg、50 μg、100 μg、250 μg 的混合溶液，即得。

供试品溶液的制备　取药材约 2 g，精密称定，置 100 mL 具塞锥形瓶中，加水 20 mL 浸泡过夜，精密加丙酮 40 mL，称定质量，超声处理 30 min，放冷，再称定质量，用丙酮补足减失的质量，再加氯化钠约 6 g，精密加二氯甲烷 30 mL，称定质量，超声 15 min，再称定质量，用二氯甲烷补足减失的质量，静置（使分层），将有机相迅速移入装有适量无水硫酸钠的 100 mL 具塞锥形瓶中，放置 4 h。精密量取 35 mL，于 40 ℃水浴上减压浓缩至近干，用石油醚（60～90 ℃）溶解，并转移至 10 mL 具塞刻度离心管中，加石油醚（60～90 ℃）精密稀释至 5 mL，小心加入硫酸 1 mL，振摇 1 min，离心，精密量取上清液 2 mL，置具刻度的浓缩瓶中，连接旋转蒸发器，40 ℃下（或用氮气）将溶液浓缩至适量，精密稀释至 1 mL，即得。

测定法　分别精密吸取供试品溶液和与混合对照品溶液各 1 μL，注入气相色谱仪，按外标法计算供试品中 9 种有机氯农药残留量。

三、顶空气相色谱分析技术简介

顶空气相色谱法是指取样品基质（固体或液体）上方的气相部分进行分析，也称为液上气相色谱分析。其优点是样品处理简单，干扰少，快速、准确，成为一种常用的分析方法，目前在药物分析中常用于基体干扰较严重的挥发性组分分析，如药品中溶剂残留的测定等。

顶空分析法是根据气液或气固平衡原理测定挥发性成分在试样中的含量，在密闭的样品瓶中，温度一定时，挥发性组分在两相间达到挥发平衡，此时供试液中待测组分的浓度与气相部分浓度成正比。色谱分析时由顶空气体采集器（顶空进样装置）采集到的气体注入气相色谱仪中进行测定即可，因此顶空技术可以看成是气相色谱法的一种在线前处理技术。

顶空气相色谱法操作时应注意：顶空分析中应尽量增加挥发性物质的顶空浓度，减小基质中其他物质对分析的干扰，分析时常需加入基质改性剂，基质改性剂一般为稀释溶剂或缓冲溶液等；升温有利于待测组分的挥发，但同时也可能使杂质成分增加，选择合适的温度有利于顶空分析，同时供试液要有足够的顶空平衡时间，以保证两相达到平衡。

例 11-7　盐酸多柔比星原料药中残留溶剂的检查

供试品溶液制备　取本品约 0.2 g，精密称定，置顶空瓶中，精密加水 5 mL 使溶解，密封。

对照品溶液制备　分别精密称取甲醇、乙醇、丙酮与二氯甲烷各适量，用二甲基亚砜定量稀释制成各自的储备液，精密量取各适量，用水定量稀释制成每 1 mL 中含甲醇 20 μg、乙醇 0.2 mg、丙酮 10 μg 和二氯甲烷 2 μg 的混合溶液，精密量取 5 mL，置顶空瓶中，密封。

测定法　以 6%氰丙基苯基-94%二甲基聚硅氧烷为固定液的毛细管柱为色谱柱，柱温为 50 ℃；进样口温度为 140 ℃；检测器温度为 250 ℃；载气为氦气或氮气，流速为每分钟 5.0 mL。顶空进样，顶空瓶平衡温度为 90 ℃，平衡时间为 30 min。取对照品溶液顶空进样，记录色谱图，甲醇、乙醇、丙酮与二氯甲烷依次出峰，四个主峰之间的分离度均应符合要求。取供试品溶液和对照品溶液分别顶空进样，记录色谱图，按外标法以峰面积计算。乙醇的残留量不得超过 1.0%，甲醇、丙酮与二氯甲烷的残留量均应符合规定。

思考与练习

1. 简述气相色谱法的定义、分类、特点及其基本流程。

2. 简述塔板理论的主要内容、基本假设、成就及局限，利用塔板理论解析组分在色谱中的色谱行为。

3. 简述速率理论方程中 A、B、C、u 代表的意义及其对塔板高度 H 的影响。影响涡流扩散项的因素有哪些？影响分子扩散项的因素有哪些？影响传质阻抗项的因素有哪些？

4. 简述固定液的种类及选择原则。气相色谱法中常用的流动相有哪些？应如何选择？

5. 气相色谱仪由哪几部分组成？简述气路系统的组成及操作要求、进样系统的组成及操作注意事项、色谱柱的类型及其特点。

6. 气相色谱仪常用的检测器有哪些？各种检测器的工作原理是什么、有何特点、分别适合哪些物质的测定？

7. 常用来表征检测器的性能指标有哪些？简述各性能指标所代表的意义。

8. 什么是分离度？有哪些因素会影响分离度？从色谱柱的选择、载气种类及流速的选择、温度的选择三个方面简述气相色谱分离条件的选择。

9. 气相色谱法定性依据是什么？定量分析的方法有哪些、各有何特点及适用范围？

10. 内标物的选择应满足哪些要求？

11. 使用毛细管柱为什么通常进样时要采用分流进样，检测时要在检测器上加尾吹装置？

12. 什么是程序升温？程序升温有什么优点？什么样品需进行程序升温分离？

13. 什么是相对校正因子？相对校正因子与什么有关？为什么外标法测定时不需要相对校正因子，而归一化法和内标法测定时需要用到相对校正因子？

14. 在一根 3 m 长的色谱柱上分离 A、B 两组分，结果如下图。

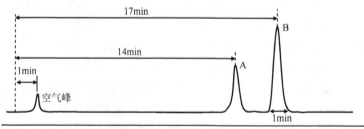

计算：（1）载气的平均线速度；（2）组分 A、B 的调整保留时间；（3）组分 A、B 的容量因子；（4）用组分 B 计算色谱柱的理论塔板数及有效塔板数。

15. 采用内标法测定某石斛中石斛碱的含量。方法如下：

（1）对照品溶液配制：精密称取石斛碱对照品适量，置 10 mL 量瓶中，精密加入内标物萘适量，乙醇定容至刻度，摇匀，制得含内标物萘（50 μg/mL）的石斛碱对照品溶液（50 μg/mL）。

（2）供试品溶液的配制：精密称取样品 0.2510 g，用甲醇提取，精密加入内标物萘适量，定容 25 mL，制得含内标物萘（50 μg/mL）的供试品溶液。

（3）测定：分别精密吸取对照品溶液及供试品溶液各 1 μL，注入气相色谱仪，测定，所得数据为：对照品溶液中，石斛碱与萘的峰面积之比为 3205/3047，供试品溶液中，石斛碱与萘的峰面积之比为 3825/3456。

（0.52%）

课 程 人 文

归一法：个体在整体中的百分比

1. 一：其本义为最小原始单位，最小的正整数，后引申为相同的、无二致的、整体的、全部的、整个的、所有的等。一，惟初太始，道立于一，造分天地，化成万物。

2. "道生一，一生二，二生三，三生万物。"（《老子》）

3. 阴阳合二为一为太极。太极生两仪，两仪生四象，四象生八卦，八卦演万物。

4. 相关的成语：知行合一、始终如一、一如既往、一往情深、一心一意等。

5. 中国语言文字的归一性。如牛、公牛、母牛、牛奶、牛肉等，但对应的英文却是：cattle、bull、cow、milk、beef。

第12章
高效液相色谱法

高效液相色谱法（high performance liquid chromatography，HPLC）是在经典液相色谱的基础上，结合气相色谱法理论和实验技术发展起来的一种色谱分析方法。该法以液体为流动相，采用高效固定相、高压输液系统并结合自动化程度高、灵敏度高的检测器对液体试样进行分析，具有分析速度快、选择性高、灵敏度高、自动化程度高等特点。在药物的定量分析中，高效液相色谱法是目前使用最为广泛的方法之一，《中国药典》（2020 年版）中绝大部分药物的定量分析均采用此法。

高效液相色谱法与经典液相色谱法相比，在分离原理、分离过程、固定相和流动相选择上没有本质的区别，其不同之处在于以下几点：①与经典液相色谱相比，HPLC 法使用的固定相粒度极小（一般为 5 μm 以下）；粒度分布范围小，均匀性好；固定相填装均匀程度高等使 HPLC 具有更高的分离效率。②HPLC 法使用了高压泵输液，使流动相的流动速度更快，加快了试样的分析速度。③HPLC 法使用了检测自动化程度高的检测器，可对流出物进行连续检测，实现了自动化操作；检测器灵敏度高，使定量分析微量、痕量组分成为可能。

气相色谱法的测定对象主要是气体、易挥发的组分或低沸点组分，其流动相为气体；而高效液相色谱法适宜测定高沸点、不易挥发的、受热不稳定等化合物，其流动相为液体。

第1节 高效液相色谱速率理论

高效液相色谱法使用的是液体流动相，与气相色谱相比，其速率理论的表现形式稍有不同。由第 11 章可知，色谱峰展宽主要由色谱柱的柱效高低决定，柱效高，峰展宽小，反之峰展宽大。这种经色谱柱分离后的峰展宽称为柱内展宽，柱内展宽服从速率理论；但在高效液相色谱中，由于色谱柱在整个管路系统中所占的比例小，从进样系统到检测系统的管路中存在很大部分的柱外死体积，故存在不可忽略的柱外色谱峰展宽，称为柱外展宽。

一、柱内展宽

由速率理论的公式 $H = A + B/u + Cu$ 可知，高液液相色谱法中的塔板高度由涡流扩散项、纵向扩散项及传质阻抗项组成，下面分别讨论。

1. 涡流扩散项（A） HPLC 法的涡流扩散项引起的原因与 GC 法相同，是由样品分子在色谱柱前行过程中遇到固定相颗粒的阻碍，使其不能沿直线运动，而是不断改变方向，形成类似涡流的曲线运动，导致色谱峰展宽。

由 $A = 2\lambda d_p$ 可知，为了减少涡流扩散项，应降低 λ、d_p。①降低 d_p，采用粒度小的固定相，直径 d_p 越小，A 越小。目前 HPLC 色谱柱多采用小于 5 μm 粒径固定相。②降低 λ，采用均匀分布的球形固定相（粒度 RSD<5%），且填装均匀，一般采用匀浆装柱。近年来出现的超高效液相色谱法（UPLC）色谱柱的固定相粒径可达 2 μm 以下，其填装均匀程度更高，理论塔板数每米可达 $10^5 \sim 10^6$。

2. 纵向扩散项（B/u）　组分在色谱柱前行过程中，由于存在浓度差而导致组分分子产生扩散，引起色谱峰的展宽。由纵向扩散系数 $B = 2\gamma D_m$ 可知，组分在液体流动相中的扩散系数 D_m 越大，谱带展宽越严重。而 $D_m \propto T/\eta$，在高效液相色谱中，流动相是液体，黏度（η）比气体大得多，柱温（T）又比气相色谱低得多，因此组分在气相色谱的 D_m 比在液相色谱的 D_m 大约 10^5 倍；又因液相色谱中流动相流速一般比最佳流速大，所以液相色谱中纵向扩散项 B/u 很小，可忽略不计。

3. 传质阻抗项（Cu）　组分在色谱柱前行过程中，在固定相和流动相中进行重新分配时所遇阻力不同而导致色谱峰展宽。在气相色谱法中，固定液的传质阻抗起决定作用，而在高效液相色谱法中，传质阻抗包括流动的流动相传质阻抗项（$C_m u$）、静态流动相的传质阻抗项（$C_{sm} u$）和固定相的传质阻抗项（$C_s u$），即 $Cu = (C_m + C_{sm} + C_s) u$。

（1）流动的流动相传质阻抗项：组分分子从液固界面进出流动相会受到流动相的阻力，引起色谱峰的展宽。同时，处于不同层流的流动相分子具有不同的流速，因此组分分子在紧挨颗粒边缘的流动相层流中的移动速度要比在中心层流中的移动速度慢，也会引起色谱峰的展宽[（图 12-1（a）]。

（2）静态流动相的传质阻抗项：色谱柱中装填的多孔微粒固定相，其颗粒内部的孔洞充满了静态流动相，组分分子在静态流动相中扩散的位置不同，导致受到的传质阻力不同而引起峰的展宽。例如对于扩散到孔洞表层静态流动相中的组分分子，只需移动很短的距离，就能很快地返回到颗粒间流动的主流路之中；而扩散到孔洞较深处静态流动相中的组分分子，就需要更多的时间才能返回到颗粒间流动的主流路之中[（图 12-1（b）]。

（3）固定相的传质阻抗项：组分分子从液固界面进出固定液中均会受到固定相的阻力，引起色谱峰的展宽[图 12-1（c）]。目前高效液相色谱固定相都采用化学键合相，键合相为单分子层化合物，传质阻力很小，所以 C_s 可以忽略不计。

由上述分析可知，在高效液相键合相色谱中 C_s 可以忽略不计，因此 $Cu = (C_m + C_{sm}) u$，其传质阻抗项主要由 C_{sm} 和 C_m 决定。影响 C_{sm} 和 C_m 的因素相同，即 $C_{sm} \propto d_p^2 / D_m$、$C_m \propto d_p^2 / D_m$，所以减小固定相颗粒直径及增大流动相的扩散系数，可以减小峰展宽，提高柱效。流动相的扩散系数 D_m 与流动相的黏度成反比、与温度成正比，为了提高柱效，需选用低黏度的流动相，如甲醇或乙腈。

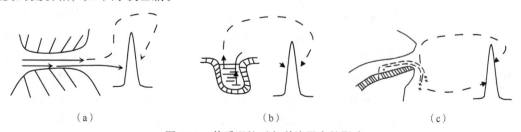

（a）　　　　　　　　　　　（b）　　　　　　　　　　　（c）

图 12-1　传质阻抗对色谱峰展宽的影响

（a）流动的流动相传质阻抗；（b）静态流动相传质阻抗；（c）固定相的传质阻抗

在 HPLC 中，当使用键合固定相时，速率方程为

$$H = A + (C_m + C_{sm})u \qquad (12\text{-}1)$$

由 HPLC 速率方程可知，要减少 H，提高色谱柱效率，HPLC 实验条件应该为：选用粒径小、分布均匀的球形化学键合相；选用低黏度的流动相，且流速不宜过快（一般为 1 mL/min）；色谱柱分离温度一般为室温（25～30 ℃），温度太低，流动相黏度增加，温度太高，流动相易产生气泡。

二、柱外展宽

从进样器到检测器之间除柱本身的体积之外，所有的体积（如进样器、接头、连接管路和检测池等处的体积）称为柱外死体积。在这些死体积区域由于没有固定相，处于流动相中的组分不仅得不到分离，反而会产生扩散，导致色谱峰展宽，柱效下降。为了减小柱外展宽的影响，应当尽可能减小柱外死体积。

第 2 节　高效液相色谱仪

高效液相色谱仪主要由高压输液系统、进样系统、分离系统、检测器、数据处理系统等组成，如图 12-2 所示。高效液相色谱法分析的流程为：脱气后流动相经高压泵加压并以恒定流量输出，样品由进样器导入，流动相流经进样器后，携带样品进入色谱柱进行分离，被分离组分进入检测器检测，所产生的信号经数据处理系统处理，获得色谱图和分析结果。下面分别介绍仪器各部分。

溶剂瓶　高压泵　预柱　色谱柱　检测器　色谱工作站

图 12-2　高效液相色谱仪结构组成

一、输液系统

输液系统由储液瓶、流动相脱气装置、高压输液泵、梯度洗脱装置等部分组成。

1. 储液瓶　储液瓶用来储存流动相溶剂，其材质应耐腐蚀，一般为玻璃或塑料瓶，容积约为 0.5～2.0 L，无色或棕色。装好流动相的储液瓶应密闭，以防溶剂挥发而引起流动相组成的变化，还可避免空气重新溶解于流动相中；在使用过程中储液瓶的位置应高于泵，以保持一定的输液静压差。

流动相在放入储液瓶之前必须经过微孔滤膜（0.45 μm 或 0.2 μm）过滤，以除去溶剂中的杂质微粒，防止堵塞管路系统。此外，还在插入储液瓶内的输液管顶端连有不锈钢或玻璃制成的在线微孔滤头，如图 12-3 所示。

图 12-3　溶剂储液瓶

2. 流动相脱气装置　流动相使用之前必须预先脱气，以除去溶解在流动相中的气体（O_2、CO_2 等），防止在色谱过程中有气泡逸出。气泡会影响 HPLC 仪器各部件的正常运行，若泵内有气泡产生，则会使泵压不稳，流动相流速不恒定；色谱柱内若有气泡存在，则其分离效率会受到影响；气泡还会使检测器的灵敏度下降、基线不稳定，甚至会形成鬼峰；此外，溶解在流动相中的氧还可能与样品、固定相反应，从而影响物质的检测。常用的脱气方法有：

（1）离线脱气法：①超声波振荡脱气，将欲脱气的流动相置于超声波振荡器中，用超声波振荡 10～30 min，可通过调节超声波振荡器的功率和频率来改善脱气效果。此方法脱气效率较低，但操作简单、方便，在实际工作中常用。

②抽真空脱气　用真空泵抽真空的方式，通过负压即可除去溶解在流动相中的气体。由于抽真空易造成溶剂挥发而导致混合溶剂组成的变化，故此法适用于单一溶剂的脱气。

③吹氦脱气　由于氦气在液体中比空气的溶解度低，往流动相中通入氦气一定时间，可除去溶于流动相中的气体。此法适用于所有的溶剂，脱气效果较好，但氦气较贵，使用成本较高。

（2）在线脱气法：在线脱气是指在使用流动相的同时脱气，可克服离线脱气后空气重新溶解在流动相中的问题。在线脱气由真空脱气机实现，脱气效果优于其他方法，适用于多元溶剂系统。

3. 高压输液泵　HPLC 的流动相是通过高压输液泵来提供动力输送的，泵的性能好坏直接影响到整个系统的质量和分析结果的可靠性。对于输液泵的要求：①耐化学腐蚀，常用耐酸、碱的材料制成；密封性好，以维持压力稳定；液缸容积小，以适于梯度洗脱。②耐压能力强，能在高压下连续工作，要求耐压高达 400～500 MPa/cm^2。③流量稳定，重复性高，流量范围宽。流动相流量稳定是保证测定结果准确性和重复性的关键因素。流量在一定的范围内可任意调节，分析型流量范围一般在 0.1～10 mL/min，制备型能达到 100 mL/min。

泵的种类很多，目前应用最多的是柱塞往复泵。如图 12-4 为单柱塞往复式恒流泵，由单向阀、柱塞杆、密封圈、凸轮、驱动部分等组成，凸轮转动一周，柱塞杆往复运动一次，完成一次吸液和排液的过程。吸液时，出口单向阀关闭，入口单向阀打开，流动相吸入至液缸；排液时，入口单向阀关闭，出口单向阀打开，液体排出。单柱塞往复式泵输液的脉动性较大，目前多采用并联式和串联式双泵系统来克服脉动性。

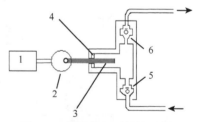

图 12-4　柱塞往复泵结构示意图
1. 电机；2. 转动凸轮；3. 柱塞；4. 密封垫；
5. 入口单向阀；6. 出口单向阀

输液泵在高压下使用，极易被损坏。为了延长泵的使用寿命及保证输液的稳定性，使用时应注意：①防止任何固体微粒进入泵体，否则泵体会因磨损而漏液。实际操作中应注意流动相进入输液泵前应过滤；若使用含有缓冲液的流动相时，使用完成后应清洗，不应长时间停留在泵内，以免析出。②进入泵内的物质，不应含有任何腐蚀性物质，以防泵被损坏。③防止流动相耗尽空泵运转，导致柱塞磨损、产生漏液。④防止输液泵工作时有气体进入，以免在泵内产生气泡，影响流量的稳定性和泵的正常工作。⑤输液泵的工作压力不能超过规定的最高压力，否则会使高压密封环变形，产生漏液。⑥仪器使用结束后，应清洗泵。

4. 梯度洗脱装置　梯度洗脱是在一个分析周期内连续或间断改变流动相的组成，梯度洗脱包括低压梯度和高压梯度两种方式进行。

低压梯度也称为外梯度，常压下将两种或多种溶剂按一定比例输入泵前的比例阀中混合后，再进入高压泵加压后以一定的流量输出。低压梯度只需一个高压输液泵，成本低廉，但由于溶剂在常压下混合后再加压，易产生气泡，故需在线脱气。

高压梯度也称为内梯度，是指先对流动相加压后，再混合。常见的有二元梯度，用两个高压泵分别对 A、B 两种流动相进行加压后，按一定比例输送至混合室，然后以一定的流量输出。高压梯度可通过控制每台泵的输出量而获得任意形式的梯度曲线，而且精度很高，易于实现自动化控制，不易产生气泡，但由于需使用两个高压输液泵，因此仪器价格比较昂贵。

二、进样系统

试样通过进样系统进样后，再进入色谱柱中进行分离。进样系统装在高压泵之后，色谱柱之前的管路上。常用的有六通阀手动进样装置及自动进样装置，当测定的样品量较少时，可采用手动进样装置，当测定大批量样品时往往选择自动进样装置。

1. 六通阀手动进样装置 六通阀内部结构如图 12-5 所示，六通阀有 6 个接口，进样时先将阀切换到取样（load）位置，这时进样口（接口 6）与接口 1、定量管、接口 4、接口 5 连接，用 HPLC 专用的平头微量注射器将样品溶液由接口 6 注入，定量管充满后多余的从接口 5 处排出。再将进样器转至进样（inject）位置，接口 1 与接口 2 连通，流动相进入定量管中，接口 4 和接口 3 连通，样品被流动相带到色谱柱中进行分离，完成进样。定量环可固定样品的进样量，常见的体积有 5、10、20、50 μL 等。六通阀进样装置具有进样重现性好、耐高压的特点。

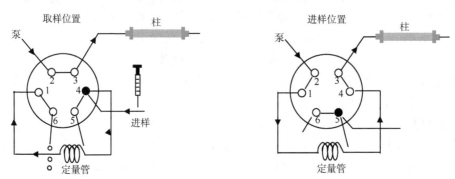

图 12-5　六通阀手动进样器原理示意图

2. 自动进样器 自动进样器由计算机自动控制定量阀，按预先编制的进样操作程序工作，自动完成定量取样、进样、复位、清洗等过程。进样重现性好，可自动按顺序完成几十至上百个样品的分析，适合于大量样品的分析。

三、分离系统

色谱分离系统包括色谱柱、保护柱、柱温箱等。其中色谱柱是色谱分离的核心部件，是决定分离效果的关键因素。

1. 色谱柱 色谱柱由固定相、柱管等组成。柱管材料多为不锈钢，其内壁要求镜面抛光；

固定相的填料粒径一般在 2～5 μm，目前粒径＜2 μm 的固定相也越来越多。

色谱柱按用途不同有分析型和制备型，常用的分析型色谱柱内径 1～4.6 mm，柱长 10～25 cm；制备型色谱柱内径 9～40 mm，柱长 10～30 cm。

色谱柱的正确使用和维护十分重要，为了延长色谱柱的使用寿命及保持柱效，使用时应注意：①安装色谱柱时应使流动相的流动方向与色谱柱上所标注的箭头方向一致。由于色谱柱在装填固定相时是有方向的，因此在使用时，流动相的方向应与柱的填充方向一致。②应避免由于压力、温度和流动相的组成比例急剧变化及任何机械振动引起色谱柱的损坏。③色谱柱使用结束后，应及时清洗，清除柱内残留的杂质。

2. 保护柱　又称为预柱，其固定相与分析柱相同，但柱长短（＜20 mm），安装在分析柱前端。其作用是收集、阻断来自进样器的杂质，以保护、延长分析柱寿命。保护柱填料少，价格低，当使用一段时间后，柱压力增大，需要更换保护柱。

3. 柱温箱　高效液相色谱法可在室温下进行操作，对温度的要求不严，但准确的温度控制，可以提高色谱柱分离结果的重现性。HPLC 法测定温度常为 25～30 ℃，一般不超过 40 ℃。

四、检测器

高效液相色谱检测器的作用是将从色谱柱中流出的组分信息转变为电信号，从而对其进行定性定量分析。HPLC 检测器的性能指标与 GC 检测器相似，理想的 HPLC 检测器应具有灵敏度高、检测限低、噪声低、响应值对流动相梯度和温度变化不敏感、适用范围广等特点。常用的检测器有紫外检测器（UVD）、蒸发光散射检测器（ELSD）、示差折光检测器（RID）、电化学检测器（ECD）、荧光检测器（FLD）及质谱检测器（MSD）等，每种检测器各有特点，实际工作中可以根据待测组分的性质选择合适的检测器。高效液相色谱检测器有通用型和专用型检测器之分，通用型检测器常见的有示差折光检测器、蒸发光散射检测器、质谱检测器等，专用型检测器主要有紫外检测器、荧光检测器、电导检测器等。

1. 紫外检测器（ultraviolet detector，UVD）　是利用物质组分对紫外线的吸收特征进行检测的，因此其适用于有共轭结构的化合物的检测。UVD 是目前高效液相色谱中使用最普遍的检测器，其检测原理为朗伯-比尔定律，其基本结构与紫外分光光度计相似。该检测器特点为：灵敏度高；线性范围宽；对温度及流动相梯度和流速变化不敏感，可用于梯度洗脱；但其不能检测无紫外吸收的组分，所使用的流动相的截止波长须小于检测波长。目前常用的有可变波长紫外检测器和二极管阵列检测器。

（1）可变波长紫外检测器（variable wavelength ultraviolet detector，VWD）：能够按组分测定需要选择检测波长，主要由光源、单色器、流通池和光电转换装置组成，与普通的紫外分光光度计的区别是流通池（吸收池）结构。流通池的示意图如图 12-6 所示，流通池的光程一般为 10 mm，且要求其死体积越小越好。可变波长紫外检测器可分为单一通道和多通道类型，单一通道的在某一时刻只能采集某一波长的吸收信号；而多通道的

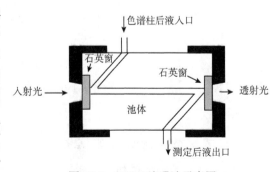

图 12-6　HPLC 流通池示意图

可同时采集多个波长下的吸收信号。

（2）二极管阵列检测器（diode array ultraviolet detector，DAD）：属于光学多通道检测器，可同时检测待测组分任意波长下的吸收信号。该检测器光源发出的复合光不经分光先通过流通池，被流动相中的组分选择性吸收，透射光经光栅色散分光后，全部波长投射到由多个（目前一般为 512/1024）二极管组成的二极管阵列上而被同时检测。它与普通紫外吸收检测器的区别在于最后同时检测的不是某一波长单色光信号，而是全部紫外光谱任意波长的色谱信号。由于扫描速度非常快，同一时间内可获得柱后流出物质的各个波长的吸光度，即 A-λ 曲线；DAD 检测器又可与普通紫外检测器一样，可获得各个时间段下的色谱图，即 A-t 曲线，经计算机处理后可得到随着时间 t 变化，进入检测器溶液吸光度 A 随波长 λ 变化的光谱吸收曲线，即色谱-光谱三维图谱，如图 12-7 所示。可利用吸收光谱图和保留时间进行定性分析，利用色谱峰面积进行定量分析。

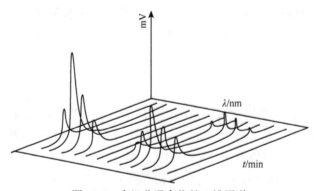

图 12-7　多组分混合物的三维图谱

2. 蒸发光散射检测器（evaporative light scattering detector，ELSD）　是利用待测组分形成气溶胶后对光的散射作用来进行检测。其结构装置示意图见图 12-8，将携带待测组分的流动相在载气（N_2）吹扫下雾化成气溶胶，流动相在恒温的漂移管中被蒸发，不挥发的待测组分微粒随载气进入带有激光光源的光散射池中，产生的散射光经光电倍增管转化为电信号。在气溶胶中，所产生的散射光强度（I）的对数与组分质量（m）的对数成正比

$$\lg I = b \lg m + \lg a \qquad (12\text{-}2)$$

式中，截距 $\lg a$ 与 ELSD 实验条件有关，斜率 b 与组分颗粒大小相关。

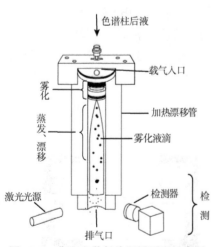

图 12-8　蒸发光散射检测器原理示意图

由于蒸发光散射检测器是利用物质对光的散射作用进行检测，因此是一种通用型检测器，几乎适用于所有的物质，但由其检测过程可知，被测组分的挥发性应比流动相低，否则在流动相蒸发的过程中，被测组分也随之蒸发而无法检测。同时，所使用的流动相应易挥发，而不能使用难挥发的物质如缓冲盐作流动相。ELSD 检测器消除了因溶剂的干扰和温度变化而引起的基线漂移，特别适合于梯度洗脱。

3. 荧光检测器（fluorescence detector，FLD） 是利用某些物质在受紫外线激发后，能发射荧光的性质来进行检测的，其工作原理与荧光分光光度计相同，详见第 4 章。荧光检测器仅适合检测有荧光产生的物质，对不发生荧光的物质，可通过荧光衍生化将其制成可产生荧光的衍生物后再进行测定。荧光检测器的灵敏度比紫外检测器高 2~3 个数量级甚至更高，选择性好，适合痕量组分的检测，例如它是体内药物分析常用的检测器之一。

4. 电化学检测器（electrochemical detector，ECD） 包括安培、极谱及电导等几种类型，其中安培电化学检测器的应用较为广泛。安培检测器的检测原理是在电极间施加一恒定电压，当组分经过电极表面时，发生氧化还原反应，产生电量（I）的大小与组分在流动相中的浓度成正比。安培检测器适用于具有氧化还原活性的物质，其灵敏度高，适合痕量组分的分析。

5. 其他检测器 包括示差折光检测器（differential refractive index detector，RID）、质谱检测器（mass spectrometric detector，MSD）等，在此不作详述。

第 3 节　各类高效液相色谱法

近年来，高效液相色谱的使用越来越广泛，其发展非常迅速。高效液相色谱法是在经典液相色谱法基础上发展起来的，其类型与经典液相色谱法相似，一是按固定相的状态来分，可分为液-液色谱法和液-固色谱法，在 HPLC 中液-固色谱法运用较少，液-液色谱法运用广泛；二是按分离机制来分，可分为吸附色谱法、分配色谱法、离子对色谱法、体积排阻色谱法及亲和色谱法等。

一、吸附色谱法

吸附色谱是以具有吸附中心的固体吸附剂为固定相，以不同极性的有机溶剂为流动相，基于其对不同组分吸附能力的差异进行混合物的分离。吸附色谱中应用最多的固定相是硅胶，在硅胶色谱柱中吸附能力与组分极性有关，组分极性越大，吸附能力越强，流出色谱柱保留时间越长；在吸附高效液相色谱中，常用的流动相是以烷烃为底剂加入适当的极性调节剂组成的二元或多元溶剂系统，流动相的极性越大，洗脱能力越强，组分的保留时间越短。需要注意的是，由于硅胶等固定相遇水会失活，故此类色谱法必须使用无水流动相。

高效液相色谱中液-固吸附色谱法使用较少，液-液分配色谱法的使用更为广泛。

二、分配色谱法

液-液分配色谱法是基于组分在两相中的溶解度不同进行分离分析的，一般来说，组分的溶解度服从相似相溶原理，即极性大的组分在极性大的固定相中溶解度大，在极性小的流动相中溶解度小，其保留时间长；反之，极性小的组分在极性大的固定相中溶解度小，在极性小的流动相中的溶解度大，其保留时间短。分配色谱的固定相为液体，早期固定液以物理吸附涂渍于载体表面形成固定相，但涂渍法易使固定液流失，且柱效低；目前，固定液以化学键合至载体上，形成化学键合相固定相。化学键合相是采用化学反应的方法将固定液的官能团键合在载体表面上形成的固定相，简称键合相，以化学键合相为固定相的液相色谱法称为键合相色谱法（bonded phase chromatography，BPC）。由于键合固定相非常稳定，在使用中不易流失，且其固定液以单分子层键合于载体上，很大程度减少了传质阻抗项，色谱柱柱效高。键合到载体表面的官能团可以是各种极性的，它适用于各种样品的分离分析，是应用最广的色谱法，下面主要讨论化学键合相色谱法。

根据键合相与流动相相对极性的强弱，可将键合相色谱法分为正相键合相色谱法（NP-bonded phase chromatography）和反相键合相色谱法（RP-bonded phase chromatography）。在正相键合相色谱法中，固定相的极性大于流动相的极性；在反相键合相色谱法中，固定相的极性小于流动相的极性。目前，反相键合相色谱的应用比正相键合相色谱法广泛得多，特别是在药物定量分析中，绝大部分采用的是反相键合相色谱法，适用于分离非极性至中等极性的化合物。

1. 正相键合相色谱法　正相键合相色谱法采用极性键合相为固定相，以极性有机基团如胺基（—NH_2）、腈基（—CN）等键合在载体表面制成的；以非极性或弱极性溶剂，如烷烃加适量极性调节剂作流动相。正相键合相色谱法适合分离极性或强极性化合物，如腈基键合相的分离选择性与硅胶相似，许多需用硅胶柱分离的组分，可用腈基键合相柱完成，而分析糖类可选择胺基键合相色谱柱。正相键合相色谱的分离机制通常认为是属于分配过程，即组分在两相间进行分配，组分极性越强，与固定相作用力越大，其保留时间越长；正相键合相色谱法洗脱时，流动相极性增大，洗脱能力增强，组分的 K 值减小，保留时间变短，反之，流动相极性越小，则洗脱能力越弱。

2. 反相键合相色谱法　反相键合相色谱固定相是极性较小的键合相，以极性较小的有机基团如苯基、烷基等键合在硅胶表面制成，以极性相对较大的溶剂作流动相，常用的有水、甲醇、乙腈等有机溶剂。关于反相键合相的分离机理有多种理论，包括分配理论、吸附理论、疏溶剂理论等。其中以疏溶剂理论占主导，这种理论认为：非极性溶质或溶质分子中的非极性部分与极性溶剂接触时，相互产生斥力，这种效应称为疏溶剂效应。当组分分子随极性较大流动相流经极性较小的固定相时，组分分子中的非极性部分与极性溶剂相接触相互产生排斥力，促使组分分子与键合相的疏水基团产生缔合作用，使其在固定相上产生保留作用；另一方面，当组分分子中有极性官能团时，极性部分受到极性溶剂的作用，促使它离开固定相，产生解缔作用并减小其保留作用。所以，不同结构的组分在键合固定相上的缔合和解缔能力不同，决定了不同组分分子在色谱分离过程中的迁移速度是不一致的，从而使得各种不同组分得到了分离。

反相键合相色谱法中影响组分保留行为的主要因素有：①组分分子结构的影响。组分的极性越弱，疏水性越强，其与非极性固定相的相互作用越强，保留值越大。②固定相的极性大小的影响。固定相极性越小，组分与固定相的作用越强，则组分的保留时间越长。由于反相色谱法中固定相一般为烷基键合在载体上，所以键合烷基的极性随碳链的延长而减弱。③流动相性质的影响。在反相键合相色谱中，流动相的极性对溶质的保留有很大的影响，通常以水或缓冲盐水溶液为基础溶剂，加入一定量的甲醇、乙腈等有机溶剂进行极性调节。水的极性最强，流动相中水的比例越高，极性越强，其洗脱能力越弱，组分在色谱柱中的保留时间越长；反之，流动相中甲醇、乙腈等有机溶剂比例越高，则极性越弱，洗脱能力越强，组分的保留时间越短。

3. 化学键合固定相　在化学键合固定相中，广泛使用的载体是全多孔型硅胶和高分子多孔微球，在载体的表面有大量可参与键合反应的硅醇基，固定液与硅醇基通过化学反应结合，载体的表面积越大，其可参与反应的硅醇基数目越多，化学键合相的键合量越大。

化学键合相的优点：①固定液与载体之间的作用是化学键结合，作用力强，固定液在使用过程中不流失；②化学性质稳定，不易与流动相及待测组分反应，可在 pH 2～8 的溶液中保持性质稳定；③适于作梯度洗脱。

目前应用最广的键合相是硅氧烷型（Si—O—Si—C 键）键合相，该类型键合相稳定性好，易于制备。当硅胶表面的游离硅醇基与氯代硅烷或烷氧基硅烷反应，形成 Si—O—Si—C 键型的键合相。如若硅烷化试剂含有单个官能团，可进行下述反应：

$$-\overset{|}{\underset{|}{Si}}-OH \; + \; X-\overset{R_3}{\underset{R_2}{\overset{|}{\underset{|}{Si}}}}-R_1 \longrightarrow -\overset{|}{\underset{|}{Si}}-O-\overset{R_3}{\underset{R_2}{\overset{|}{\underset{|}{Si}}}}-R_1 \; + \; HX$$

式中，X 代表—Cl、—OH、—OCH$_3$ 等基团；R$_1$、R$_2$、R$_3$ 代表—C$_8$H$_{17}$、—C$_{18}$H$_{37}$、$-\!\!(CH_2)_{\overline{n}}NH_2$、$-\!\!(CH_2)_{\overline{n}}CN$、$-\!\!(CH_2)_{\overline{n}}O-CH_2-OH$ 等基团。

根据硅醇基上所结合的基团极性不同，键合相可分为非极性、中等极性与极性三类。

（1）非极性键合相：此类键合相上的基团为非极性烃基，如十八烷基（C$_{18}$）、辛烷基（C$_8$）等。十八烷基键合相（octadecylsilane，ODS）为最常用的非极性键合相，是将十八烷基氯硅烷试剂与硅胶表面的硅醇基，经多步反应而成。键合反应如下：

$$\equiv Si-OH \; + \; Cl-\overset{R_1}{\underset{R_2}{\overset{|}{\underset{|}{Si}}}}-C_{18}H_{37} \longrightarrow \equiv Si-O-\overset{R_1}{\underset{R_2}{\overset{|}{\underset{|}{Si}}}}-C_{18}H_{37} \; + \; HCl$$

如果上述硅烷化试剂中 R$_1$、R$_2$ 中有一个或两个均为 Cl，还可继续与另外的硅醇基进行键合反应。

键合相的键合量常用含碳量（C%）表示，可分为高碳、中碳及低碳型 ODS 键合相。其含碳量的大小与硅烷化试剂碳链长度、键合反应及表面覆盖度有关。

键合烷基的碳链越长，固定相的极性越小，待测组分的保留值增大，载样量提高，如常见的辛烷基和十八烷基键合相比较，十八烷基键合相分离选择性较好，载样量大，是高效液相色谱法中应用最为广泛的固定相。短链非极性键合相的载样量较小，分离效率较差，但其分离速度快，保留时间短。

若十八烷基氯硅烷试剂中 R$_1$、R$_2$ 为甲基，则仅有一个氯与硅醇基键合，键合相中含碳量高，构成高碳 ODS 键合相；若 R$_1$、R$_2$ 中有一个基团为氯，另一个基团为甲基，此时，分子中的两个氯均会与硅胶的硅醇基反应，则生成中碳 ODS 键合相；若 R$_1$、R$_2$ 均为氯，则分子可与三个硅醇基反应，生成低碳 ODS 键合相。固定相的含碳量大小决定了其载样量及保留能力的大小，高碳 ODS 键合相载样量大、保留能力强，反之，低碳 ODS 键合相载样量及保留能力相对较弱。

由键合反应可知，由于存在空间位阻效应，分子体积大的硅烷化试剂不可能与硅胶表面上的硅醇基全部发生反应，参加反应的硅醇基数目占载体表面硅醇基总数的比例，称为表面覆盖度。表面覆盖度的大小决定了键合相是分配还是吸附占主导，表面覆盖度越高，其吸附作用越低。残余的硅醇基对键合相的性能有很大影响，它可以减小键合相表面的疏水性，对极性组分产生次级化学吸附，从而使保留机制复杂化。为了避免硅醇基对色谱行为的影响，常用化学反应的方法将载体上残存的硅醇基除去，此技术称为封尾。一般在键合反应后，用体积较小的硅烷化试剂如三甲基氯硅烷（TMCS）或六甲基二硅氮烷（HMDS）对色谱柱进行钝化处理，即进行封尾。封尾后的 ODS 柱称为封尾柱，封尾柱吸附性能降低，以分配机制进行组分分离，色谱行为稳定性增加，具有强疏水性。

（2）中等极性键合相：常见的有醚基键合相、二醇基键合相等。这种键合相既可作正相色谱又可作反相色谱的固定相，视流动相的极性而定。

（3）极性键合相：常用的胺基、腈基键合相为极性键合相。它们分别是由氨丙硅烷基 [$\equiv Si(CH_2)_3NH_2$] 及氰乙硅烷基 [$\equiv Si(CH_2)_2CN$] 键合在硅胶上而制成，可用作正相色谱的固定相。胺基键合相是分离糖类最常用的固定相；腈基键合相与硅胶类似，但极性比硅胶弱，可对一些在硅胶上不能分离、极性较强的化合物进行分离。

使用键合相色谱柱应注意的问题：①反相烷基键合相的稳定性与使用流动相的 pH 相关，通常流动相的 pH 保持在 2~8 之间，pH 过大，会引起载体硅胶的溶解，pH 过小，键合的硅烷会水解，另外若流动相中水比例过高也易引起键合相的水解；②同一种类型的键合相，因生产厂家或生产批号的不同，可能表现出不同的色谱分离特性，其重现性无法保证，为保证分析结果的良好重现性，应采用同一批号的键合固定相；③使用键合相色谱柱后，由于固定相对样品产生滞留，柱分离性能变差，此时应及时对色谱柱进行再生处理，即使用完成后应及时清洗色谱柱。

三、离子对色谱法

离子对色谱法（ion pair chromatography，IPC）是指在流动相中加入与被测组分带相反电荷的离子对试剂，对所形成的离子对进行分离分析的方法，主要用于分离分析可离子化或离子型的化合物。下面主要介绍反相离子对色谱法。

1. 分离原理 在反相色谱中，把离子对试剂加入到含水流动相中，被分析的组分离子在流动相中与离子对试剂中离子生成不带电的中性离子对，从而对其进行分离分析的方法称为反相离子对色谱法（RP-IPC）。在反相色谱中，离子化的强极性化合物在固定相中保留值很低，组分离子与离子对试剂中的相应离子形成中性离子对后，增强了组分与非极性固定相的相互作用，分配系数变大，从而改善了分离效果。常用的离子对试剂有四丁基铵正离子（$C_4H_9)_4N^+$、十六烷基三甲基铵正离子 $(C_{16}H_{33})N^+(CH_3)_3$、高氯酸根负离子 ClO_4^- 和十二烷基磺酸根负离子 $(C_{12}H_{23})SO_3^-$ 等。

若待测组分离子为 A^+，往流动相中加入带相反电荷的离子对试剂 B^- 离子，则在流动相中待测组分与离子对试剂结合生成弱极性的离子对 $A^+ \cdot B^-$，此离子在非极性固定相中的保留值增加，存在以下平衡

$$A_m^+ + B_m^- \rightleftharpoons (A^+ \cdot B^-)_m \rightleftharpoons (A^+ \cdot B^-)_s$$

式中，下标 m 为流动相，s 为固定相，反应平衡常数 E_{AB} 为

$$E_{AB} = \frac{[A^+ \cdot B^-]_s}{[A^+]_m [B^-]_m}$$ （12-3）

组分 A^+ 在固定相和流动相中的分配系数为

$$K_A = \frac{[A^+ \cdot B^-]_s}{[A^+]_m} = \frac{[A^+ \cdot B^-]_s [B^-]_m}{[A^+]_m [B^-]_m} = E_{AB}[B^-]_m$$ （12-4）

式中，E_{AB} 为反应平衡常数，在一定条件下，分配系数 K 与离子对试剂的浓度 $[B^-]_m$ 成正比，可通过调节离子对的浓度，来改变待测组分离子在固定相中的保留时间。

2. 影响保留值的因素　在反相离子对色谱中，组分的保留值由组分的性质、离子对试剂的性质及浓度、流动相的性质、固定相的性质、温度等因素来决定。

（1）溶剂极性的影响：在反相离子对色谱中，当增加甲醇或乙腈等有机溶剂比例、降低水的比例时，会使流动相的洗脱能力增强，组分的保留值减小。

（2）离子对试剂的性质和浓度的影响：在离子对色谱中，待分析组分应与离子对试剂所带电荷相反。分析碱类或带正电荷的物质时，常用离子对试剂为高氯酸盐和烷基磺酸盐；分析酸类或带负电荷的物质时，常用的离子对试剂为叔胺盐和季铵盐。不同的离子缔合物，其在固定相中的保留值不同，离子对试剂的烷基链越长，生成的离子对缔合物的 K 值越大；无机盐离子对试剂，因其疏水性减弱，则缔合物的 K 值显著降低；由式（12-4）可知，组分的分配系数 K 随离子对试剂的浓度升高而增大，但实验研究发现，只有在离子对试剂浓度较低时，K 与离子对试剂浓度呈正向关系，当浓度达一定值后，K 值不再增大。

（3）pH 的影响：在离子对色谱中，分离的前提是待测组分先离解成离子，然后再与离子对试剂缔合，通过调节溶剂的 pH，使待测组分与离子化试剂全部离子化且最有利于离子对的形成，从而改善待测组分的保留值及分离选择性。

对物质进行分离分析时，根据待测物质的不同性质及不同的分离要求，高效液相色谱法还发展出各种相应的分离分析方法，如离子色谱法、亲和色谱法、胶束色谱法、手性色谱法等。

第 4 节　改善色谱分离度的方法

根据基本分离方程 $R = \frac{\sqrt{n}}{4} \cdot \left(\frac{\alpha - 1}{\alpha}\right) \cdot \left(\frac{k}{1+k}\right)$ 可知，影响分离度的因素主要有待测组分的性质、固定相和流动相的性质，在高效液相色谱分析中，实际上固定相种类的选择十分有限，当色谱柱固定后，主要通过调节流动相改善分离，获得较好的分离度。

用来作为流动相的溶剂应满足以下几个条件：

（1）流动相应化学性质稳定，与固定相不产生相互作用，能保持色谱柱的稳定性；选用的溶剂性能应与所使用的检测器相匹配。如使用紫外吸收检测器，则应注意溶剂截止波长对紫外吸收测定的影响；如使用蒸发光散射检测器，则应选择较易挥发的溶剂，避免选择难挥发的盐类等作为溶剂。

（2）选用的溶剂应对样品的溶解度大，以避免试样进入流动相中有析出的可能。

（3）选用的溶剂应具有较低的黏度。溶剂黏度低，可减小组分的传质阻力，利于提高柱效。如常用的溶剂如甲醇、乙腈等黏度较低。

（4）所用溶剂应高纯度，以防所含微量杂质在柱中积累，引起柱性能的改变。

流动相应先通过微孔滤膜过滤，以除去固体颗粒，然后再进行脱气处理后才能使用。选择了合适的流动相溶剂后，为了改善分析的效率，还应考虑以下几个方面：

1. 调节流动相的极性　为使组分获得良好的分离，分析速度适中，通常希望组分的容量因子 k 保持在 $1 \sim 10$ 范围内，若组分的 k 值超出此范围，可通过改变流动相的极性，来获取适用的 k 值，流动相极性可通过改变不同溶剂的比例来实现。

在化学键合相色谱中，溶剂的洗脱能力与其极性相关。在正相色谱中，固定相的极性比流动相大，因此流动相的极性越大，洗脱能力越强；在反相色谱中，固定相的极性比流动相小，流动相的极性越弱，洗脱能力越强，如水的极性比甲醇的极性强，所以在反相色谱柱中，甲醇的洗脱能力比水强，在甲醇和水的混合溶剂中，甲醇的比例越高，洗脱能力越强。

2. 调节流动相的酸碱性　流动相中的 pH 变化会改变组分的离解程度，如有机酸、生物碱等易离解组分在不同 pH 的溶剂中离解程度不同，组分以离子形式和分子形式共存，则可使峰变宽或拖尾，因此常向含水流动相中加入酸、碱或缓冲溶液，以控制流动相的 pH，抑制组分的离解，减少谱带拖尾、改善峰形，提高分离的选择性，这种技术也称为离子抑制色谱法。一般来说，反相色谱中，若被分析的组分是易离解的酸性物质，则向流动相中加入适量的酸或缓冲溶液，降低流动相的 pH，使 k 值增大，保留时间增大；若被分析组分为易离解的碱性物质，则向流动相中加入适量的碱或缓冲溶液，提高流动相的 pH，使 k 值增大，保留时间增大。例如，测定大黄中的蒽醌类成分时，由于蒽醌类成分的酚羟基易离解，以甲醇和 0.1%磷酸水溶液为流动相，以抑制其离解。

加入了酸、碱或缓冲溶液的流动相流经色谱柱后，当仪器使用完成时，应及时对其进行清洗，清洗的方法是先用含水溶剂清除流动相中的酸、碱、缓冲溶液，再用洗脱能力强的适合溶剂清洗色谱柱中残留的成分。

3. 梯度洗脱　HPLC 的洗脱方式有等度（isocratic elution）和梯度（gradient elution）两种。等度洗脱是在同一分析周期内流动相组成保持恒定，适合于组分数目较少、性质差别不大的样品。梯度洗脱是在一个分析周期内连续或间断改变流动相的组成，以改变流动相的极性、pH等，从而使得待测组分都得到较好的分离度，适用于分析组分数目多、组分分配系数 K 值差异较大的复杂样品。梯度洗脱可提高柱效、缩短分析时间、提高分离度、改善峰形等，但也易引起基线漂移，现已在高效液相色谱法中得到广泛的运用。

如图 12-9 所示，在反相色谱中，试样中含有多个组分，其分配系数 K 值的分布范围很宽，用低洗脱能力的流动相（高极性溶剂系统）进行等度洗脱，此时 K 值小的组分能得到较好的分离，而 K 值大的组分保留时间很长，甚至无法流出色谱柱，色谱峰变宽；如用强洗脱能力的流动相（低极性溶剂系统）进行等度洗脱，此时 K 值大的组分保留时间适合，分离情况较好，但 K 值小的组分很快被洗脱下来，各组分保留时间相近，分离度不好。此时，为了改善试样的分离效果，可采用梯度洗脱方式进行分离，先用低洗脱能力流动相开始洗脱，待 K 值小的组分得到较好的分离，然后增加流动相的洗脱能力，使 K 值大的组分保留时间适当，且分离效果较好。

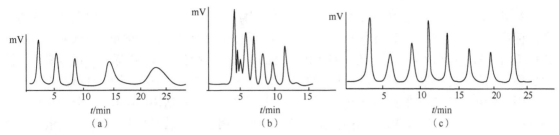

图 12-9 反相色谱中不同溶剂系统洗脱情况比较
（a）高极性溶剂系统；（b）低极性溶剂系统；（c）梯度洗脱

第 5 节 分 析 方 法

一、定性分析

高效液相色谱法与气相色谱法类似，首先通过对复杂样品进行分离，再对所得的单一组分进行定性鉴别，可分为对照品对照鉴别和两谱联用鉴别等。

1. 利用对照品对照鉴别 根据相同物质在同一色谱条件下保留时间相同的原理进行定性。将对照品及待测样品在同一色谱条件下进行分析，确定对照品的保留时间及样品中各组分保留时间，若样品中某组分的保留时间与对照品保留时间一致，则该组分可能是与对照品相同的成分，若样品中不存在与对照品保留时间相同的色谱峰，则说明该试样中不存在与对照品相同的成分。利用对照品鉴别试样中的目标成分是实际工作中最常用的定性方法，对于已知组成药物的分析尤为实用。利用保留时间一致法来进行定性分析，要求对照品与样品分析时色谱条件严格保持一致。

为了避免外界条件对组分保留时间的影响，也可利用加入标准品增加峰高法定性，将适量的已知对照品加入试样中，对比加入前后的色谱图，若加入后某色谱峰相对增高，则该色谱图对应组分与对照品可能为同一物质。

2. 利用两谱联用鉴别 随着二极管阵列及质谱等检测器广泛使用，色谱-光谱联用技术、色谱-质谱等联用技术得到了极大的发展，可得到三维色谱-光谱（质谱）图，三维图谱可以给出试样的色谱图，同时又能给出每个色谱峰的光谱图或质谱图，从而获得定性信息。

二、定量分析

高效液相色谱的定量方法与气相色谱定量方法类似，主要有面积归一化法、外标法和内标法。

由于归一化法要求试样中所有组分都能出色谱峰，这对高效液相色谱来说难以达到，因此液相色谱法较少使用归一化法。常用外标法和内标法进行定量分析。

1. 外标法 外标法是以待测组分对照品配制标准试样，与待测试样同时进行色谱分析而定量的，可分为标准曲线法、外标一点法和外标两点法，具体方法可参阅第 3 章的外标法定量。外标法的特点是：①必须要有相应的对照品才能定量；②测定时，对照品的测定条件与待测样品的测定条件应完全一致；③外标法每次进样时体积要准确，否则定量误差大；④测定时不需要试样中所有的组分均出峰，也无需知道校正因子。

2. 内标法 内标法是将一定量的内标物加入到样品中，再经色谱分析，根据样品的质量和内标物质量以及待测组分峰面积和内标物的峰面积，求出待测组分的含量。高效液相色谱法内标法与气相色谱法中内标法相似，对于内标物的要求同气相色谱法。内标法的优点是可抵消仪器稳定性差、进样量不准确等原因带来的定量分析误差，缺点是不易寻找内标物。

用高效液相色谱法建立定量分析方法时，需进行"色谱系统适用性试验"，分析在给出的实验条件下色谱柱达到的理论塔板数、分离度、拖尾因子、灵敏度及重复性。"色谱系统适用性试验"的要求与气相色谱法相同。

第6节 应用与示例

随着高效液相色谱技术的发展，其在药物分析中的应用日益广泛，主要包括药物的含量测定、指纹图谱检查、杂质检查等方面。

例 12-1 血脂康片的指纹图谱检查及含量测定法

（1）指纹图谱检查法

色谱条件与系统适用性试验 以十八烷基硅烷键合硅胶为固定相；流动相为乙腈（A）及 0.05%磷酸溶液（B），按下表中的规定进行梯度洗脱；流速为每分钟 1 mL；柱温为 30 ℃；检测波长为 256 nm；理论塔板数按洛伐他汀峰计算应不低于 40 000。

时间/min	流动相 A/%	流动相 B/%
0~45	25→84	75→16
45~55	84→25	16→75
55~65	25	75

参照物溶液的制备 取洛伐他汀对照品适量，精密称定，加乙腈制成每 1 mL 含 1 mg 的溶液。

供试品溶液的制备 取本品 10 片，除去薄膜衣，研细，取 2 g，精密称定，置具塞锥形瓶中，精密加入乙腈 10 mL，密塞，摇匀，称定质量，超声处理（功率 250 W，频率 40 kHz）30 min，放冷，再称定质量，用乙腈补足减失的质量，摇匀，过滤，取续滤液，即得。

测定法 精密吸取参照物溶液与供试品溶液各 10 μL，注入液相色谱仪，测定，记录 65 min 内的色谱图，见图 12-10。

供试品指纹图谱中应呈现 10 个共有峰，其中 6 号峰与参照物峰的相对保留时间应为 0.45~0.65，经二极管阵列检测器检测，在 271 nm、281 nm 处有最大吸收，在 293 nm 处有最大吸收或肩峰。按中药色谱指纹图谱相似度评价系统计算，供试品指纹图谱与对照指纹图谱的相似度不得低于 0.85。

（2）含量测定

色谱条件与系统适用性试验 以十八烷基硅烷

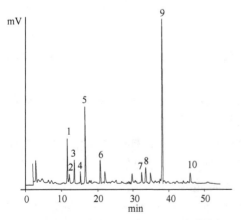

图 12-10 血脂康指纹图谱（峰 9 为洛伐他汀）

键合硅胶为填充剂；以甲醇-水（75∶25）为流动相；检测波长为 237 nm；理论塔板数按洛伐他汀峰计算应不低于 4000。

对照品溶液的制备　取洛伐他汀对照品适量，精密称定，加甲醇制成每 1 mL 含 40 μg 的溶液。

供试品溶液的制备　取装量差异项下的本品，研细，取 0.4 g，精密称定，置具塞锥形瓶中，精密加入 75%乙醇 10 mL，密塞，摇匀，称定质量，超声处理（功率 250 W，频率 28 kHz）20 min，放冷，再称定质量，用 75%乙醇补足减失的质量，摇匀，离心（转速为每分钟 2000 转）5 min，精密量取上清液 3 mL，加在已处理好的中性氧化铝柱（200～300 目，4 g，内径为 0.9 cm）上，用甲醇 22 mL 分次洗脱，收集洗脱液，置 25 mL 量瓶中，加甲醇至刻度，摇匀，过滤，取续滤液，即得。

测定法　精密吸取对照品溶液与供试品溶液各 10 μL，注入液相色谱仪，测定，即得。

本品每片含红曲以洛伐他汀（$C_{24}H_{36}O_5$）计，不得少于 2.5 mg。

例 12-2　佐米曲普坦片的有关物质检查及含量测定

（1）有关物质检查：取本品细粉适量，加流动相溶解并稀释制成每 1 mL 中约含佐米曲普坦 0.5 mg 的溶液，过滤，取续滤液作为供试品溶液；精密量取 1 mL，置 100 mL 量瓶中，用流动相稀释至刻度，摇匀，作为对照溶液。色谱柱为 C18 柱，以磷酸盐溶液（取磷酸二氢钾 6.8 g，庚烷磺酸钠 1.01 g，加水溶解并稀释至 1000 mL，用三乙胺调节 pH 至 6.0）-乙腈（82∶18）为流动相；检测波长为 224 nm。理论塔板数按佐米曲普坦峰计算不低于 2000，佐米曲普坦峰与相邻杂质峰间的分离度应符合要求。供试品溶液色谱图中如有杂质峰，单个杂质峰面积不得大于对照溶液主峰面积的 0.5 倍（0.5%），各杂质峰面积的和不得大于对照溶液主峰面积（1.0%）。供试品溶液色谱图中小于对照溶液主峰面积 0.01 倍的色谱峰忽略不计（0.01%）。

（2）含量测定：色谱条件与系统适用性试验　用十八烷基硅烷键合硅胶为填充剂，以磷酸盐溶液（配制方法同检查项）-乙腈（82∶18）为流动相；检测波长为 224 nm。理论塔板数按佐米曲普坦峰计算不低于 2000，佐米曲普坦峰与相邻杂质峰间的分离度应符合要求。

测定法　取本品适量，加入流动相，超声使佐米曲普坦溶解并定容至 25 mL，摇匀，过滤，取续滤液作为供试品溶液，精密量取 20 μL 注入液相色谱仪，记录色谱图；另取佐米曲普坦对照品适量，精密称定，加流动相溶解并稀释制成每 1 mL 中约含 25 μg 的溶液，同法测定。按外标法以峰面积分别计算每片的含量，即得。

第 7 节　超高效液相色谱法简介

超高效液相色谱法（ultra performance liquid chromatography，UPLC）是建立在 HPLC 的理论基础上，所用固定相的粒度更小（<1.7 μm），泵提供的压力更大，分析速度更快及分离效率更高的一种新型液相色谱分析方法。与 HPLC 相比较，UPLC 全面提升了液相色谱的分离效能，不仅提高了分辨率，也使检测灵敏度和分析速度大大提高，使液相色谱在更高水平上实现了突破。UPLC 与 HPLC 的操作条件比较见表 12-1。

表 12-1　UPLC 与 HPLC 的操作条件比较

参数	UPLC	HPLC
填料粒度/μm	<2.0	3～10
柱长/cm	3～10	10～25
柱内径/mm	～2.1	3～5
柱压/MPa	40～100	5～20
柱效/（塔板数/m）	10^4～10^6	10^3～10^4
流动相流速/（mL/min）	0.2～0.7	0.5～2.5
进样体积/μL	<10	10～100

1. 理论基础　在高效液相色谱的速率理论中，van Deemter 方程式为 $H = A + B/u + Cu$，由于 $A \propto d_p$，$C \propto d_p^2$，如果仅考虑固定相粒度 d_p 对板高 H 的影响，其简化方程式可表达为

$$H = A(d_p) + \frac{b}{u} + C(d_p)^2 u \tag{12-5}$$

由式（12-5）可知，减小固定相粒度 d_p，可显著减小板高 H，增加柱效，色谱柱中装填固定相的粒度是对色谱柱性能产生影响的最重要的因素。同时，从式（12-5）也可得知，具有不同粒度固定相的色谱柱，都对应各自最佳的流动相的线速度，不同粒度的 H-u 曲线对应的最佳线速度见表 12-2 所示。

表 12-2　不同粒度固定相对应的最佳流动相线速度

d_p/μm	10	5	3.5	2.5	1.7
u/（mm/s）	0.79	1.20	1.47	2.78	4.32

由上述数据表明，随色谱柱中固定相粒度的减小，最佳线速度向高流速方向移动，并且有更宽的优化线速度范围。因此，降低色谱柱中固定相的粒度，不仅可以增加柱效，同时还可提高分离速度。但是，在使用小颗粒的固定相时，会使柱压（Δp）大大增加，使用更高的流速会受到固定相的机械强度和色谱仪系统耐压性能的限制。

因此，要实现超高效液相色谱分析，除应具备颗粒小的固定相外，还必须具备能耐更高压力的流动相输送系统，更快速进样系统及检测器等。

2. 超高效液相色谱的发展及应用　传统的高效液相色谱仪器固定相粒度大于 3.5 μm，其可承受的压力上限在 40 MPa 以内，可在几十分钟内实现大多数样品的分离。直至 2004 年，美国 Waters 公司展出最新研制的 UPLC，固定相粒径仅为 1.7 μm，可承受的压力可达 140 MPa，样品的分析时间可由常规的 HPLC 需要的 30 min 缩短为 5 min，柱效每米高达数十万理论塔板数。UPLC 使液相色谱分离效率和分离速度达到新的高度，其发展主要依赖于以下几个方面技术发展：

（1）获得高柱效的色谱柱：包括合成并筛选出粒度小于 1.7 μm、粒径分布窄的新型固定相、解决小颗粒填料的装填问题，使色谱柱的填装更均匀。

（2）制造超高压输液泵：在 UPLC 中使用固定相的粒度越小，其柱压力越大，因此要保证实现高效、高速分析，高压泵必须能提供和承受更大的压力。

（3）使用低扩散、低交叉污染的快速自动进样器，配备了针内进样探头和压力辅助进样技术。

（4）具备超高效液相色谱的高速检测器。UPLC 分离获得的色谱峰半峰宽小于 1 s，这要求检测器采样速度非常快、测定时间更短，以获得准确、可重现的数据。

（5）实现了完善的系统整体性设计，降低了整个系统的死体积。

与传统的 HPLC 相比，UPLC 的速度、灵敏度及分离度得到了显著的提高，因此大大节约分析时间，节省溶剂，在药学、生命科学等很多领域得到广泛应用。

（1）在天然药物化学的分析方面多有应用，天然产物组成复杂，应用 UPLC 结合质谱检测器联用技术，可对天然产物进行快速的定性、定量分析，缩短了分析时间。

（2）在组合化学和各种化合物库的合成中，可用于对合成的大量化合物进行快速高通量筛选。

（3）在蛋白质、多肽、代谢组学分析及其他一些生化分析时，大量的样品需要在很短的时间内完成，这时 UPLC 与质谱联用发挥重要作用。

（4）用于通用、常规 HPLC 分析方法的开发，可大大提高分析速度，节省分析时间。

思考与练习

1. HPLC 与经典液相色谱法相比较，有何异同点？HPLC 法与 GC 法比较，测定对象有何不同？

2. 试分析 HPLC 法的速率方程中各项的影响因素及其对塔板高度的影响程度大小，并说明在实际工作中应如何选择 HPLC 条件以提高柱效。

3. 高效液相色谱仪由哪几部分组成？

4. 流动相进入仪器前，应进行哪些处理？

5. 简述使用高压泵时应注意的事项。

6. HPLC 色谱柱类型及其使用注意事项有哪些？

7. 简述紫外检测器的类型、测定原理、特点及其运用范围。

8. 简述蒸发光散射检测器的测定原理、特点及其运用范围。

9. 简述荧光检测器、电化学检测器的测定原理、特点及其运用范围。

10. 何谓化学键合相，有何优点？简述化学键合相的分类及其使用注意事项。

11. 简述正相键合相色谱法的分离原理、分离特点及其运用范围。

12. 简述反相键合相色谱法的分离原理、分离特点及其运用范围。

13. 简述离子对色谱法的分离原理、运用范围及影响保留值的因素。

14. 简述改善 HPLC 法分离度的方法。

15. 什么是梯度洗脱？梯度洗脱有何优点，适用于何种类型的物质分离？

16. 键合相的键合基团的碳链长度增长后，其极性变化为（　　）。

A. 极性减小　　　　B. 极性增大　　　　C. 极性无影响　　　　D. 载样量减小

17. 在 HPLC 中，范氏方程中的哪一项对柱效的影响可以忽略不计（　　）

A. 涡流扩散项　　　　　　　　　　B. 流动相的传质阻力项

C. 静态流动相的传质阻力项　　　　D. 纵向扩散项

18. 在液相色谱中，梯度洗脱适用于分离（　　）。

A. 异构体　　　　　　　　　　　　B. 沸点相近，官能团相同的化合物

C. 沸点相差大的试样　　　　　　　D. 极性变化范围宽的试样

19. 在反相色谱法中，若以甲醇-水为流动相，增加甲醇的比例时，组分的容量因子 k 与保留时间 t_R 的变化为（　　）。

A. k 与 t_R 增大　　B. k 与 t_R 减小　　C. k 与 t_R 不变　　D. k 增大，t_R 减小

课 程 人 文

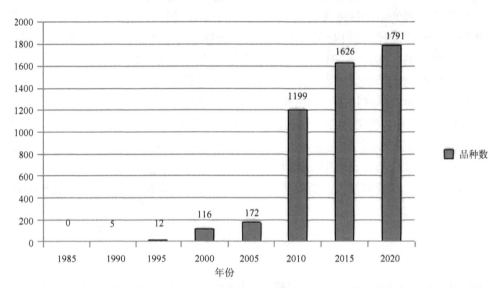

此图为《中国药典》（一部）利用高效液相色谱法（HPLC）测定中药成分含量的品种数，从图可以看出 HPLC 法的发展，也可看出中药质量研究的进步。

第 13 章
毛细管电泳法

毛细管电泳（capillary electrophoresis，CE）又称高效毛细管电泳（high performance capillary electrophoresis，HPCE），是一类以毛细管柱为分离通道、以高压直流电场为驱动力，根据各组分淌度或分配行为的差异而实现快速、高效分离的新型液相分离分析方法。

毛细管电泳是经典的电泳技术与现代微柱分离技术相结合的产物。电泳是电介质中荷电粒子在电场作用下以不同速度向电荷相反方向迁移的现象。利用电泳现象对化学或生物化学组分进行分离分析的技术称为电泳技术，它是生物大分子分离最有效的方法之一。传统的电泳方法最大的局限性是难以克服电场高压所引起的电介质离子流的焦耳热，限制了电压的增加。而毛细管电泳中，电泳是在内径很小的毛细管中进行，由于毛细管中产生的焦耳热能有效地扩散，因此分离过程可在高电压下进行，极大地提高了分离速度。

CE 法与 HPLC 法一样，同属于液相分离技术，但其分离机理不同，各自存在不同的分离模式，因此这两种方法可以互相补充。与高效液相色谱法相比较，毛细管电泳法中毛细管容积小，因此分析样品用量少，分离所需的试样可为纳升级，溶剂用量少；由于采用高电场，因此 CE 法的分离速度更快，可在数十秒至几分钟内完成样品的分析，CE 法分离效率更高，其柱效可达 $10^5 \sim 10^6$/m；CE 法的分离对象范围更广，不仅能分析中小分子的样品，而且还能更高效地分离分析核酸、蛋白质、多肽等大分子样品；毛细管电泳仪器无须高压泵输液系统，仪器成本低；CE 法在测量结果的重现性方面较高效液相色谱逊色。

目前，毛细管电泳在化学、生命科学、药学、临床医学、法医学、环境科学及食品科学等领域有着十分广泛的应用。在药物分析中涉及的研究范围包括药物质量控制、药物代谢分析、生物制品定性定量以及中药材种属鉴定等方面，有着重要的实用价值和非常好的应用前景。

第 1 节　基　本　原　理

一、电泳和电泳淌度

电泳（electrophoresis）是指在电场作用下带电粒子在介质（如溶液）中的定向移动现象。带电粒子的电泳方向与其电性有关，负电荷粒子向正极移动，正电荷粒子向负极移动。当介质中的荷电粒子在电场中运动时，受到电场力 F 及溶剂阻力 F' 的作用，当两个作用力相等时，粒子则以稳定速度 u_{ep} 运动。

荷电粒子受到的电场力 F 为粒子所带的电荷 q 与电场强度 E 的乘积，受到的溶剂阻力 F' 为摩擦系数 f 与粒子在电场中的迁移速度 u_{ep} 的乘积，即

$$F = q \cdot E \tag{13-1}$$

$$F' = f \cdot u_{ep} \tag{13-2}$$

摩擦系数 f 的大小与带电粒子的大小、形状以及介质黏度有关。对于球形粒子，$f = 6\pi\eta\gamma$，其中 γ 是粒子半径；η 是介质的黏度。当 $F = F'$，即 $q \cdot E = f \cdot u_{ep}$，则

$$u = \frac{q}{6\pi\eta\gamma}E \tag{13-3}$$

从式（13-3）可知，带电粒子的电泳速度与电场强度及所带电荷成正比，与带电粒子半径以及介质黏度成反比。不同物质在同一电场中，由于它们的电荷量、形状、大小的差异，因而它们的电泳速度不同。

电泳淌度（electrophoresis mobility）是单位电场强度下，带电粒子的电泳速度，用 μ_{ep} 表示。

$$\mu_{ep} = u_{ep}/E \tag{13-4}$$

将式（13-3）代入式（13-4）可得

$$\mu_{ep} = \frac{q}{6\pi\eta\gamma} \tag{13-5}$$

在实际溶液中，离子活度系数、溶质分子的离解程度均对带电粒子的电泳淌度有影响，溶液中实际的电泳淌度称为有效淌度，可表示为 μ_{eff}

$$\mu_{eff} = \sum_i \alpha_i \gamma_i \mu_{ep} \tag{13-6}$$

式中，α_i 为样品分子的第 i 级离解度，γ_i 为活度系数或其他平衡离解度。因此，带电粒子在电场中的迁移速度，除与电场强度和介质特性有关外，还与质点的离解度、电荷数及其大小和形状有关。

二、电渗流

1. 电渗流及其影响因素　电渗流（electroosmotic flow，EOF）是指在毛细管中整体溶剂或液体在带电管壁内朝一个方向移动的现象。由于石英毛细管壁表面的硅羟基在溶液中发生离解，管壁带负电，即在毛细管壁上覆盖一层阴离子，由于静电吸附作用，吸引溶液中的水合离子（阳离子）而形成双电层，当在毛细管两端加电压时，双电层中的阳离子向阴极移动，由于离子是溶剂化的，所以带动了毛细管中整体溶液向阴极移动。

电渗流的大小可用单位电场下电渗流速率即电渗淌度 μ_{eo} 或者电渗速度 u_{eo} 表示

$$\mu_{eo} = \frac{\varepsilon\xi_w}{\eta}$$

$$u_{eo} = \mu_{eo}E = \frac{\varepsilon\xi_w}{\eta}E \tag{13-7}$$

式中，ε 和 η 分别为缓冲溶液的介电常数和黏度；ξ_w 为管壁的 Zeta 电位。实际毛细管电泳分析中，电渗速度可按下式计算

$$u_{eo} = L_{eff}/t_{eo} \tag{13-8}$$

$$\mu_{eo} = \frac{u_{eo}}{E} = \frac{L_{eff}}{t_{eo}} \cdot \frac{1}{E} \tag{13-9}$$

式中，L_{eff} 为毛细管有效长度即进样口到检测器的距离；t_{eo} 为电渗流标记物（中性物质）的迁移时间。因此，采用中性粒子作为标记物，可以直接从实验中测得电渗流大小。

由上可知，电渗流速度大小受电场强度、Zeta 电势的影响。在一定范围内，电场强度与电渗流速度成正比，但当外电压太高时，由于产生焦耳热，电渗流与外电场强度关系偏离；而 Zeta 电势受毛细管的管壁材料及表面特性、溶液性质及温度的影响。温度可影响双电层的厚度 δ，温度越高，δ 越大，Zeta 电势越大，电渗流越大。溶液性质包括溶液种类、浓度、pH、溶液中的共存物。

（1）pH 影响：溶液的 pH 会影响毛细管表面硅醇基的离解，从而使管壁表面特性及 Zeta 电势受到影响。在一定的范围内，硅醇基的离解随 pH 的增大而迅速增加，电渗流也随之增大。pH 同样还影响待测试样中各组分的离解能力，不同组分需不同的分离条件。

（2）溶剂的种类与浓度：在相同的外加电压下，不同溶剂的 EOF 大小不同，主要是由于不同溶剂的介电常数 ε 与黏度 η 的比值不同。

（3）溶液中的共存物：在电解质溶液中加入中性盐、两性离子、表面活性剂、有机溶剂等物质后，EOF 会出现显著变化。如中性盐可使双电层厚度减小，表面活性剂能显著改变毛细管内壁电荷特性，两性离子可增加溶液黏度等。

2. 电渗流的流型　与 HPLC 的泵驱动不同，EOF 是电场驱动产生，由于引起流动的推动力在毛细管的径向上均匀分布，管内各处流速接近相等，所以 EOF 属于扁平流，或称为"塞流"。而 HPLC 由于管内径方向上各处的流速不同，流动相的流型则是抛物线状的层流，如图 13-1 所示。相比之下，HPLC 易引起谱带展宽，而 EOF 的塞流则不易引起谱带展宽，这是毛细管电泳法获得高分离度的重要原因之一。

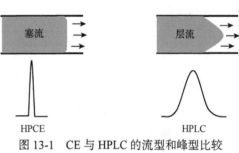

图 13-1　CE 与 HPLC 的流型和峰型比较

三、分离原理

在毛细管电泳中，由于电泳和电渗流并存，粒子在毛细管内电介质中的迁移速率是两种速率的矢量和，即缓冲溶液的电渗淌度 μ_{eo} 和粒子的电泳淌度 μ_{ep} 的矢量和，称为表观淌度（apparent mobility）μ_{ap}，即

$$\mu_{ap} = \mu_{eo} + \mu_{ep} \tag{13-10}$$

在毛细管柱中迁移速度最快的是运动方向与电渗流一致的阳离子，其次是被电渗流带动的中性分子，最慢的是运动方向与电渗流相反的阴离子。这样，在毛细管电泳中，可一次完成阳离子、阴离子和中性分子的分离，由于样品中不同中性分子的电泳速度为零，其表观淌度 μ_{ap} 相等，故不能互相分离。改变电渗流的大小和方向可改变分离效率和选择性，电渗流的微小变化会影响分离结果的重现性，因此在 CE 中，控制电渗流非常重要。

四、柱效和分离度

毛细管电泳的柱效用塔板数 N 与塔板高度 H 来表示，分离理论可套用 HPLC 法中塔板理

论与速率理论，毛细管电泳谱图和色谱谱图在形式上一致，其塔板数和塔板高度计算公式为

$$N = 5.54 \left(\frac{t}{W_{1/2}} \right)^2 \qquad (13\text{-}11)$$

式中，t 为迁移时间，相当于 HPLC 中的保留时间；$W_{1/2}$ 为半峰宽。

CE 法的柱效可用速率方程表示，在 CE 法中无固定相，则速率理论方程中不存在涡流扩散项和传质阻抗项，仅存在纵向扩散项，即

$$H = 2D/u_{ap} = 2D/(\mu_{ap}E) \qquad (13\text{-}12)$$

由式（13-12）可见，塔板高度 H 与组分的扩散系数 D 成正比，分子越大，扩散系数 D 越小，H 越小，所以 CE 法特别适合分离生物大分子。塔板高度 H 与电场强度成反比，电场强度越大，H 越小，因此可适当增加电场强度来增加柱效，但电场强度太大，会产生大量的焦耳热，不利于分离。研究表明，管径是影响焦耳热的一个重要因素，管径越小，焦耳热的影响越小，因此目前采用的多是 25～75 μm 的毛细管。事实上毛细管电泳之所以能实现快速高效，很大程度上就是因为采用了极细的毛细管。

在 CE 中，仍沿用色谱分离度 R 的计算公式来衡量组分的分离情况

$$R = \frac{2(t_{R_2} - t_{R_1})}{W_2 + W_1} \qquad (13\text{-}13)$$

第 2 节　毛细管电泳仪

毛细管电泳仪基本结构如图 13-2 所示，主要由高压电源、电极槽、进样系统、毛细管、检测系统及数据处理系统等组成。在毛细管内充入缓冲溶液，柱的两端置于装有缓冲溶液的电极槽中，每个槽中均装有铂电极，与高压电源相连，试样加入到毛细管柱内，在电场作用下迁移到另一端的检测器中进行检测。

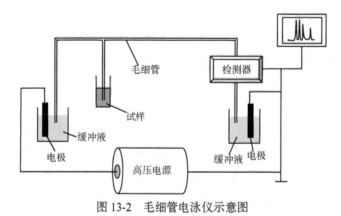

图 13-2　毛细管电泳仪示意图

一、高压电源和电极槽

高压电源一般采用 0～30 kV 连续可调直流高压电源，电压输出精度一般高于 1%。CE 的

电极通常由铂丝制成，电极槽通常是带螺口的小玻璃瓶或塑料瓶，要便于密封。电极槽中缓冲溶液的液面应保持在同一水平面，且毛细管柱两端应插入液面下同一深度，以避免柱两端产生压差引起溶液的流动。

二、进样系统

由于毛细管柱的柱体积一般只有 4~5 μL，因此要求进样系统和检测系统的体积只能有数纳升或更少，否则会产生严重的柱外展宽，使分离效率大大下降。CE 一般采用无死体积进样，即进样时将毛细管直接与样品接触，然后通过重力、电场力或其他动力来驱动样品流入管中。进样量可以通过控制驱动力的大小或进样时间长短来控制。进样方法主要有电动进样法、压力进样法和扩散进样法。

三、毛细管柱系统

毛细管是 CE 分离的主要部分，熔融石英毛细管在 CE 中应用最广泛，一般在管外涂有聚酰亚胺保护层，使之富有弹性，不易折断。CE 主要是在高电场下分离，为了防止高电场所引起的焦耳热的影响，一是使用内径较小的毛细管，另一方面还需将毛细管置于温度可调的恒温环境中，即需安装温度控制系统。为了实现柱上检测，需在毛细管上制作检测窗口。

四、检测系统

目前常用的检测器有紫外吸收检测器、激光诱导荧光检测器、电化学检测器、质谱检测器等。其中，紫外吸收检测已非常成熟，是主要的一类检测手段；荧光检测属高灵敏检测方法，激光诱导荧光检测非常灵敏，可用于单分子检测；电化学中的电导检测方法灵敏度不高，但适用于高电导成分如无机离子的检测；质谱检测灵敏度高，也是目前 CE 法中新发展起来的检测手段。

第 3 节　毛细管电泳分离模式

分离模式多样化是 CE 的分离特征，随着毛细管电泳技术的不断进步，其分离模式不断发展。目前，毛细管电泳常见的分离模式有毛细管区带电泳（capillary zone electrophoresis, CZE）、胶束电动毛细管色谱（micellar electrokinetic chromatography, MEKC）、毛细管电色谱（capillary electro-chromatography, CEC）、毛细管凝胶电泳（capillary gel electrophoresis, CGE）等。

一、毛细管区带电泳

毛细管区带电泳（CZE）是在开管毛细管和一般缓冲溶液中进行的电泳，是 CE 中最基本、最简单、最常见的一种操作模式，其他分离模式是在 CZE 基础上发展起来的。该方法应用范围最广，可以对无机小分子或生物大分子进行分离检测。

CZE 分离原理是根据各组分在 CE 中表观淌度的差别进行分离的，由前面的分析可知，当试样在毛细管中被施加外电压后，各组分均在毛细管中进行迁移，其表观淌度受电渗淌度和电泳淌度共同影响。在 CZE 分离条件下，电渗流向负极迁移，正离子的电泳方向与电渗流方向一致，迁移速度大于电渗流速度，最先流出毛细管柱；中性粒子的电泳速度为零，但会在电渗流的带动下向负极迁移，迁移速度与电渗流相等；负离子的运动方向与电渗流方向相反，当电渗流速度大于电泳速度时，离子也是向负极迁移，迁移速度小于电渗流速度，流出毛细管柱的时间比中性粒子长；若电渗流速度绝对值小于电泳速度绝对值时，则负离子无法流出。

二、胶束电动毛细管色谱

胶束电动毛细管色谱（MEKC）是在 CZE 基础上发展起来的，在缓冲溶液中加入表面活性剂且浓度高于其临界胶束浓度时形成胶束，此时胶束相当于固定相，溶质在水相、胶束相中的分配系数不同，同时在电场作用下，毛细管中的胶束和水相有不同的迁移速度，在电渗流和溶解分配平衡过程的双重作用下得以分离。

MEKC 是以胶束为准固定相的一种 CE 模式，是电泳技术与色谱技术的巧妙结合，它具有电泳及色谱双重分离原理。与 CZE 相比，MEKC 除了能分离离子化合物外，还可分离不带电的中性组分，拓宽了 CE 的应用范围，主要用于小分子、中性化合物、手性对映体和药物等。

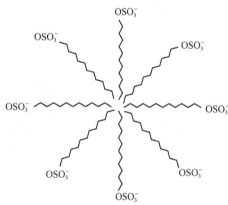

图 13-3　十二烷基硫酸钠形成的负胶束

1. 胶束　表面活性剂分子一端为亲水性基团、一端为疏水性基团，当它们在水中的浓度达到其临界胶束浓度（CMC）时，疏水性的一端聚在一起朝向里，避开亲水性的缓冲溶液，亲水端朝向缓冲溶液，即分子缔合而形成胶束，胶束表面常常带有正电或负电。MEKC 中最常用的阴离子表面活性剂是十二烷基硫酸钠[$CH_3(CH_2)_{10}CH_2OSO_3Na$，SDS]，如图 13-3 所示，带负电荷的 SDS 胶束不溶于水，在毛细管中作为独立的一相向阳极迁移。

2. 分离原理　在 MEKC 中，存在着类似于色谱的两相，一是流动的水溶液相，二是起到固定相作用的胶束相，溶质在这两相中进行分配。疏水性强、亲水性弱的溶质分配到胶束中的多，亲水性强、疏水性弱的溶质分配到缓冲溶液中的多。当溶质进入胶束时，以胶束的速度向阴极迁移；溶质进入缓冲溶液时，以电渗的速度迁移。胶束带电，其迁移速度与电渗速度不同，如前所述的 SDS 胶束带负电，其迁移速度比电渗速度小，因此在胶束中分配系数越大的溶质，在柱中迁移时间越长，从而使亲水性不同的中性物质在电泳中得以分离。

显然，表面活性剂的种类、性质及其浓度是 MEKC 分离条件选择的关键之一，常用表面活性剂有各种阴离子表面活性剂、阳离子表面活性剂、非离子和两性表面活性剂。

三、毛细管电色谱

毛细管电色谱（CEC）是将 CE 和 HPLC 结合起来的一种分离分析方法。是在毛细管内填充、管壁涂覆或键合固定相，使样品在两相间进行分配，以电渗流作为驱动力，对试样进行分离分析的方法。CEC 包含了电泳和色谱两种机制，具有高柱效和高选择性。CEC 既能分析带电离子，又能分析中性物质。对离子化合物的分析，既有色谱分离机制，又有电泳分离机制；对于中性物质的分离，其分离机制与 HPLC 相同。

四、毛细管凝胶电泳色谱

毛细管凝胶电泳色谱（CGE）是毛细管内填充凝胶作为支持介质进行电泳，凝胶在结构上类似于分子筛，被分离组分淌度与分子尺寸大小有关，不同体积的溶质分子在起"分子筛"作用的凝胶中得以分离，CGE 中组分的分离与其所带电荷无关，只与分子量大小有关。常用于蛋白质、寡聚核苷酸、核糖核酸（RNA）、DNA 片段分离和测序及聚合酶链反应（PCR）产物分析，可实现根据分子量大小进行分离。

第 4 节　应用与示例

毛细管电泳已成为药物分离分析中的一个重要技术，可用于药物含量测定、杂质检查等方面的工作，特别是对大分子化合物如蛋白质的测定具有较大的优势。

例 13-1　毛细管电泳法检查佐米曲普坦中手性杂质

目前，大部分检测方法对分离分析异构体存在较大的困难，毛细管电泳法的技术特点和优势，能较好地对某些异构体进行分离分析。作为药物的佐米曲普坦为(S)-4-[(3-[2-(二甲氨基)乙基]吲哚-5-基]甲基]-2-噁唑烷酮（$C_{16}H_{21}N_3O_2$），在此原料药中常混有 R 型异构体杂质。为了检测和制控佐米曲普坦中的 R 型异构体杂质，可采用毛细管电泳法。

电泳条件与系统适用性试验　用弹性石英毛细管柱（内径 50 μm）为分离通道；以 30 mmol/L 羟丙基-β-环糊精溶液（用磷酸调节 pH 至 2.2 的 50 mmol/L 磷酸二氢钠缓冲溶液配制）为运行缓冲液，检测波长为 225 nm，分离电压为 20 kV，进样端为正极，柱温 25 ℃，0.5 psi（非法定单位，1 psi=1 lb/in²=6.894 76×10³ Pa）压力进样 5 s。进样前需用运行缓冲液预清洗 10 min。分别取佐米曲普坦对照品与(R)-异构体对照品适量，加 0.1 mol/L 盐酸溶液溶解并稀释成每 1 mL 中含佐米曲普坦 0.5 mg 与(R)-异构体 2.5 μg 的混合溶液作为系统适用性溶液，按上述方法进样，理论塔板数按佐米曲普坦峰计算不低于 5000，佐米曲普坦峰与(R)-异构体峰间的分离度应符合要求。

测定法　取本品约 50 mg，置 100 mL 量瓶中，加 0.1 mol/L 盐酸溶液溶解并稀释至刻度，摇匀，作为供试品溶液；精密量取上述系统适用性溶液 1 mL，置 200 mL 量瓶中，用 0.1 mol/L 盐酸溶液稀释至刻度，摇匀，作为对照溶液。分别取供试品溶液与对照溶液进样，记录色谱图。供试品溶液色谱图中如有与(R)-异构体保留时间一致的色谱峰，其峰面积不得大于对照溶液主峰面积（0.5%）。

例 13-2　毛细管电泳法检测抑肽酶中去丙氨酸-去甘氨酸-抑肽酶和去丙氨酸-抑肽酶的含量

生物制品是医药药品的重要组成部分，但其分子量大、结构复杂，分离分析困难一直是阻碍其快速发展的因素之一，毛细管电泳技术的应用正在逐步解决这一难题。抑肽酶是从牛胰或牛肺中提取、纯化制得的具有抑制蛋白水解酶活性的多肽，常含有去丙氨酸-去甘氨酸-抑肽酶和去丙氨酸-抑肽酶杂质，且很难分离分析，为了检测及控制杂质的含量，可采用毛细管电泳法进行分离测定。

电泳条件与系统适用性试验　采用熔融石英毛细管为分离柱（75 μm×60 cm，有效长度50 cm）；以 120 mmol/L 磷酸二氢钾缓冲液（pH=2.5）为操作缓冲液；检测波长为 214 nm；毛细管温度为 30 ℃；操作电压为 12 kV。去丙氨酸-去甘氨酸-抑肽酶峰相对抑肽酶峰的迁移时间为 0.98，去丙氨酸-抑肽酶峰相对抑肽酶峰的迁移时间为 0.99；去丙氨酸-去甘氨酸-抑肽酶峰和去丙氨酸-抑肽酶峰间的分离度应大于 0.8，去丙氨酸-抑肽酶峰和抑肽酶峰间的分离度应大于0.5；抑肽酶峰的拖尾因子不得大于 3。

溶液制备　取本品适量，加水溶解并稀释制成每 1 mL 中约含 5 单位的溶液，作为供试品溶液；另取抑肽酶对照品，加水溶解并稀释制成每 1 mL 中含 5 单位的溶液，作为对照品溶液。

测定　进样端为正极，1.5 kPa 压力进样，进样时间为 3 s。每次进样前，依次用 0.1 mol/L氢氧化钠溶液、去离子水和操作缓冲液清洗毛细管柱 2、2 和 5 min。分别测定供试品溶液及对照品溶液，利用所得色谱图计算含量。

思考与练习

1. 什么是电泳现象？电泳淌度受哪些因素影响？
2. 简述电渗流是如何形成的，影响因素有哪些？
3 CE 法与 HPLC 法中电渗流的流型有何不同？
4. 简述 CE 法的分离原理。
5. 简述毛细管电泳仪的各组成部分特点。
6. 简述毛细管电泳各种分离模式特点及其运用。

课程人文

致命的弱点

毛细管电泳（CE）包含电泳、色谱及其交叉内容，它使分析化学得以从微升水平进入纳升水平，并使单细胞分析，乃至单分子分析成为可能。长期困扰我们的生物大分子如蛋白质的分离分析也因此有了新的转机。

CE 和 HPLC 相比，其相同之处在于都是高效分离技术，操作均可自动化，且都有多种不同分离模式。理论上，CE 比 HPLC 速度快，柱效更高，样品用量更小。但 CE 不稳定，重现性较差，在药物分析，尤其是定量分析中，还是用之甚少。

第14章

质谱联用技术

随着仪器技术的迅速发展，大量的质谱分析与联用的新方法和新技术不断涌现，质谱联用技术的应用越来越广泛，已成为现代科学研究和实验技术的重要组成部分。质谱联用技术是指将质谱仪作为检测系统，与其他分离分析仪器如色谱仪等有机结合，从而实现在线分析的方法。质谱联用技术涉及面较广，本章重点介绍气相色谱-质谱联用技术、液相色谱-质谱联用技术及电感耦合等离子体-质谱联用技术。

第1节 气相色谱-质谱联用分析法

气相色谱-质谱联用技术又称气相色谱质谱法（gas chromatography-mass spectrometry，GC-MS），是利用气相色谱对复杂试样进行分离后，利用质谱对所分离的纯物质进行鉴定和结构分析而发展成的一种技术，其仪器称为气相色谱-质谱联用仪，简称气质联用仪。由于从气相色谱柱分离后的组分为气态，流动相为气体，与质谱进样要求相同，因此气质联用仪是较早实现联用技术的仪器，目前该方法已成为一种常规的联用分析法。

1. GC-MS 原理 待测复杂样品进入气相色谱仪，经色谱柱分离后所得各纯组分随载气在不同时间内进入质谱仪中，在离子源中被电离后，各组分所形成的各类离子进入质量分析器及检测器后，由质谱记录仪记录检测结果，绘成各组分的质谱图，推断各组分结构。

GC-MS 法中 GC 为试样分离系统，MS 为试样检测系统，该方法与 GC 法一样，能提供试样的色谱图，如图 14-1（a）所示，随着进入离子源组分的不同，总离子流随之变化，得到总离子流强度随色谱时间而变化的谱图，即总离子流色谱图（total ion chromatogram，TIC）；GC-MS 法还能提供色谱图中各组分的质谱图，如图 14-1（b）所示，从质谱图中可获得分子离子峰的准确质量、各碎片离子峰强度比、同位素离子峰等信息，均可用于组分的定性分析，使得 GC-MS 法定性比 GC 法可靠得多。

2. 仪器组成 GC-MS 联用仪由气相色谱仪、接口、离子源、质量分析器、检测器和数据处理系统等部分组成。混合组分经气相色谱仪分离后，各组分随载气流出色谱柱，通常色谱柱出口端为大气压力，经过气相色谱仪及质谱仪接口，除去载气，保留组分进入质谱仪离子源，离子源中应保持一定真空度（$10^{-4} \sim 10^{-5}$ Pa）。接口的作用是解决气相色谱仪大气压工作条件和质谱仪真空工作条件的连接与匹配，接口要把气相色谱柱流出物中的载气尽可能多的除去，一般接口温度稍高于柱温。GC-MS 联用仪的离子源主要有标准电子轰击电离（EI）离子源和化学电离（CI）离子源，质量分析器有四极杆质量分析器、离子阱质量分析器、飞行时间质量分析器等。

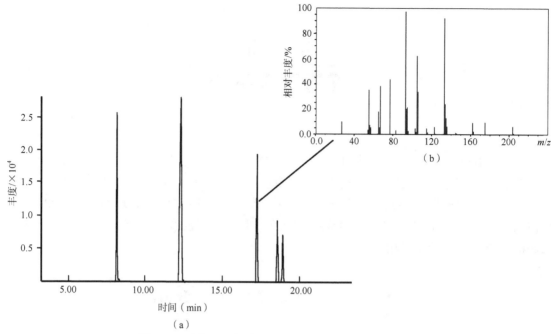

图 14-1 总离子流色谱图（a）及相应组分质谱图（b）

GC-MS 联用仪有多种类型，按所联质谱仪的质量分析器不同，可分为气相色谱-四极杆质谱联用仪、气相色谱-磁质谱联用仪、气相色谱-离子阱质谱联用仪、气相色谱-飞行时间质谱联用仪；按质谱仪的分辨率不同，又可分为高分辨气质联用仪（通常分辨率>5000）、中分辨气质联用仪（通常分辨率为 1000~5000）和低分辨气质联用仪（通常分辨率<1000）。

3. 数据采集模式 GC-MS 数据采集模式主要有全扫描（full scanning）和选择离子监测（selected ion monitoring，SIM）模式。全扫描模式是指在设定的扫描质量范围内以固定时间间隔重复扫描的数据采集模式。从样品进样开始到所有样品分析结束，通过全扫描可得到色谱-质谱三维图谱，既可得到总离子流色谱图，也可得到各组分的质谱图。选择离子监测模式是指质谱测定的过程中，质量分析器仅对选定的特征离子进行扫描的数据采集模式，监测色谱过程中所选定 m/z 的离子流随时间变化的谱图称为选择离子监测色谱图。

4. 定性定量分析 GC-MS 法主要用于组分的定性分析，总离子流色谱图可提供各组分的保留时间，利用保留时间可对组分进行定性分析；更多的是利用各组分的质谱数据进行图谱解析，以确定待测组分的结构。采用 GC-MS 测定多组分样品时，会出现几十上百个色谱峰，对每个色谱峰进行定性分析，若采用常规的人工质谱分析方法将十分困难，可利用质谱标准谱库进行检索，可以快速地完成图谱解析任务。GC-MS 仪中配有的质谱标准谱库是指在标准电离条件下（如电子轰击离子源为 70 eV）得到的大量已知纯化合物的标准质谱图存储在一起形成的质谱谱库。运用最广的是 NIST/EPA/NIH 库，由美国国家科学技术研究所（NIST）、美国环保局（EPA）和美国国立卫生研究院（NIH）共同建立。GC-MS 法也可用于定量分析，可利用总离子流色谱图中各组分的峰高或峰面积作为定量分析的依据；或者在 SIM 模式下，可根据待测组分的峰高或峰面积与组分量的正比关系进行定量分析，其灵敏度较全扫描模式约高 2 个数量级。

5. GC-MS 的应用 GC-MS 联用技术与 GC 技术相比，灵敏度高，可达 10^{-9}~10^{-12} g，适

合含量低、组分复杂、热稳定、易挥发试样的分析，是一种通用型的检测方法。在石油、化工、医药、环保、食品、轻工等方面均有应用，在药物分析中，GC-MS 常用于挥发油成分的鉴别、甾体药物的分析、中药材中农药监测、药物代谢的研究等方面。

第 2 节　液相色谱-质谱联用分析法

液相色谱-质谱联用技术又称液相色谱-质谱法（liquid chromatography mass spectrometry, LC-MS），是利用液相色谱分离复杂样品后，再用质谱对分离的纯物质进行定性定量分析的一种联用技术。与气质联用相似，液相色谱仪起分离作用，质谱仪起检测器作用。GC-MS 联用适用于分析分子量小、热稳定性好、易挥发的组分，而 LC-MS 联用技术适用于大多数难挥发、热稳定较差、分子量较大的组分的分析。LC-MS 联用技术研究始于 20 世纪 70 年代，经过 40 余年的发展，随着联用仪器接口问题的解决，LC-MS 联用技术有了飞速发展，其应用也越来越广泛。

1. 仪器组成　LC-MS 联用仪由液相色谱仪、接口、质谱仪、数据处理系统组成。液相色谱仪可以是 HPLC 或 UPLC，UPLC 较 HPLC 有更高的灵敏度、分析速度和分离效率，目前在液-质联用仪中使用越来越广泛。LC-MS 联用的关键是 LC 和 MS 之间的接口装置，接口装置的主要作用是去除溶剂以达到质谱所要求的真空度并使样品离子化，目前 LC-MS 接口融于离子源系统中。LC-MS 联用仪接口装置大都使用大气压电离(API)离子源，包括电喷雾电离（ESI）离子源和大气压化学电离（APCI）离子源，以及基质辅助激光解吸离子源等。

电喷雾电离（ESI）离子源应用最为广泛，ESI 离子源可以测定分子量为几十万甚至上百万的大分子化合物，如蛋白质、肽类等，ESI 离子源的具体介绍见第 8 章。

大气压化学电离（APCI）离子源是指样品的离子化在处于大气压下的离子化室中完成，由放射源或放电电极产生的低能电子使试剂气体（N_2 等）离子化，经一系列反应使样品产生正、负离子。与 CI 相比，APCI 是在大气压下进行，样品分子与试剂离子的碰撞效率高，因此离子化效率高，检测限低。APCI 适用于分析有一定挥发性的中等极性、弱极性、分子量较小的组分。

LC-MS 联用仪中质谱仪按质量分析器不同，主要类型有四极杆质谱、离子阱质谱、飞行时间质谱等，也有多种质量分析器联合使用的。由于 API 为软电离技术，以其为电离源时，所得的碎片离子较少，不利于分子结构的鉴定。可进一步采用气体对分子离子碰撞从而产生更多的碎片离子，这一过程称为碰撞诱导裂解（collision-induced dissociation，CID）。多级串联质谱就是在多个质量分析器中间夹有一个 CID 池，有针对性地测定某分子离子的结构信息。常用的多级串联质谱仪有三重四极杆串联质谱仪（QQQ）、四极杆-飞行时间多级串联质谱仪（Q-TOF）、离子阱-飞行时间串联质谱仪（IT-TOF）等。

2. 实验条件的选择

（1）HPLC 分析条件的选择：主要是指在保证色谱分离度达到要求的前提下，流动相的组成和流速的选择。在 LC 和 MS 联用时，由于要考虑喷雾雾化和电离，某些溶剂、不易挥发的酸碱、缓冲盐（如磷酸盐）和表面活性剂等不适合作流动相，不易挥发性的物质会在离子源内残留，而表面活性剂会抑制其他化合物电离。在 LC-MS 分析中常用的流动相有水、甲醇、乙腈及易挥发的酸、碱、缓冲盐如乙酸、氢氧化铵和乙酸铵等。由于 ESI 和 APCI 接口是在较小的流量下可获得较高的离子化效率，而 LC 分离的最佳流量往往超过电喷雾允许的最佳流量，常需要采取柱后分流，以达到好的雾化效果。

（2）质谱条件的选择：质谱条件主要是为了改善电离状况，提高检测灵敏度。包括根据试样和流动相特点调节接口处干燥气体的流量和温度；选择合适的离子源；选择适合测定、灵敏度高的质谱正、负离子工作模式等。一般来说碱性样品采用正离子模式，如样品中含有仲胺或叔胺基时可优先考虑使用正离子模式；酸性样品采用负离子模式，如样品中含有较多的电负性强的基团时可考虑使用负离子模式；有些酸碱性并不明确的化合物则要应通过实验方可确定。

3. 定性定量分析 LC-MS 法既可鉴别组分的结构，又可对已知组分进行定量分析。

定性分析方法有两种，一种为测定待测试样的总离子流色谱图及标准试样的色谱图，利用各组分的保留时间与标准试样的保留时间相同、子离子谱也相同进行定性分析；若是无标准试样，必须使用串联质谱，将准分子离子通过 CID 后，进一步得到各级质谱碎片离子，再利用所得的质谱数据进行图谱解析，以确定待测组分的结构。由于 LC-MS 联用时，采用的是 API 离子化技术及 CID 技术，同一化合物，用不同的仪器，所得的碎片质谱图不完全相同，难以标准化，因此，与 GC-MS 法不同，LC-MS 法没有"标准化质谱库"，有些实验室自己建立的质谱库，有一定的参考价值。由此，利用 LC-MS 法鉴定化合物时，高分辨质谱、准确分子量测定显得更为重要。

用 LC-MS 法进行定量分析，原则上可利用总离子流色谱图中各组分的峰高或峰面积作为定量分析的依据，但由于色谱分离不一定完全，同一色谱峰可能包含多种不同组分，给定量带来误差，因此这种方法基本不采用。为了避免干扰，定量测定时常用与待测组分相对应的特征离子的质量（SIM）色谱图或多离子监测（multiple reaction monitoring，MRM）色谱图进行测定，此时不相关的组分将不出峰，可减少组分间的相互干扰。多离子监测色谱图是指在串联 LC-MS 法中，分别对产生 CID 裂解前的某前体离子及该离子产生 CID 裂解后的某特定离子进行数据采集所获得的时间-离子流强度图谱。定量分析可根据图谱中某些特定离子的峰高或峰面积与组分量的正比关系进行，MRM 法比 SIM 法的选择性更好，检测灵敏度更高，结果测定更准确。

4. LC-MS 的应用 LC-MS 具有检测灵敏度高、选择性好、专属性强、提供物质结构信息丰富等特点，在药物及其代谢产物的分析、中药活性成分分析、近年来迅速发展的生命科学研究中生物大分子分析如蛋白质分析等方面均有广泛的应用。

第 3 节 电感耦合等离子体-质谱联用分析法

电感耦合等离子体-质谱联用技术（inductively coupled plasma mass spectrometry，ICP-MS）是将 ICP 技术与质谱结合在一起，ICP 起到离子源的作用，质谱是一个质量筛选和分析器，通过检测不同质核比（m/z）的离子强度，进而进行定性定量分析的方法。ICP-MS 是一种灵敏度非常高的元素分析仪器，属于原子质谱分析范畴。

1. 电感耦合等离子体（ICP）的形成 ICP 的形成就是工作气体的电离过程。将强大的射频（radio frequency，RF）电压加在 RF 工作线圈上，然后利用高压使工作气体放电产生火花形成少量离子，这些离子在电磁场作用下聚集并相互碰撞，很快就使更多的工作气体原子电离，最终形成了稳定的 ICP 火焰。其装置如图 14-2 所示，主要由 RF 工作线圈、工作气体、石英炬管等部分组成。工作气体一般为氩气，炬管由三重同心石英管构成，石英外管与中间管之间通入 10～20 L/min 的氩气，其作用是作为工作气体形成等离子体和冷却石英炬管，称为冷却气或等离子气；中间管和中心管间通入 0.5～1.5 L/min 的氩气，称为辅助气，用以给等离子体火焰向前的推力，实现不断地电离，也很好地保护中心管，以防过高的温度使其融化；中心管用于导入试样气溶胶。

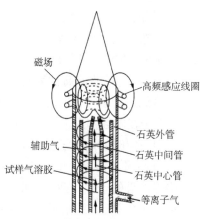

图 14-2　等离子体装置结构示意图

2. 仪器结构及工作原理　ICP-MS 主要由 ICP 离子源、接口、离子镜、质量分析器及检测器组成，如图 14-3 所示。样品经 ICP 离子源离子化后，形成离子流，通过接口进入真空系统，经过离子镜，负离子和中性粒子等被拦截，仅正离子进入质量分析器，不同质荷比的离子得以分离并进入检测器检测，根据所测离子的丰度进行定量分析。

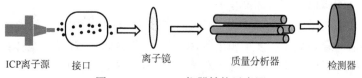

图 14-3　ICP-MS 仪器结构示意图

（1）ICP 离子源：离子源是使样品离子化的部分，主要包括等离子体发生器和进样系统。进样系统中有雾化器和雾化室，其作用是使样品变成气溶胶状态进入 ICP 炬管，并去除气溶胶中的溶剂，以免溶剂干扰等离子体对待测样品的激发过程。

（2）接口：接口的作用是将离子化后的离子有效地传输到质谱仪。等离子体与质谱仪之间存在温度和真空度的巨大差异，等离子体是在常压、高温（约 7500 K）条件下工作，而质谱要求高真空（10^{-4}～10^{-5} Pa）和常温条件下工作，如何将等离子体中高温、常压下的离子有效地传输到高真空、常温下的质谱仪中，是接口所要解决的问题。如图 14-4 所示，接口部分由两个锥体组成，采样锥（孔径 0.8～1.2 mm）和截取锥（孔径 0.4～0.8 mm）。离子束通过采样锥进入截取锥，截取锥的作用是选择来自采样锥孔的膨胀射流的中心部分，并让其通过截取锥进入下一级真空。样品经过两个锥体，只有非常小的一部分离子进入离子透镜。

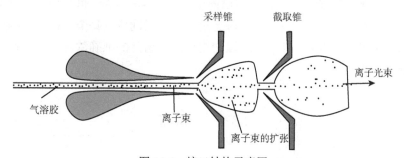

图 14-4　接口结构示意图

（3）离子镜：离子镜是由多组静电控制的透镜组成，其作用是通过接口锥提取等离子气中的离子，送至质量分析器，而非离子化粒子如颗粒物、中性粒子及光子等则被滤除。

（4）ICP-MS 质量分析器和检测器：质量分析器类型主要有四极杆质谱、离子阱质谱、飞行时间质谱等。检测器通常为电子倍增管，结构类似于光电倍增管，由多个串联的电极板构成，这些电极称为打拿极，当离子入射到第一个打拿极时，和电极碰撞，离子消失，同时产生自由电子，电子在电场作用下向下一级电极板移动，并打出更多的电子，如此形成倍增效应。检测器通过对一定时间内离子脉冲信号的计数可以得到离子强度的相对值。

3. 干扰及其消除 ICP-MS 中的干扰可分为两大类：质谱干扰和非质谱干扰。质谱干扰是该法中最严重的干扰类型，可进一步分为同质异位素重叠干扰、多原子或加合物离子干扰、双电荷离子干扰等。非质谱干扰又称基体效应，可分为由高盐含量引起的物理效应和被测物的抑制与增强效应。在样品分析中，多数样品盐度一般控制在 0.1%～0.2%，才可以保证仪器的长期稳定性。非质谱干扰的程度与样品基体性质有关，通过改善样品制备可减少此类干扰。

同质异位素重叠干扰是样品中与分析离子原子质量相同、原子序数不同的粒子所引起的质谱重叠干扰。例如同位素 ^{50}Ti 和 ^{50}Cr，在质谱上同一位置出现质谱峰，形成了同质异位素重叠干扰。实际上，不同元素或同位素之间质量上有很小的差异，不能被低分辨率的质谱仪分辨开，必须使用高分辨率的质谱仪才可去除干扰。

多原子或加合物离子干扰是最常见的质谱干扰类型，这些干扰离子是由两个或更多的原子结合而成的短寿命的复合离子，多来源于等离子体气体、溶剂、样品的基体组分等。例如氩气等离子体中，氩气离子与氧的结合形成 $^{40}Ar^{16}O^+$，可干扰 ^{56}Fe 的测定。多原子或加合物离子干扰取决于多种因素，包括离子提取的几何位置、等离子体及雾化系统的操作参数及样品基本的性质等。可通过优化仪器设置、采用混合试剂或气体、改变样品引入技术等方法克服。

在等离子体中，大多数离子均以单电荷离子形式存在，但也存在一些双电荷离子。双电荷离子的峰出现在母离子的 1/2 质量处，对该离子 1/2 质量数的元素产生重叠干扰。一般来说，只有二次电离能低于 Ar 的一次电离能的那些元素才形成明显的双电荷离子，如碱土金属及一些过渡金属。此类干扰可通过对雾化气流流速、RF 功率、等离子体的采样位置的优化等方法来消除。

4. ICP-MS 的运用 ICP-MS 可用于试样中一个或多个元素的定性、定量分析，几乎可测定元素周期表中 90% 的元素，检测限低，可达 0.1～10 ng/mL，灵敏度高，适用于各类样品从痕量到微量的元素分析，尤其是痕量重金属元素的测定，测定速度快，同时也非常适合多元素的同时测定分析。

原子质谱的图谱比原子发射光谱的图谱简单，且更容易解析，可利用 ICP-MS 法初步确定样品中存在的元素种类，进行定性分析。可通过观察元素同位素每个质荷比处响应值大小，判定是否存在某个元素。也可利用 ICP-MS 法测定样品中组分的准确浓度，常用的定量分析方法有工作曲线法、标准加入法等。

思考与练习

1. 简述 GC-MS、LC-MS、ICP-MS 分析原理、特点及运用范围。

2. 简述 GC-MS、LC-MS、ICP-MS 仪器组成及各组成部分的结构特点。

3. 比较 GC-MS、LC-MS 数据采集模式及定性定量分析的异同。

4. 简述 LC-MS 实验条件选择的注意事项。

5. 简述 ICP-MS 干扰及其消除方法。

课 程 人 文

"古今之成大事业、大学问者，必经过三种之境界：

昨夜西风凋碧树。独上高楼，望尽天涯路。此第一境也。

衣带渐宽终不悔，为伊消得人憔悴。此第二境也。

众里寻他千百度，蓦然回首，那人却在，灯火阑珊处。此第三境也。"

（王国维《人间词话》）

参 考 文 献

柴逸峰，邸欣，2016. 分析化学. 8 版. 北京：人民卫生出版社

陈焕文，2016. 分析化学手册·9A·有机质谱分析. 3 版. 北京：化学工业出版社

陈义，2017. 毛细管电泳技术及应用. 3 版. 北京：化学工业出版社

国家药典委员会，2020. 中华人民共和国药典（2020 年版）. 北京：中国医药科技出版社

何祥久，2017. 波谱解析. 北京：科学出版社

柯以侃，董慧茹，2015. 分析化学手册·3B·分子光谱分析. 3 版. 北京：化学工业出版社

赖聪，2013. 现代质谱与生命科学研究. 北京：科学出版社

刘宝友，刘文凯，刘淑景，等，2019. 现代质谱技术. 北京：中国石化出版社

刘春叶，2013. 毛细管电泳在药物分析中的应用. 西安：西北工业大学出版社

刘淑莹，宋凤瑞，刘志强，2012. 中药质谱分析. 北京：科学出版社

牟世芬，朱岩，刘克纳，2018. 离子色谱方法及应用. 3 版. 北京：化学工业出版社

秦海林，于德泉，2016. 分析化学手册·7A·氢-1 核磁共振波谱分析. 3 版. 北京：化学工业出版社

盛龙生，苏焕华，郭丹滨，2006. 色谱质谱联用技术. 北京：化学工业出版社

孙毓庆，2000. 分析化学（下）. 4 版. 北京：人民卫生出版社

汪正范，杨树民，吴侔天，岳卫华，2001. 色谱联用技术. 北京：化学工业出版社

王立强，石岩，汪洁，郑华，2010. 生物技术中的荧光分析. 北京：机械工业出版社

王乃兴，2006. 核磁共振谱学在有机化学中的应用. 北京：化学工业出版社

武汉大学，2016. 分析化学（下）. 6 版. 北京：高等教育出版社

辛仁轩，2018. 等离子体发射光谱分析. 3 版. 北京：化学工业出版社

许国旺，2016. 分析化学手册·9·气相色谱分析. 3 版. 北京：化学工业出版社

许金钩，王尊本，2006. 荧光分析法. 北京：科学出版社

游小燕，郑建明，余正东，2014. 电感耦合等离子体质谱原理与应用. 北京：化学工业出版社

于世林，2018. 高效液相色谱方法及应用. 3 版. 北京：化学工业出版社

曾元儿，张凌，2007. 分析化学. 北京：科学出版社

张玉奎，2016. 分析化学手册·6·液相色谱分析. 3 版. 北京：化学工业出版社

郑国经，2016. 分析化学手册·3A·原子光谱分析. 3 版. 北京：化学工业出版社

附　　录

附录 1　主要基团的红外特征吸收峰

基团	振动类型	波数/cm^{-1}	波长/μm	强度	备注
一、烷烃类	C—H 伸	3000～2800	3.33～3.57	中、强	分为反对称与对称伸缩
	C—H 弯（面内）	1490～1350	6.70～7.41	中、弱	
	C—C 伸（骨架振动）	1250～1140	8.00～8.77	中	不特征
1. —CH$_3$	C—H 伸（反称）	2962±10	3.38±0.01	强	分裂为三个峰，此峰最有用
	C—H 伸（对称）	2872±10	3.48±0.01	强	共振时，分裂为两个峰，此为平均值
	C—H 弯（反称，面内）	1450±20	6.90±0.1	中	
	C—H 弯（对称，面内）	1380～1365	7.25～7.33	强	
2. —CH$_2$—	C—H 伸（反称）	2926±10	3.42±0.01	强	
	C—H 伸（对称）	2853±10	3.51±0.01	强	
	C—H 弯（面内）	1465±10	6.83±0.1	中	
3. $-\overset{H}{\underset{\vert}{C}}-$	C—H 伸	2890±10	3.46±0.01	弱	
	C—H 弯（面内）	～1340	7.46	弱	
4. —(CH$_3$)$_3$	C—H 弯（面内）	1395～1385	7.17±7.22	中	
	C—H 弯	1370～1365	7.30±7.33	强	
	C—C 伸	1250±5	8.00±0.03	中	骨架振动
	C—C 伸	1250～1200	8.00～8.33	中	骨架振动
	可能为 CH 弯（面外）	～415	24.1	中	
二、烯烃类	C—H 伸	3095～3000	3.23～3.33	中	$\nu_{=C-H}$
	C—C 伸	1695～1540	5.90～6.50	中、弱变	C=C=C 则为 2000～1925 cm^{-1}（5.0～5.2 μm）
	C—H 弯（面内）	1430～1290	7.00～7.75	中	
	C—H 弯（面外）	1010～667	9.90～15.0	强	中间有数段间隔
—CH=CH—（顺式）	C—H 伸	3040～3010	3.29～3.32	中	
	C—H 弯（面内）	1310～1295	7.63～7.72	中	
	C—H 弯（面外）	770～665	12.99～15.04	强	
—CH=CH—（反式）	C—H 伸	3040～3010	3.29～3.32	中	
	C—H 弯（面外）	970～960	10.31～10.42	强	
三、炔烃类	C—H 伸	～3300	～3.03	中	由于此位置峰多，故无应用价值
	C≡C 伸	2270～2100	4.41～4.76	中	
	C—H 弯（面内）	1260～1245	5.94～8.03		
	C—H 弯（面外）	645～615	15.50～16.25	强	
1. R—C≡CH	C—H 伸	3310～3300	3.02～3.03	中	有用
	C≡C 伸	2140～2100	4.67～4.76	特弱	可能看不见
2. R—C≡CR	C≡C 伸	2260～2190	4.43～4.57	弱	

基团	振动类型	波数/cm⁻¹	波长/μm	强度	备注
	①与 C≡C 共轭	2270～2220	4.41～4.51	中	
	②与 C≡O 共轭	～2250	～4.44	弱	
四、芳烃类					
1. 苯环	C—H 伸	3125～3030	3.20～3.30	中	
	泛频峰	2000～1667	5.00～6.00	弱	一般三四个峰（苯环高度特征峰）
	骨架振动（$\nu_{C=C}$）	1650～1430	6.06～6.99	中、强	确定苯环存在的最重要峰之一
	C—H 弯（面内）	1250～1000	8.00～10.0	弱	
	C—H 弯（面外）	910～665	10.99～15.03	强	确定取代位置最重要吸收峰
	苯环的骨架振动	1600±20	6.25±0.08		
	（$\nu_{C=C}$）	1500±25	6.67±0.10		共轭环
		1580±10	6.33±0.04		
		1450±20	6.90±0.10		
（1）单取代	C—H 弯（面外）	770～730	12.99～13.70	极强	五个相邻氢
		710～690	14.08～14.49	强	
（2）邻双取代	C—H 弯（面外）	770～735	12.99～13.61	极强	四个相邻氢
（3）间双取代	C—H 弯（面外）	810～750	12.35～13.33	极强	三个相邻氢
		725～680	13.79～14.71	中、强	三个相邻氢
		900～860	11.12～11.63	中	一个氢（次要）
（4）对双取代	C—H 弯（面外）	860～790	11.63～12.66	极强	两个相邻氢
（5）1, 2, 3-三取代	C—H 弯（面外）	780～760	12.82～13.16	强	三个相邻氢与间双易混，参 δ_{CH} 及泛频峰
		745～705	13.42～14.18	强	
（6）1, 3, 5-三取代	C—H 弯（面外）	865～810	11.56～12.35	强	
		730～675	13.70～14.81	强	
（7）1, 2, 4-三取代	C—H 弯（面外）	900～860	11.11～11.63	中	一个氢
		860～800	11.63～12.50	强	两个相邻氢
（8）1, 2, 3, 4-四取代	C—H 弯（面外）	860～800	11.63～12.50	强	两个相邻氢
（9）1, 2, 4, 5-四取代	C—H 弯（面外）	870～855	11.49～11.70	强	一个氢
（10）1, 2, 3, 5-四取代	C—H 弯（面外）	850～840	11.76～11.90	强	一个氢
（11）五取代	C—H 弯（面外）	900～860	11.11～11.63	强	一个氢
				强	一个氢
2. 萘环	骨架振动（$\nu_{C=C}$）	1650～1600	6.06～6.25		
		1630～1575	6.14～6.35		相当于苯环的 1580 cm⁻¹峰
		1525～1450	6.56～6.90		
五、醇类	O—H 伸	3700～3200	2.70～3.13	变	
	O—H 弯（面内）	1410～1260	7.09～7.93	弱	
	C—O 伸	1250～1000	8.00～10.00	强	
	O—H 弯（面外）	750～650	13.33～15.38	强	液态有此峰
1. OH 伸缩频率					
游离 OH	O—H 伸	3650～3590	2.74～2.79	变	尖峰

续表

基团	振动类型	波数/cm⁻¹	波长/μm	强度	备注
分子间氢键	O—H 伸（单桥）	3550～3450	2.82～2.90	变	尖峰 ⎫ 稀释移动
分子间氢键	O—H 伸（多聚缔合）	3400～3200	2.94～3.12	强	宽峰 ⎭
分子间氢键	O—H 伸（单桥）	3570～3450	2.80～2.90	变	尖峰 ⎫ 稀释无影响
分子间氢键	O—H 伸（螯形化合物）	3200～2500	3.12～4.00	弱	很宽 ⎭
2. OH 弯或 C—O 伸					
伯醇	O—H 弯（面内）	1350～1260	7.41～7.93	强	
（—CH₂OH）	C—O 伸	～1050	～9.52	强	
仲醇	O—H 弯（面内）	1350～1260	7.41～7.93	强	
（CH—OH）	C—O 伸	～1110	～9.00	强	
叔醇	O—H 弯（面内）	1410～1310	7.09～7.63	强	
（C—OH）	C—O 伸	～1150	～8.70	强	
六、酚类	O—H 伸	3705～3125	2.70～3.20	强	
	O—H 弯（面内）	1390～1315	7.20～7.60	中	
	Φ—O 伸	1335～1165	7.50～8.60	强	Φ—O 伸即芳环上 $\nu_{C—O}$
七、醚类					
1.脂肪醚	C—O 伸	1210～1015	8.25～9.85	强	
（1）(RCH₂)₂O	C—O 伸	～1110	～9.00	强	
（2）不饱和醚	C═C 伸	1640～1560	6.10～6.40	强	
(H₂C—CH)₂O					
2. 脂环醚	C—O 伸	1250～909	8.00～11.0	中	
（1）四元环	C—O 伸	980～970	10.20～10.31	中	
（2）五元环	C—O 伸	1100～1075	9.09～9.30	中	
（3）环氧化物	C—O	～1250	～8.00	强	
		～890	～11.24		反式
		～830	12.05		顺式
3. 芳醚	ArC—O 伸	1270～1230	7.87～8.13	强	
	R—C—O—Φ 伸	1055～1000	9.50～10.00	中	
	C—H 伸	～2825	～3.53	弱	含—CH₃的芳醚
	Φ—伸	1175～1110	8.50～9.00	中、强	（O—CH₃）在苯环上，三或三以上取代时特别强
八、醛类（—CHO）	C—H 伸	2900～2700	3.45～3.70	弱	一般为两个谱带：～2855（3.5 μm）及～2740cm⁻¹（3.65 μm）
1. 饱和脂肪醛	C═O 伸	1755～1695	5.70～5.90	中	CH 伸、CH 弯同上
	其他振动	1440～1325	6.95～7.55		
2. α, β-不饱和脂肪醛	C═O 伸	1705～1680	5.86～5.95	强	CH 伸、CH 弯同上
3. 芳醛	C═O 伸	1725～1665	5.80～5.00	强	CH 伸、CH 弯同上
	其他振动	1415～1350	7.07～7.41	中	⎫
	其他振动	1320～1260	7.58～7.94	中	⎬ 与芳环上的取代基有关
	其他振动	1230～1160	8.13～8.62	中	⎭
九、酮类	C═O 伸	1730～1540	5.78～6.49	极强	
	其他振动	1250～1030	8.00～9.70	弱	

续表

基团	振动类型	波数/cm⁻¹	波长/μm	强度	备注
1. 脂酮	泛频	3510~3390	2.85~2.95	很弱	
（1）饱和链状酮（—CH₂—CO—CH₂）	C=O 伸	1725~1705	5.80~5.86	强	
（2）α,β-不饱和酮 —CH=CH—CO—	C=O 伸	1685~1665	5.94~6.01	强	由于 C=O 与 C=C 共轭而降低 40 cm⁻¹
（3）α-二酮 —CO—CO—	C=O 伸	1730~1710	5.78~5.85	强	
（4）β-二酮（烯醇式）（—CO—CH₂—CO）	C=O 伸	1640~1540	6.10~6.49	强	宽、共轭螯合作用非正常 C=O 峰
2.芳酮类	C=O 伸	1700~1300	5.88~7.69	强	很宽的谱带可能是 $\nu_{C=O}$ 与其他部分振动的耦合
	其他振动	1320~1200	7.57~8.33		
（1）Ar—CO	C=O 伸	1700~1680	5.88~5.95	强	
（2）二芳基酮（Ar—CO—Ar）	C=O 伸	1670~1660	5.99~6.02	强	
（3）1-酮基-2-羟基或氨基芳酮	C=O 伸	1665~1635	6.01~6.12	强	
3. 脂环酮					
（1）六七元环酮	C=O 伸	1725~1705	5.80~5.86	强	
（2）五元环酮	C=O 伸	1750~1740	5.71~5.75	强	
十、羧酸类					
1. 脂肪酸	O—H 伸	3335~2500	3.00~4.00	中	二聚体，宽
	C=O 伸	1740~1650	5.75~6.05	强	二聚体
	O—H 弯（面内）	1450~1410	6.90~7.10	弱	二聚体或 1440~1395 cm⁻¹
	C—O 伸	1266~1205	7.90~8.30	中	二聚体
	O—H 弯（面外）	960~900	10.4~11.1	弱	
（1）R—COOH（饱和）	C=O 伸	1725~1700	5.80~5.88	强	
（2）α-卤代脂肪酸	C=O 伸	1740~1720	5.75~5.81	强	
（3）α,β-不饱和酸	C=O 伸	1715~1690	5.83~5.91	强	
2. 芳酸	O—H 伸	3335~2500	3.00~4.00	弱、中	二聚体
	C=O 伸	1750~1680	5.70~5.95	强	二聚体
	O—H 弯（面内）	1450~1410	6.90~7.10	弱	
	C—O 伸	1290~1205	7.75~8.30	中	
	O—H 弯（面外）	950~870	10.5~11.5	弱	
十一、酸酐					
1. 链酸酐	C=O 伸（反称）	1850~1800	5.41~5.56	强	共轭时每个谱带降 20 cm⁻¹
	C=O 伸（对称）	1780~1740	5.62~5.75	强	
	C—O 伸	1170~1050	8.55~9.52	强	
2. 环酸酐（五元环）	C=O 伸（反称）	1870~1820	5.35~5.49	强	共轭时每个谱带降 20 cm⁻¹
	C=O 伸（对称）	1800~1750	5.56~5.71	强	
	C—O 伸	1300~1200	7.69~8.33	强	
十二、酯类	C—O 伸（泛频）	~3450	~2.9	强	
	C=O 伸	1820~1650	5.50~6.06	强	
	C—O—C 伸	1300~1150	7.69~8.70	强	
1.C=O 伸缩振动					
（1）正常饱和酯类	C=O 伸	1750~1735	5.71~5.76	强	

续表

基团	振动类型	波数/cm⁻¹	波长/μm	强度	备注
（2）芳香酯及 α, β-不饱和酯类	C—O 伸	1730～1717	5.78～5.82	强	
（3）β-酮类的酯类（烯醇型）	C—O 伸	～1650	～6.06	强	
（4）δ-内酯	C—O 伸	1750～1735	5.71～5.76	强	
（5）γ-内酯	C—O 伸	1780～1760	5.62～5.68	强	
（6）β-内酯	C—O 伸	～1820	～5.50	强	
2. C—O 伸缩振动					
（1）甲酸酯类	C—O 伸	1200～1180	8.33～8.48	强	
（2）乙酸酯类	C—O 伸	1250～1230	8.00～8.13	强	
（3）酚类乙酸酯	C—O 伸	～1250	～8.00	强	
十三、胺	N—H 伸	3500～3300	2.86～3.03	中	
	N—H 弯（面内）	1650～1550	6.06～6.45		伯胺强、中；仲胺极弱
	C—N 伸，芳香	1360～1250	7.35～8.00	强	
	C—N 伸，脂肪	1235～1065	8.10～9.40	中、弱	
	N—H 弯（面外）	900～650	11.1～15.4		
（1）伯胺类	N—H 伸	3500～3300	2.86～3.03	中	两个峰
（R—NH₂）	N—H 弯（面内）	1650～1590	6.06～6.29	强、中	
	C—N 伸，芳香	1340～1250	7.46～8.00	强	
	C—N 伸，脂肪	1220～1020	8.20～9.80	中、弱	
（2）仲胺类	N—H 伸	3500～3300	2.86～3.03	中	一个峰
（NHR₂）	N—H 弯（面内）	1650～1550	6.06～6.45	极弱	
	C—N 伸，芳香	1350～1280	7.41～7.81	强	
	C—N 伸，脂肪	1220～1020	8.20～9.80	中、弱	
（3）叔胺类	C—N 伸，芳香	1360～1310	7.35～7.63	强	
（NR₃）	C—N 伸，脂肪	1220～1020	8.20～9.80	中、弱	
十四、氰基的 C≡N 伸缩振动					
（1）RCN	C≡N 伸	2260～2240	4.43～4.46	强	饱和、脂肪族
（2）α, β-芳香氰	C≡N 伸	2240～2220	4.46～4.51	强	
（3）α, β-不饱和脂肪族氰	C≡N 伸	2235～2215	4.47～4.52	强	
十五、杂环芳香族化合物					
1. 吡啶类	C—H 伸	～3030	6.00～7.00	弱	
	环的骨架振动（ν_{C-C} 及 ν_{C-N}）	1667～1430	8.50～10.0	中	吡啶与苯环类似两个峰～1615～1500 cm⁻¹，季铵移至1625 cm⁻¹
	C—H 弯（面内）	1175～1000	11.0～15.0	弱	
（喹啉同吡啶）	C—H 弯（面外）	910～665		强	
	环上的 C—H 面外弯				
	①普通取代基				
	α 取代	780～740	12.82～13.51	强	
	β-取代	805～780	12.42～12.82	强	

基团	振动类型	波数/cm⁻¹	波长/μm	强度	备注
	γ-取代	830~790	12.05~12.66	强	
	②吸电子取代				
	α-取代	810~770	12.35~13.00	强	
	β-取代	820~800	12.2~12.50	强	
		730~690	13.70~14.49	强	
	γ-取代	860~830	11.63~12.05	强	
2. 嘧啶类	CH 伸	3060~3010	3.27~3.32	弱	
	环的骨架振动	1580~1520	6.33~6.58	中	
	(ν_{C-C} 及 ν_{C-N})				
	环上的 C—H 弯	1000~960	10.00~10.42	中	
	环上的 C—H 弯	825~775	12.12~12.90	中	
十六、硝基化合物					
1. R—NO₂	NO₂ 伸（反称）	1565~1543	6.39~6.47	强	
	NO₂ 伸（对称）	1385~1360	7.22~7.35	强	
	C—N 伸	920~800	10.87~12.50	中	用途不大
2. Ar—NO₂	NO₂ 伸（反称）	1550~1510	6.45~6.62	强	
	NO₂ 伸（对称）	1365~1335	7.33~7.49	强	
	C—N 伸	860~840	11.63~11.90	强	
	不明	~750	~13.33	强	

注："-----"线以上为主要相关峰出现区间，线以下为具体基团主要振动形式出现的具体区间。

附录 2　常见碎片离子

m/z	元素组成或结构	可能来源
15	CH_3^+	
27	$C_2H_3^+$	烯类
	HCN^+	脂肪腈
29	CHO^+	醛，酚，呋喃
	$C_2H_5^+$	含烷基化合物
30	NO^+	硝基化物，亚硝胺，硝酸酯，亚硝酸酯
	$CH_2{=\!=}NH_2^+$	脂肪胺
31	$CH_2{=\!=}OH^+$	醇，醚，缩醛
	CH_3O^+	甲酯类
33	$CH_3OH_2^+$	醇，多元醇，羧基酯
34	H_2S^+	硫醇，硫醚
35	H_3S^+	硫醇，硫醚
	Cl^+	氯化物
36	HCl^+	氯化物

续表

m/z	元素组成或结构	可能来源
39	$C_3H_3^+$	烯，炔，芳香化合物
41	$C_3H_5^+$	烷，烯，醇
	CH_3CN^+	脂肪腈，N-甲基苯胺，N-甲基吡咯
42	$C_3H_6^+$	环烷烃，环烯，丁基酮
	$C_2H_2O^+$	乙酸酯，环己酮，α,β-不饱和酮
	$C_2H_4N^+$	环氮丙烷类
43	CH_3CO^+	含 CH_3CO—化合物，饱和氧杂环
	$COHN^+$	—CO—NH$_2$ 类化合物
	$C_3H_7^+$	烃基
44	$C_2H_6N^+$	脂肪胺
	$CONH_2^+$	伯酰胺
	$CH_2{=}CH{-}OH^+$	醛，含 $CH_2{=}CH{-}OR$
45	$COOH^+$	脂肪酸
	$C_2H_5O^+$	含乙氧基化物
	$CH_2{-}O{-}CH_3^+$	甲基醚
	$CH_3{-}CH{-}OH^+$	仲醇，α-甲基醚
	$HC{=}S$	硫醇，硫醚
46	NO_2^+	硝酸酯
	CH_2S^+	硫醚
47	$CH_3O_2^+$	缩醛，缩酮
	$CH_2{=}SH$	甲硫醚，硫醇
49	CH_2Cl^+	氯甲基化物
50	$C_4H_2^+$	芳基，吡啶基化物
51	$C_4H_3^+$	芳基，吡啶基化物
52	$C_4H_4^+$	芳基，吡啶基化物
53	$C_4H_5^+$	炔，二烯，呋喃
54	$C_4H_6^+$	炔，环烷，环烯
	$C_2H_4CN^+$	脂肪腈
55	$C_4H_7^+$	烷，烯，环烷，丁酯，伯醇，硫醚
	$C_3H_3O^+$	环酮
56	$C_3H_6N^+$	环胺
	$C_4H_8^+$	环烷，戊基酮等
57	$C_4H_9^+$	丁基化物，环醇，醚
58	(结构)	甲基酮，α-甲基酮
	$(CH_3)_2N{-}CH_2^+$	脂肪叔胺
	$C_2H_5CH{-}NH_2^+$	α-乙基伯胺

m/z	元素组成或结构	可能来源
59	$C_3H_7O^+$	α-取代醇，醚
	$COOCH_3^+$	甲酯
	$H_2C{=}C(OH){-}NH_2^{+\cdot}$	伯酰胺
60	$H_2C{=}C(OH){-}OH^{+\cdot}$	羧酸
	$[CH_2{=}O{-}NO]^+$	硝酸酯，亚硝酸酯
	$C_2H_4S^+$	饱和含硫杂环
61	$CH_3COOH_2^+$	缩醛，醋酸酯
	$C_2H_5S^+$	硫醚
63	$C_5H_3^+$	芳香化合物
64	$C_5H_4^+$	芳香化合物
65	$C_5H_5^+$	芳香化合物
66	$C_5H_6^+$	酚类
69	CF_3^+	三氟化物
	$C_4H_5O^+$	萜烯酮类
	$C_5H_9^+$	
70	$C_4H_8N^+$	α-取代吡啶
	$C_5H_{10}^+$	
71	$C_4H_7O^+$	α-取代四氢呋喃
	$C_3H_7O^+$	烯酮
72	$C_2H_4CONH_2^+$	伯酰胺
	$C_3H_7CH{=}NH_2^+$	α-取代伯胺
73	$C_4H_9O^+$	醚
	$C_3H_5S^+$	环硫醚
	$C_2H_4COOH^+$	脂肪类
	$COOC_2H_5^+$	脂类
	$(CH_3)_3Si^+$	三甲基硅醚衍生物
74	$H_2C{=}C(OH){-}OCH_3^{+\cdot}$	甲酯，α-甲基脂肪酸
75	$C_6H_3^+$	二取代苯
	$CH_3OCH{=}OCH_3^+$	二甲基缩醛类
76	$C_6H_4^+$	硝酸酯
	$CH_2ONO_2^+$	硝酸酯
77	$C_6H_5^+$	苯基取代物
78	$C_6H_6^+$	苯基取代物
79	$C_6H_7^+$	多环烷烃
	$C_5H_5N^+$	吡啶化合物

续表

m/z	元素组成或结构	可能来源
80/82	HBr$^+$	溴代物
80	C$_5$H$_6$N$^+$	烷基取代吡咯
81	C$_5$H$_5$O$^+$	取代呋喃
83	H$_4$PO$_3^+$	亚磷酸酯类
85	C$_5$H$_9$O$^+$	四氢呋喃类
	C$_4$H$_5$O$_2^+$	δ-戊内酯
	C$_4$H$_9$CO$^+$	酮，酯
86	C$_5$H$_{12}$N$^+$	胺类
87	CH$_3$OOCCH$_2$CH$_2^+$	长链甲酯
88	C$_4$H$_8$O$^+$	脂肪酸乙酯
91	C$_7$H$_7^+$	苄基化合物
	C$_4$H$_8$Cl$^+$	氯代烷
92	C$_6$H$_6$N$^+$	芳香取代物
93	C$_7$H$_9^+$	环二烯类
	C$_6$H$_5$O$^+$	苯甲醚，羧酸苯酯
94	C$_6$H$_6$O$^+$	C$_6$H$_5$—OR
		吡咯羰基化合物
95		呋喃羰基化合物
97	C$_5$H$_5$S$^+$	
98		
99		缩酮
	P(OH)$_4^+$	烷基磷酯酸
100	(C$_4$H$_9$COCH$_3$ + H)$^+$	
	C$_5$H$_{11}$CH=NH$_2^+$	
101	C$_4$H$_9$OC≡O$^+$	丁酯
103	C$_6$H$_5$CH=CH$^+$	肉桂酸酯
104		苯乙烯类

m/z	元素组成或结构	可能来源
105	C₆H₅CO⁺	苯甲酰化合物
	C₆H₅CH₂CH₂⁺	芳烃衍生物
	C₆H₅N₂⁺	芳香偶氮化合物
106	C₇H₈N⁺	吡啶衍生物
107	C₇H₇O⁺	苯酚取代物
107/109	C₂H₄Br⁺	溴代物
114		噻吩甲酰化合物
115		异硫腈酸酯类
116		烷基吲哚
	C₄H₄S₂⁺	噻吩硫醚
119	C₂F₅⁺	多氟化合物
	C₉H₁₁⁺	烷基苯类
120	C₇H₄O₂⁺	
		，黄酮类
121	C₈H₉O⁺	
	C₉H₁₃⁺	
122	C₆H₅COOH⁺	
123	C₈H₁₁O⁺	二萜类
	C₆H₅COOH₂⁺	苯甲酸酯类
127	I⁺	萜烯酮
	C₁₀H₇⁺	萘类
128	HI⁺	碘代物
130	C₉H₈N⁺	
141	CH₂I⁺	碘代物
	C₁₁H₉⁺	甲基萘
147		
	(CH₃)₂Si—OSi(CH₃)₂⁺	硅醚
149		邻苯甲酸及其酯

附录 3　经常失去的碎片

质量	中性分子或自由基	可能来源
1	·H	醛，烷基腈，N-CH$_3$，环丙基化物，芳甲基
15	·CH$_3$	—N—C$_2$H$_5$，特丁基，异丙基，芳乙基化物
16	·O	N-氧化物，芳硝基，亚砜，醌类
17	·OH	羧酸，酚，肟，N-氧化物，亚砜、芳硝基物
	NH$_3$	伯胺，氨基酸酯，二胺基化物
18	H$_2$O	醇，甾酮，酚类，内酯等
19	F·	氟化物
20	HF	氟化物
25	·C≡CH	端基为—C≡CH 的化合物
26	CH≡CH	联苯类，非共轭的二烯类
	·C≡N	异氰化物
27	HCN	芳胺，二芳胺，芳腈，氮杂环
	·C$_2$H$_3$	端基为—C≡CH$_2$ 化合物，乙酯类
28	CH$_2$=CH$_2$，CO，N$_2$	
29	·CHO	芳香醛，酚类，二芳醚，芳香环氧乙烷
	C$_2$H$_5$·	乙基衍生物，正丙基芳香化合物
	CH$_2$=NH	生物碱
30	·NO	芳香基化合物，N—NO 亚硝胺类
	CH$_2$O	酯类，含氧杂环 Ar—OCH$_3$ 类，缩甲醛
31	·CH$_2$OH，·OCH$_3$	含 O—CH$_3$ 化合物，缩醛，含—CH$_2$OH 支链
32	O$_2$	过氧化物
	S	硫醚，二硫化物
	CH$_3$OH	含 O—CH$_3$ 芳香化合物，伯醇，甲酯类
33	·SH	硫醇，硫醚，二硫化物，异硫氰酸酯
34	H$_2$S	伯硫醇，甲醚类，二硫化物
35	·Cl	含氯化合物
36	HCl	含氯化合物
39	·C$_3$H$_3$	
40	C$_2$H$_2$N	含 CH$_2$—CN 化物
41	CH$_3$CN	氮杂芳环，酮肟
	·C$_3$H$_5$	脂环化合物
42	CH$_2$CO	乙酰化合物，β-二酮，丙酯
	CH$_3$—CH=CH$_2$	
43	·C$_3$H$_7$	丙基，异丙基衍生物，Ar=C$_4$H$_9$（n），丙基酮
	CH$_3$CO·	乙酰化合物，芳甲酮
	NHCO	内酰胺

质量	中性分子或自由基	可能来源
44	CONH$_2$	酰胺
	CS	芳硫醚，硫酚，噻吩
	CH$_3$CHO	脂肪醛
	CO$_2$	羧酸，碳酸酯，芳酸酯，环酸酐，环内酯
45	·OC$_2$H$_5$	乙氧基衍生物，缩醛，缩酮
	·OCOOH	羧酸，ArCH$_2$COOAr 等
	HN(CH$_3$)$_2$	二甲胺类
	·CSH	噻吩衍生物
46	CH$_2$=CH$_2$+H$_2$O	长链醇
	NO$_2$	芳硝基化合物
	C$_2$H$_5$OH	直链伯醇，乙酯，乙基醚
	HCOOH	邻甲基芳酸
48	SO	亚砜
	CH$_3$SH	甲硫醚
55	·C$_4$H$_7$	脂环化合物
56	C$_4$H$_8$	脂环化合物，芳香烃
57	·C$_4$H$_9$	丁酯，丁酮
58	C$_4$H$_{10}$	
59	·OC$_2$H$_7$	丙酯
	·OCOOCH$_3$	羧酸甲酯
60	CH$_3$COOH	羧酸，乙酸酯
	COS	硫碳酸酯
61	C$_2$H$_5$S·，C$_3$H$_6$F	
62	CH$_2$=CH$_2$+H$_2$S	硫醇
64	CH$_2$=CH$_2$+HCl	氯代烷
	SO$_2$	磺酰胺，磺酸酯
	S$_2$	二硫化物
69	·CF$_3$	氟化物，CF$_3$CO—
	·C$_3$H$_9$	
73	·C$_4$H$_9$	丁酯
	·COOC$_2$H$_5$	芳酸乙酯
77	·C$_6$H$_5$	苯基化合物
79	·Br	含溴化合物
	C$_5$H$_5$N	
80	HBr	含溴化合物
87	·OC$_5$H$_{11}$	戊酯
93	·OC$_6$H$_5$	芳酸苯酯
98	C$_7$H$_{14}$	
	H$_3$PO$_4$	磷酸酯
127	I·	碘化物
129	HI	碘化物，有机碱的碘盐

附录4　Beynon 表（100～150M）

分子式	M+1	M+2	MW	分子式	M+1	M+2	MW
			100	$C_5H_{11}NO$	6.00	0.35	101.0841
CN_4O_2	2.68	0.43	100.0022	$C_5H_{13}N_2$	6.37	0.17	101.1080
$C_2N_2O_3$	3.04	0.63	99.9909	$C_6H_{13}N_2$	6.73	0.39	101.0967
$C_2H_2N_3O_2$	3.42	0.45	100.0147	$C_6H_{13}O$	7.11	0.22	101.1205
$C_2H_4N_4O$	3.79	0.26	100.0386	$C_6H_{15}N$	7.26	0.23	101.0140
C_3O_4	3.40	0.84	99.9796	C_6HN_2	7.62	0.45	101.0027
$C_3H_2NO_3$	3.77	0.65	100.0034	C_7HO	7.99	0.28	101.0266
$C_3H_4N_2O_2$	4.15	0.47	100.0273	C_7H_3N	8.72	0.33	101.0391
$C_3H_6N_3O$	4.52	0.28	100.0511				
$C_3H_8N_4$	4.90	0.10	100.0750				**102**
$C_4H_4O_3$	4.50	0.68	100.0160	CN_3O_3	2.34	0.62	101.9940
$C_4H_6NO_2$	4.88	0.50	100.0399	$CH_2N_4O_2$	2.72	0.43	102.0178
$C_4H_8N_2O$	5.25	0.31	100.0637	C_2NO_4	2.70	0.83	101.9827
$C_4H_{10}N_3$	5.63	0.13	100.0876	$C_2H_2N_2O_3$	3.07	0.64	102.0065
$C_5H_8O_2$	5.61	0.53	100.0524	$C_2H_4N_3O_2$	3.45	0.45	102.0304
$C_5H_{10}NO$	5.98	0.35	100.0763	$C_2H_6N_4O$	3.82	0.26	102.0542
$C_5H_{12}N_2$	5.36	0.17	100.1001	$C_3H_2O_4$	3.43	0.84	101.9953
$C_6H_{12}O$	6.71	0.39	100.0888	$C_3H_4NO_3$	3.80	0.66	102.0191
$C_6H_{14}N$	7.09	0.22	100.1127	$C_3H_6N_2O_2$	4.18	0.47	102.0429
C_6N_2	7.25	0.23	100.0062	$C_3H_8N_3O$	4.55	0.28	102.0668
C_7H_{18}	7.82	0.26	100.1253	$C_3H_{10}N_4$	4.93	0.10	102.0907
C_7O	7.60	0.45	99.9949	$C_4H_6O_3$	4.54	0.68	102.0317
C_7H_2N	7.98	0.28	100.0187	$C_4H_8NO_2$	4.91	0.50	102.0555
C_8H_4	8.71	0.33	100.0313	$C_4H_{10}N_2O$	5.28	0.32	102.0794
			101	$C_4H_{12}N_3$	5.66	0.13	102.1032
CN_4O_2	2.70	0.43	101.0100	$C_5H_{10}O_2$	5.64	0.53	102.0681
$C_2HN_2O_3$	3.06	0.64	100.9987	$C_5H_{12}NO$	6.02	0.35	102.0919
$C_2H_3N_3O_2$	3.43	0.45	101.0226	$C_5H_{12}N_2$	6.39	0.17	102.1158
$C_2H_5N_4O$	3.81	0.26	101.0464	C_5N_3	6.55	0.18	102.0093
C_3HO_4	3.41	0.84	100.9874	$C_6H_{14}O$	6.75	0.39	102.1045
$C_3H_3NO_3$	3.79	0.65	101.0113	C_6NO	6.90	0.40	101.9980
$C_3H_5N_2O_2$	4.16	0.47	101.0351	$C_6H_2N_2$	7.28	0.23	102.0218
$C_3H_7N_3O$	4.54	0.28	101.0590	C_7H_2O	7.64	0.45	102.0106
$C_3H_9N_4$	4.91	0.10	101.0829	C_7H_4N	8.01	0.28	102.0344
$C_4H_5O_3$	4.52	0.68	101.0238	C_8H_6	8.71	0.34	102.0470
$C_4H_7NO_2$	4.89	0.50	101.0477				**103**
$C_4H_9N_2O$	5.27	0.31	101.0715	CHN_3O_3	2.36	0.62	103.0018
$C_4H_{11}N_3$	5.64	0.13	101.0954	$CH_3N_4O_2$	2.73	0.43	103.0257
$C_5H_9O_2$	5.63	0.53	101.0603	C_2HNO_4	2.72	0.83	102.9905
				C_2HNO_4	3.09	0.64	103.0144

续表

分子式	M+1	M+2	MW	分子式	M+1	M+2	MW
$C_2H_3N_2O_3$	3.46	0.45	103.0382	C_8H_8	8.77	0.34	104.0626
$C_2H_5N_3O_2$	3.84	0.26	103.0621	$C_2H_2NO_4$	2.73	0.83	103.9983
$C_2H_7N_4O$	3.45	0.84	103.0031	$C_2H_4N_2O_3$	3.11	0.64	104.0222
$C_3H_3O_4$	3.82	0.66	103.0269	$C_2H_6N_3O_2$	3.48	0.45	104.0460
$C_3H_5NO_3$	4.19	0.47	103.0508				**105**
$C_3H_7N_2O_2$	4.57	0.29	103.0746	CHN_2O_4	2.02	0.81	104.9936
$C_3H_{11}N_4$	4.94	0.10	103.0985	$CH_3N_3O_3$	2.39	0.62	105.0175
$C_4H_7O_3$	4.55	0.68	103.0395	$CH_5N_4O_2$	2.73	0.43	105.0413
$C_4H_9NO_2$	4.93	0.50	103.0634	$C_2H_3NO_4$	2.75	0.83	105.0062
$C_4H_{11}N_2O$	5.30	0.32	103.0872	$C_2H_5N_2O_3$	3.12	0.64	105.0300
$C_4H_{13}N_3$	5.67	0.14	103.1111	$C_2H_7N_3O_2$	3.50	0.45	105.0539
$C_5H_{11}O_2$	5.66	0.53	103.0759	$C_2H_9N_4O$	3.87	0.26	105.0777
$C_5H_{13}NO$	6.03	0.35	103.0998	$C_3H_5O_4$	3.48	0.84	105.0187
C_5HN_3	6.56	0.18	103.0171	$C_3H_7NO_3$	3.84	0.66	105.0429
C_6HNO	6.92	0.40	103.0058	$C_3H_9N_2O_2$	4.23	0.47	105.0664
$C_8H_3N_2$	7.29	0.23	103.0297	$C_3H_{11}N_3O$	4.60	0.29	105.0906
C_7H_3O	7.65	0.45	103.0184	$C_4H_9O_3$	4.58	0.68	105.0552
C_7H_5N	8.03	0.28	103.0422	$C_4H_{11}NO_2$	4.96	0.50	105.0790
C_8H_7	8.76	0.34	103.0548	C_4HN_4	5.86	0.15	105.0202
			104	C_5HN_2O	6.22	0.36	105.0089
CN_2O_4	2.00	0.81	103.9858	$C_5H_3N_3$	6.60	0.19	105.0328
$CH_2N_3O_3$	3.37	0.62	104.0096	C_6HO_2	6.58	0.58	104.9976
$CH_4N_4O_2$	2.75	0.43	104.0335	C_6H_3NO	6.95	0.41	105.0215
$C_2H_8N_4O$	0.85	0.26	104.0699	$C_6H_5N_2$	7.33	0.23	105.0453
$C_3H_4O_4$	3.46	0.84	104.0109	C_7H_5O	7.68	0.45	105.0340
$C_3H_6NO_3$	3.84	0.66	104.0348	C_7H_7N	8.06	0.28	105.0579
$C_3H_8N_2$	4.21	0.47	104.0586	C_8H_9	8.79	0.34	105.0705
$C_3H_{10}N_3O$	4.59	0.29	104.0825				**106**
$C_3H_{12}N_4$	4.96	0.10	104.1063	$CH_2N_2O_4$	2.03	0.82	106.0014
$C_4H_6O_3$	4.57	0.68	104.0473	$CH_4N_3O_3$	2.41	0.32	106.0253
$C_4H_{10}NO_2$	4.94	0.50	104.0712	$CH_6N_4O_2$	2.78	0.43	106.0491
$C_4H_12N_2O$	5.32	0.32	104.0950	$C_2H_4NO_4$	2.76	0.83	106.0140
C_4N_4	5.85	0.14	104.0124	$C_2H_6N_2O_3$	3.14	0.64	106.0379
$C_5H_{12}O_2$	5.67	0.53	104.0837	$C_2H_8N_3O_2$	3.51	0.45	106.0617
C_5N_2O	6.20	0.36	104.0011	$C_2H_{10}N_4O$	3.89	0.26	106.0856
$C_5N_2N_3$	6.58	0.19	104.0249	$C_3H_6O_4$	3.49	0.85	106.2566
C_6O_2	6.56	0.58	103.9898	C_4N_3O	5.51	0.33	106.0042
C_6H_2NO	6.94	0.41	104.0136	$C_2H_2N_4$	5.88	0.15	106.0280
$C_6H_4N_2$	7.31	0.23	104.0375	C_5NO_2	5.86	0.54	105.9929
C_7H_4O	7.67	0.45	104.0262	$C_5H_2N_2O$	6.24	0.36	106.0167
C_7H_6N	8.04	0.28	104.0501	$C_5H_4N_3$	6.61	0.19	106.0406

分子式	M+1	M+2	MW	分子式	M+1	M+2	MW
$C_6H_2O_2$	6.59	0.58	106.0054	$C_5H_2NO_2$	5.89	0.54	108.0085
C_6H_4NO	6.97	0.41	106.0293	$C_6H_4N_2O$	6.27	0.37	108.0324
$C_6H_6N_2$	7.34	0.23	106.0532	$C_6H_6N_3$	6.64	0.19	108.0563
C_7H_6O	7.70	0.46	106.0419	$C_6H_6O_2$	6.63	0.59	108.0211
C_7H_6N	8.07	0.28	106.0657	C_6H_6NO	7.00	0.41	108.0449
C_8H_{10}	8.80	0.34	106.0783	$C_8H_8N_2$	7.37	0.24	108.0688
$C_3H_8NO_3$	3.87	0.66	106.0504	C_7H_6O	7.73	0.46	108.0575
$C_3H_{10}N_2O_2$	4.24	0.47	106.0743	C_8H_{12}	8.84	0.34	108.0939
$C_4H_{10}O_3$	4.60	0.68	106.0630				
							109
			107	$CH_5N_2O_4$	2.08	0.82	109.0249
$CH_3N_2O_4$	2.05	0.82	107.0093	$CH_7N_3O_3$	2.45	0.62	109.0488
$CH_5N_3O_3$	2.42	0.62	107.0331	$C_2H_7NO_4$	2.81	0.83	109.0375
$CH_7N_4O_2$	2.80	0.43	107.0570	C_3HN_4O	4.82	0.30	109.0151
$C_2H_5NO_4$	2.78	0.83	107.0218	$C_4HN_2O_2$	5.18	0.51	109.0038
$C_2H_7N_2O_3$	3.15	0.64	107.0457	$C_4H_3N_3O$	5.55	0.33	109.0277
$C_2H_9N_3O_2$	3.53	0.45	107.0695	$C_4H_5N_4$	5.93	0.15	109.0515
$C_3H_7O_4$	3.51	0.85	107.0344	C_5HO_3	5.54	0.73	108.9925
$C_3H_9NO_3$	3.88	0.66	107.0583	$C_5H_3NO_2$	5.91	0.55	109.0164
C_4HN_3O	5.52	0.33	107.0120	$C_5H_5N_2O$	6.29	0.37	109.0402
$C_4H_3N_4$	5.90	0.15	107.0359	$C_5H_7N_3$	6.66	0.19	109.0641
C_5HNO_2	5.88	0.54	107.0007	$C_6H_5O_2$	6.64	0.59	109.0288
$C_5H_3N_2O$	6.25	0.37	107.0246	C_6H_7NO	7.02	0.41	109.0528
$C_5H_5N_3$	6.63	0.19	107.0484	$C_6H_9N_2$	7.39	0.24	109.0767
$C_6H_3O_2$	6.61	0.58	107.0133	C_7H_9O	7.75	0.46	109.0653
C_6H_5NO	6.98	0.41	107.0371	$C_7H_{11}N$	8.12	0.29	109.0892
$C_6H_7N_2$	7.36	0.23	107.0610	C_8H_{13}	8.85	0.35	109.1018
C_7H_7O	7.72	0.46	107.0497	C_9H	9.74	0.42	109.0078
C_7H_9N	8.09	0.29	107.0736				
C_8H_{11}	8.82	0.34	107.0861				**110**
				$CH_6N_2O_4$	2.10	0.82	110.0328
			108	$C_3N_3O_2$	4.46	0.48	109.9991
$CH_4N_2O_4$	2.06	0.82	108.0171	$C_3H_2N_4O$	4.84	0.30	110.0229
$CH_6N_3O_3$	2.44	0.62	108.0410	C_4NO_3	4.82	0.69	109.9878
$CH_8N_4O_2$	2.81	0.43	108.0648	$C_4H2N_2O_2$	5.20	0.51	110.0116
$C_2H_6NO_4$	2.80	0.83	108.0297	$C_4H_4N_3O$	5.57	0.33	110.0355
$C_2H_8N_2O_3$	3.17	0.64	108.0535	$C_4H_6N_4$	5.94	0.15	110.0594
$C_3H_8O_4$	3.53	0.85	108.0422	$C_5H_2O_3$	5.55	0.73	110.0003
C_3N_4O	4.81	0.30	108.0073	$C_5H_4NO_2$	5.93	0.55	110.0242
$C_4N_2O_2$	5.16	0.51	107.9960	$C_5H_6N_2O$	6.30	0.37	110.0480
$C_4H_2N_3O$	5.54	0.33	108.0198	$C_5H_8N_3$	6.68	0.19	110.0719
$C_4H_4N_4$	5.91	0.15	108.0437	$C_6H_6O_2$	6.66	0.59	110.0368
C_5O_3	5.52	0.72	107.9847	C_6H_8NO	7.03	0.41	110.0606

分子式	M+1	M+2	MW	分子式	M+1	M+2	MW
$C_6H_{10}N$	7.41	0.24	110.0845	$C_6H_{12}N_2$	7.44	0.24	112.1001
$C_7H_{10}O$	7.76	0.46	110.0732	$C_7H_{12}O$	7.80	0.46	112.0888
$C_7H_{12}N$	8.14	0.29	110.0970	$C_7H_{14}N$	8.17	0.29	112.1127
C_8H_{14}	8.87	0.35	110.1096	C_7N_2	8.33	0.30	112.0062
C_8N	9.03	0.36	110.0031	C_8H_{16}	8.90	0.35	112.1253
C_9H_2	9.76	0.42	110.0157	C_8O	8.68	0.53	111.9949
			111	C_8H_2N	9.06	0.36	112.0187
$C_3HN_3O_2$	4.48	0.48	111.0069	C_9H_4	9.79	0.43	112.0313
$C_3H_3N_4O$	4.85	0.30	111.0308				**113**
C_4HNO_3	4.84	0.69	110.9956	$C_2HN_4O_2$	3.78	0.46	113.0100
$C_4H_3N_2O$	5.21	0.51	111.0195	$C_3HN_2O_3$	4.14	0.67	112.9987
$C_4H_5N_3O$	5.59	0.33	111.0433	$C_3H_3N_3O_2$	4.51	0.48	113.0226
$C_4H_7N_4$	5.96	0.15	111.0672	$C_3H_5N_4O$	4.89	0.30	113.0464
$C_5H_3O_3$	5.57	0.73	111.0082	C_4HO_4	4.49	0.88	112.9874
$C_5H_5NO_2$	5.94	0.55	111.0320	$C_4H_3NO_3$	4.87	0.70	113.0113
$C_5H_7N_2O$	6.32	0.37	111.0559	$C_4H_5N_2O_2$	5.24	0.51	113.0351
$C_5H_9N_3$	6.69	0.19	111.0798	$C_4H_7N_3O$	5.62	0.33	113.0590
$C_6H_7O_2$	6.67	0.59	111.0446	$C_4H_9N_4$	5.99	0.15	113.0829
C_6H_9NO	7.05	0.41	111.0684	$C_5H_5O_3$	5.60	0.73	113.0238
$C_6H_{11}N_2$	7.42	0.24	111.0923	$C_5H_7NO_2$	5.97	0.55	113.0477
$C_7H_{11}O$	7.78	0.46	111.0810	$C_5H_9N_2O$	6.35	0.37	113.0715
$C_7H_{13}N$	8.15	0.29	111.1049	$C_5H_{11}N_3$	6.72	0.19	113.0954
C_8H_{15}	8.88	0.35	111.1174	$C_6H_9O_2$	6.71	0.59	113.0603
C_8HN	9.04	0.36	111.0109	$C_6H_{11}NO$	7.08	0.42	113.0841
C_9H_3	9.77	0.43	111.0235	$C_6H_{13}N_2$	7.45	0.24	113.1080
			112	$C_7H_{13}O$	7.81	0.46	113.0967
$C_2N_4O_2$	3.77	0.46	112.0022	$C_7H_{15}N$	8.19	0.29	113.1205
$C_3N_2O_3$	4.12	0.67	111.9909	C_7HN_2	8.34	0.31	113.0140
$C_3H_2N_3O_2$	4.50	0.48	112.0147	C_8H_{17}	8.92	0.35	113.1331
$C_3H_4N_4O$	4.87	0.30	112.0386	C_8HO	8.70	0.53	113.0027
C_4O_4	4.48	0.88	111.9796	C_8H_3N	9.07	0.36	113.0266
$C_4H_2NO_3$	4.85	0.70	112.0034	C_9H_5	9.81	0.43	113.0391
$C_4H_4N_2O_2$	5.23	0.51	112.0273				**114**
$C_4H_6N_3O$	5.60	0.33	112.0511	$C_2N_3O_3$	3.42	0.85	113.9940
$C_4H_8N_4$	5.98	0.15	112.0750	$C_2H_2N_4O_2$	3.80	0.46	114.0178
$C_5H_4O_3$	5.58	0.73	112.0160	C_3NO_4	3.78	0.86	113.9827
$C_5H_6NO_2$	5.96	0.55	112.0399	$C_3H_2N_2O_3$	4.15	0.67	114.0065
$C5H_8N_2O$	6.33	0.37	112.0637	$C_3H_4N_3O_2$	4.53	0.48	114.0304
$C_5H_{10}N_3$	6.71	0.19	112.0876	$C_3H_6N_4O$	4.90	0.30	114.0542
$C_6H_8O_2$	6.69	0.59	112.0524	$C_4H_2O_4$	4.51	0.88	113.9953
$C_6H_{10}NO$	7.06	0.41	112.0763	$C_4H_4NO_3$	4.89	0.70	114.0191

续表

分子式	M+1	M+2	MW	分子式	M+1	M+2	MW
$C_4H_6N_2O_2$	5.26	0.51	114.0429	C_7HNO	8.00	0.48	115.0058
$C_4H_8N_3O$	5.63	0.33	114.0668	$C_7H_3N_2$	8.38	0.31	115.0297
$C_4H_{10}N_4$	6.01	0.15	114.0907	C_8H_3O	8.73	0.53	115.0184
$C_5H_6O_3$	5.62	0.73	114.0317	C_8H_5N	9.11	0.37	115.0422
$C_5H_8NO_2$	5.99	0.55	114.0555	C_9H_7	9.84	0.43	115.0548
$C_5H_{10}N_2O$	6.37	0.37	114.0794				**116**
$C_5H_{12}N_3$	6.74	0.20	114.1032	$C_2N_2O_4$	3.08	0.84	115.9858
$C_6H_{10}O_2$	6.72	0.59	114.0681	$C_2H_2N_3O_3$	3.45	0.65	116.0096
$C_6H_{12}NO$	7.10	0.42	114.0919	$C_2H_4N_4O_2$	3.83	0.46	116.0335
$C_6H_{14}N_2$	7.47	0.24	114.1158	$C_3H_2NO_4$	3.81	0.86	115.9983
C_6N_3	7.63	0.25	114.0093	$C_3H_4N_2O_3$	4.19	0.67	116.0222
$C_7H_{14}O$	7.83	0.47	114.1045	$C_3H_6N_3O_2$	4.56	0.49	116.0460
$C_7H_{16}N$	8.20	0.29	114.1284	$C_3H_8N_4O$	4.93	0.30	116.0699
C_7NO	7.98	0.48	113.9980	$C_4H_4O_4$	4.54	0.88	116.0109
$C_7H_2N_2$	8.36	0.31	114.0218	$C_4H_6NO_3$	4.92	0.70	116.0348
C_8H_{18}	8.93	0.35	114.1409	$C_4H_8N_2O_2$	5.29	0.52	116.0586
C_8H_2O	8.72	0.53	114.0106	$C_4H_{10}N_3O$	5.67	0.34	116.0825
C_8H_4N	9.09	0.37	114.0344	$C_4H_{12}N_4$	6.04	0.16	116.1063
C_9H_6	9.82	0.43	114.0470	$C_5H_8O_3$	5.65	0.73	116.0473
			115	$C_5H_{10}NO_2$	6.02	0.55	116.0712
$C_2HN_3O_3$	3.44	0.65	115.0018	$C_5H_{12}N_2O$	6.40	0.37	116.0950
$CH_3N_4O_2$	3.81	0.46	115.0257	$C_5H_{14}N_3$	6.77	0.20	116.1189
C_3HNO_4	3.80	0.86	114.9905	C_5N_4	6.93	0.21	116.0124
$C_3H_3N_2O_3$	4.17	0.67	115.0144	$C_6H_{12}O_2$	6.75	0.59	116.0837
$C_3H_5N_3O_2$	4.54	0.48	115.0382	$C_6H_{14}NO$	7.13	0.42	116.1076
$C_3H_7N_4O$	4.92	0.30	115.0621	$C_6H_{16}N_2$	7.50	0.24	116.1315
$C_4H_3O_4$	4.53	0.88	115.0031	C_6N_2O	7.29	0.43	116.0011
$C_4H_5NO_3$	4.90	0.70	115.0269	$C_6H_2N_3$	7.66	0.26	116.0249
$C_4H_7N_2O_2$	5.28	0.52	115.0508	$C_7H_{16}O$	7.86	0.47	116.1202
$C_4H_9N_3O$	5.65	0.33	115.0746	C_7O_2	7.64	0.65	115.9898
$C_4H_{11}N_4$	6.02	0.16	115.0985	C_7H_2NO	8.02	0.48	116.0136
$C_5H_7O_3$	5.63	0.73	115.0395	$C_7H_4N_2$	8.39	0.31	116.0375
$C_5H_9NO_2$	6.01	0.55	115.0634	C_8H_4O	8.75	0.54	116.0262
$C_5H_{11}N_2O$	6.38	0.37	115.1872	C_8H_6N	9.12	0.37	116.0501
$C_5H_{13}N_3$	6.76	0.20	115.1111	C_9H_8	9.85	0.43	116.0626
$C_6H_{11}O_2$	6.74	0.59	115.0759				**117**
$C_6H_{13}NO$	7.11	0.42	115.0998	$C_2HN_2O_4$	3.10	0.84	116.9936
$C_6H_{15}N_2$	7.49	0.24	115.1236	$C_2H_3N_3O_3$	3.47	0.65	117.0175
C_6HN_3	7.64	0.25	115.0171	$C_2H_5N_4O_2$	3.85	0.46	117.0413
$C_7H_{15}O$	7.84	0.47	115.1123	$C_3H_3NO_4$	3.83	0.86	117.0062
$C_7H_{17}N$	8.22	0.30	115.1362	$C_3H_5N_2O_3$	4.20	0.67	117.0300

续表

分子式	M+1	M+2	MW	分子式	M+1	M+2	MW
$C_3H_7N_3O_2$	4.58	0.49	117.0539	C_6NO_2	6.94	0.61	117.9929
$C_3H_9N_4O$	4.95	0.30	117.0777	$C_3H_2N_2O$	7.32	0.43	118.0167
$C_4H_5O_4$	4.56	0.88	117.0187	$C_6H_4N_3$	7.69	0.26	118.0406
$C_4H_7NO_3$	4.93	0.70	117.0426	$C_7H_2O_2$	7.67	0.65	118.0054
$C_4H_9N_2O_2$	5.31	0.52	117.0664	C_7H_4NO	8.05	0.48	118.0293
$C_4H_{11}N_3O$	5.68	0.34	117.0903	$C_7H_6N_2$	8.42	0.31	118.0532
$C_4H_{13}N_4$	6.06	0.16	117.1142	C_8H_6O	8.78	0.54	118.0419
$C_5H_9O_3$	5.66	0.73	117.0552	C_8H_8N	9.15	0.67	118.0657
$C_5H_{11}NO_2$	6.04	0.55	117.0790	C_9H_{10}	9.89	0.44	118.0783
$C_5H_{13}N_2O$	6.41	0.38	117.1029				**119**
$C_5H_{15}N_3$	6.79	0.20	117.1267	$C_2H_3N_2O_4$	3.13	0.84	119.0093
C_5HN_4	6.94	0.21	117.0202	$C_2H_5N_3O_3$	3.50	0.65	119.1331
$C_8H_{13}O_2$	6.77	0.60	117.0916	$C_2H_7N_4O_2$	3.88	0.46	119.0570
$C_6H_{15}NO$	7.14	0.42	117.1154	$C_3H_5NO_4$	3.86	0.86	119.0218
C_6HN_2O	7.30	0.43	117.0089	$C_3H_7N_2O_3$	4.23	0.67	119.0457
$C_6H_3N_3$	7.68	0.26	117.0328	$C_3H_9N_3O_2$	4.61	0.49	119.0695
C_7HO_2	7.66	0.65	116.9976	$C_3H_{11}N_4O$	4.98	0.30	119.0934
C_7H_3NO	8.03	0.48	117.0215	$C_4H_7O_4$	4.59	0.88	119.0344
$C_7H_5N_2$	8.41	0.31	117.0453	$C_4H_9NO_3$	4.97	0.70	119.0583
C_8H_5O	8.76	0.54	117.0340	$C_4H_{11}N_2O_2$	5.64	0.52	119.0821
C_8H_7N	9.14	0.67	117.0579	$C_4H_{13}N_3O$	5.71	0.34	119.1060
C_9H_9	9.87	0.43	117.0705	$C_5H_{11}O_3$	5.70	0.73	119.0708
			118	$C_5H_{13}NO_2$	6.07	0.56	119.0947
$C_2H_2N_2O_4$	3.11	0.84	118.0017	C_5HN_3O	6.60	0.39	119.0120
$C_2H_4N_3O_3$	3.49	0.65	118.0253	$C_5H_3N_4$	6.98	0.21	119.0359
$C_2H_6N_4O_2$	3.86	0.46	118.0491	C_6HN_{12}	6.96	0.61	119.0007
$C_3H_4NO_4$	3.84	0.86	118.0140	$C_6H_3N_2O$	7.33	0.43	119.0246
$C_3H_6NO_3$	4.20	0.67	118.0379	$C_6H_5N_3$	7.71	0.26	119.0484
$C_3H_8N_3O_2$	4.59	0.49	118.0617	$C_7H_3O_2$	7.69	0.66	119.0133
$C_3H_{10}N_4O$	4.97	0.60	118.0856	C_7H_5NO	8.06	0.48	119.0371
$C_4H_8O_4$	4.57	0.88	118.0266	$C_7H_7N_2$	8.44	0.31	119.0610
$C_4H_8NO_3$	4.95	0.70	118.0504	C_7H_8O	8.80	0.54	119.0497
$C_4H_{10}N_2O_2$	5.32	0.52	118.0743	C_8H_9N	9.17	0.37	119.0736
$C_4H_{12}N_3O$	5.70	0.34	118.0981	C_9H_{11}	9.90	0.44	119.0861
$C_4H_{14}N_4$	6.07	0.16	118.1220				**120**
$C_5H_{10}O_3$	5.68	0.73	118.0630	$C_2H_2N_2O_4$	3.14	0.84	120.0171
$C_2H_{12}NO_2$	6.05	0.55	118.0868	$C_2H_6N_3O_3$	3.52	0.65	120.0410
$C_5H_{14}N_2$	6.43	0.38	118.1107	$C_2H_8N_4O_2$	3.89	0.46	120.0648
C_5N_3O	6.59	0.39	118.0042	$C_3H_6NO_4$	3.88	0.86	120.0297
$C_5H_2N_4$	6.96	0.21	118.0280	$C_3H_8N_2O_3$	4.25	0.67	120.0535
$C_6H_{14}O_2$	6.79	0.60	118.0994	$C_3H_{10}N_3O_2$	4.62	0.49	120.0774

续表

分子式	M+1	M+2	MW	分子式	M+1	M+2	MW
$C_3H_{12}N_4O$	5.00	0.30	120.1012	$C_8H_{11}N$	9.20	0.38	121.0892
$C_4H_8O_4$	4.61	0.88	120.0422	C_9H_{13}	9.93	0.44	121.1018
$C_4H_{10}NO_3$	4.98	0.70	120.0661	$C_{10}H$	10.82	0.53	121.0078
$C_4H_{12}N_2O_2$	5.36	0.52	120.0899				**122**
C_4N_4O	5.89	0.35	120.0073	$C_2H_6N_2O_4$	3.18	0.84	122.0328
$C_5H_{12}O_3$	5.71	0.74	120.0786	$C_2H_8N_3O_3$	3.55	0.65	122.0566
$C_5N_2O_2$	6.24	0.57	119.9960	$C_2H_{10}N_4O_2$	3.93	0.46	122.0805
$C_5H_2N_3O$	6.62	0.39	120.0198	$C_3H_8NO_4$	3.91	0.86	122.0453
$C_5H_4N_4$	6.99	0.21	120.0437	$C_3H_{10}N_2O_3$	4.28	0.67	122.0692
C_6O_3	6.60	0.78	119.9847	$C_4H_{10}O_4$	4.64	0.89	122.0579
$C_6H_2NO_2$	6.98	0.61	120.0085	$C_4N_3O_2$	5.54	0.53	121.9991
$C_6H_4N_2O$	7.35	0.43	120.0324	$C_4H_2N_4O$	5.92	0.35	122.0229
$C_6H_6N_3$	7.72	0.26	120.0563	C_5NO_3	5.90	0.75	121.9878
$C_7H_4O_2$	7.71	0.66	120.0211	$C_5H_2N_2O_2$	6.28	0.57	122.0116
C_7H_6NO	8.08	0.49	120.0449	$C_5H_4N_3O$	6.65	0.39	122.0355
$C_7H_8N_2$	8.46	0.32	120.0688	$C_5H_6N_4$	7.02	0.21	122.0594
C_8H_8O	8.81	0.54	120.0575	$C_6H_2O_3$	6.63	0.79	122.0003
$C_8H_{10}N$	9.19	0.37	120.0814	$C_6H_4NO_2$	7.01	0.61	122.0242
C_9H_{12}	9.92	0.44	120.0939	$C_6H_6N_2O$	7.38	0.44	122.0480
C_{10}	10.81	0.53	120.0000	$C_6H_8N_3$	7.76	0.26	122.0719
			121	$C_7H_6O_2$	7.74	0.66	122.0366
$C_2H_5N_2O_4$	3.16	0.84	121.0249	C_7H_8NO	8.11	0.49	122.0606
$C_2H_7N_3O_3$	3.53	0.65	121.0488	$C_7H_{10}N_2$	8.49	0.32	122.0845
$C_2H_9N_4O_2$	3.91	0.46	121.0726	$C_8H_{10}O$	8.84	0.54	122.0732
$C_3H_7NO_4$	3.89	0.86	121.0375	$C_8H_{12}N$	9.22	0.38	122.0970
$C_3H_9N_2O_3$	4.27	0.67	121.0614	C_9H_{14}	9.95	0.44	122.1096
$C_3H_{11}N_3O_2$	4.64	0.49	121.0852	C_9N	10.11	0.46	122.0031
$C_4H_9O_4$	4.62	0.89	121.0501	$C_{10}H_2$	10.84	0.53	122.0157
$C_4H_{11}NO_3$	5.00	0.70	121.0739				**123**
C_4HN_4O	5.90	0.35	121.0151	$C_2H_7N_2O_4$	3.19	0.84	123.0406
$C_5HN_2O_2$	6.26	0.57	121.0038	$C_2H_9N_3O_3$	3.57	0.65	123.0644
$C_5H_3N_3O$	6.63	0.39	121.0277	$C_3H_9NO_4$	3.92	0.86	123.0532
$C_5H_5N_4$	7.01	0.21	121.0515	$C_4HN_3O_2$	5.56	0.53	123.0069
C_6HO_3	6.62	0.79	120.9925	$C_4H_3N_4O$	5.94	0.35	123.0308
$C_6H_3NO_2$	6.99	0.61	121.0164	C_5HNO_3	5.92	0.75	122.9956
$C_6H_5N_2O$	7.37	0.44	121.0402	$C_5H_3N_2O_2$	6.29	0.57	123.0195
$C_6H_7N_3$	7.74	0.26	121.0641	$C_5H_5N_3O$	6.67	0.39	123.0433
$C_7H_5O_2$	7.72	0.66	121.0289	$C_5H_7N_4$	7.04	0.22	123.0672
C_7H_7NO	8.10	0.49	121.0528	$C_6H_3O_3$	6.65	0.79	123.0082
$C_7H_9N_2$	8.47	0.32	121.0767	$C_6H_5NO_2$	7.02	0.61	123.0320
C_8H_9O	8.83	0.54	121.0653	$C_6H_7N_2O$	7.40	0.44	123.0559

分子式	M+1	M+2	MW	分子式	M+1	M+2	MW
$C_6H_9N_3$	7.77	0.26	123.0798	$C_5H_5N_2O_2$	6.32	0.57	125.0351
$C_7H_7O_2$	7.75	0.66	123.0446	$C_5H_7N_3O$	6.70	0.39	125.0590
C_7H_9NO	8.13	0.49	123.0684	$C_5H_9N_4$	7.07	0.22	125.0829
$C_7H_{11}N_2$	8.50	0.32	123.0923	$C_6H_5O_3$	6.68	0.79	125.0238
$C_8H_{11}O$	8.86	0.55	123.0810	$C_6H_7NO_2$	7.06	0.61	125.0477
$C_8H_{13}N$	9.23	0.38	123.1049	$C_6H_9N_2O$	7.43	0.44	125.0715
C_9H_{15}	9.97	0.44	123.1174	$C_6H_{11}N_3$	7.80	0.27	125.0954
C_9HN	10.12	0.46	123.0109	$C_7H_9O_2$	7.79	0.66	125.0603
$C_{10}H_3$	10.85	0.53	123.0235	$C_7H_{11}NO$	8.16	0.49	125.0841
			124	$C_7H_{13}N_2$	8.54	0.32	125.1080
$C_2H_8N_2O_4$	3.21	0.84	124.0484	$C_8H_{13}O$	8.89	0.55	125.1967
$C_3N_4O_2$	4.85	0.50	124.0022	$C_8H_{15}N$	9.27	0.38	125.1205
$C_4N_2O_3$	5.20	0.71	123.9909	C_8HN_2	9.42	0.40	125.0140
$C_4H_2N_3O_2$	5.58	0.53	124.0147	C_9H_{17}	10.00	0.45	125.1331
$C_4H_4N_4O$	5.95	0.35	124.0386	C_9HO	9.78	0.63	125.0027
C_5O_4	5.56	0.93	123.9796	C_9H_3N	10.15	0.46	125.0266
$C_5H_2NO_3$	5.93	0.75	124.0034	$C_{10}H_5$	10.89	0.53	125.0391
$C_5H_4N_2O_2$	6.31	0.57	124.0273				**126**
$C_5H_6N_3O$	6.68	0.39	124.0511	$C_3N_3O_3$	4.50	0.68	125.9940
$C_5H_8N_4$	7.06	0.22	124.0750	$C_3H_2N_4O_2$	4.88	0.50	126.0178
$C_6H_4O_3$	6.66	0.79	124.0060	C_4NO_4	4.86	0.90	125.9827
$C_6H_6NO_2$	7.04	0.61	124.0399	C_4H_2	5.23	0.71	126.0065
$C_6H_8N_2O$	7.41	0.44	124.0637	$C_4N_3O_2$	5.61	0.53	126.0304
$C_6H_{10}N_3$	7.79	0.27	124.0876	$C_4H_6N_4O$	5.98	0.35	126.0542
$C_7H_8O_2$	7.77	0.66	124.0524	$C_5H_2O_4$	5.59	0.93	125.9953
$C_7H_{10}NO$	8.14	0.49	124.0763	$C_5H_4NO_3$	5.97	0.75	126.0191
$C_7H_{12}N_2$	8.52	0.32	124.1001	$C_5H_6N_2O_2$	6.34	0.57	126.0429
$C_8H_{12}O$	8.88	0.55	124.0888	$C_5H_8N_3O$	6.71	0.69	129.0668
$C_8H_{14}N$	9.25	0.38	124.1127	$C_5H_{10}N_4$	7.09	0.22	126.0907
C_8N_2	9.41	0.39	124.0062	$C_5H_8NO_2$	7.07	0.62	126.0555
C_9H_{16}	9.98	0.45	124.1253	$C_6H_{10}N_2O$	7.45	0.44	126.0794
C_9O	9.76	0.62	123.9949	$C_6H_{12}N_3$	7.82	0.27	126.1032
C_9H_2N	10.14	0.46	124.0187	$C_7H_{10}O_2$	7.80	0.66	126.0681
$C_{10}H_4$	10.87	0.53	124.0313	$C_7H_{12}NO$	8.18	0.49	126.0919
			125	$C_7H_{14}N_2O$	8.55	0.32	126.1158
$C_3HN_4O_2$	4.86	0.50	125.0100	C_7N_3	8.71	0.34	126.0093
$C_4HN_2O_3$	5.22	0.71	124.9987	$C_8H_{14}O$	8.94	0.55	126.1045
$C_4H_3N_3O_2$	5.59	0.53	125.0226	$C_8H_{16}N$	9.28	0.38	126.1284
$C_4H_5N_4O$	5.97	0.35	125.0464	C_8NO	9.07	0.56	125.9980
C_5HO_4	5.58	0.93	124.9874	$C_8H_2N_2$	9.44	0.40	126.0218
$C_5H_3NO_3$	5.95	0.75	125.0113	C_9H_{18}	10.01	0.45	126.1409

续表

分子式	M+1	M+2	MW	分子式	M+1	M+2	MW
C$_9$H$_2$O	9.80	0.63	126.0106	C$_5$H$_{10}$N$_3$O	6.75	0.40	128.0825
C$_9$H$_4$N	10.17	0.46	126.0344	C$_5$H$_{12}$N$_4$	7.12	0.22	128.1063
C$_{10}$H$_6$	10.09	0.54	126.0470	C$_6$H$_8$O$_3$	6.73	0.79	128.0473
127				C$_6$H$_{10}$NO$_2$	7.10	0.62	128.0712
C$_3$HN$_3$O$_3$	4.52	0.68	127.0018	C$_6$H$_{12}$N$_2$O	7.48	0.44	128.0950
C$_3$H$_3$N$_4$O$_2$	4.89	0.50	127.0257	C$_6$H$_{14}$N$_3$	7.85	0.27	128.1189
C$_4$HNO$_4$	4.88	0.90	126.9905	C$_6$H$_{14}$N$_3$	7.85	0.27	128.1189
C$_4$H$_3$N$_2$O$_3$	5.25	0.71	127.0144	C$_6$N$_4$	8.01	0.28	128.0124
C$_4$H$_5$N$_3$O$_2$	5.62	0.53	127.0382	C$_7$H$_{12}$O$_2$	7.83	0.67	128.0837
C$_4$H$_7$N$_4$O	6.00	0.35	127.0621	C$_7$H$_{14}$NO	8.21	0.50	128.1076
C$_5$H$_3$O$_4$	5.61	0.93	127.0031	C$_7$H$_{16}$N$_2$	8.58	0.33	128.1315
C$_5$H$_5$NO$_3$	5.98	0.75	127.0269	C$_7$H$_2$N	8.37	0.51	128.0011
C$_5$H$_7$N$_2$O$_2$	6.36	0.57	127.0508	C$_7$H$_2$N$_3$	8.74	0.34	128.0249
C$_5$H$_9$N$_3$O	6.37	0.40	127.0746	C$_8$H$_{16}$O	8.94	0.55	128.1202
C$_5$H$_{11}$N$_4$	7.10	0.22	127.0985	C$_8$O$_2$	8.72	0.73	127.9898
C$_6$H$_7$O$_3$	6.71	0.79	127.0395	C$_8$H$_{18}$N	9.31	0.39	128.1440
C$_6$H$_9$NO$_2$	7.09	0.62	127.0634	C$_8$H$_2$NO	9.10	0.57	128.0136
C$_6$H$_{11}$N$_2$O	7.46	0.44	127.0872	C$_8$H$_4$N$_2$	9.47	0.40	128.0375
C$_6$H$_{13}$N$_3$	7.84	0.27	127.1111	C$_9$H$_4$N	10.05	0.45	128.1566
C$_7$H$_{11}$O$_2$	7.82	0.67	127.0759	C$_9$H$_4$O	9.83	0.63	128.0262
CH$_{13}$NO	8.19	0.49	127.0998	C$_{10}$H$_8$	10.20	0.47	128.0501
C$_7$H$_{15}$N$_2$	8.57	0.32	127.1236	C$_{10}$H$_8$	10.93	0.054	128.0626
C$_7$HN$_3$	8.72	0.34	127.0171	**129**			
C$_7$HN$_3$	8.92	0.55	127.1123	C$_3$HN$_2$O$_4$	4.18	0.87	128.9936
C$_8$H$_{17}$N	9.30	0.38	127.1362	C$_3$H$_3$N$_3$O$_3$	4.55	0.69	129.0175
C$_8$HNO	9.08	0.57	127.0058	C$_3$H$_5$N$_4$O$_2$	4.93	0.50	129.0413
C$_8$H$_3$N$_2$	9.46	0.40	127.0297	C$_4$H$_3$NO$_4$	4.91	0.90	129.0062
C$_9$H$_{19}$	10.03	0.45	127.1488	C$_4$H$_5$N$_2$O$_3$	5.28	0.72	129.0300
C$_9$H$_3$O	9.81	0.63	127.0184	C$_4$H$_7$N$_3$O$_2$	5.66	0.54	129.0539
C$_{10}$H$_7$	10.92	0.54	127.0548	C$_4$H$_9$N$_4$O	6.03	0.36	129.0777
128				C$_6$H$_9$O$_3$	6.74	0.79	129.0552
C$_3$N$_2$O$_4$	4.16	0.87	127.9858	C$_6$H$_{11}$NO$_2$	7.12	0.62	129.0790
C$_3$H$_2$N$_3$O$_3$	4.54	0.68	128.0096	C$_6$H$_{13}$N$_2$O	7.49	0.44	129.1029
C$_3$H$_4$N$_4$O$_2$	4.91	0.50	128.0335	C$_6$H$_{15}$N$_3$	7.87	0.27	129.1267
C$_4$H$_2$NO$_4$	4.89	0.90	127.9983	C$_6$HN$_4$	8.03	0.28	129.0202
C$_4$H$_4$N$_2$O$_3$	5.27	0.72	128.0222	C$_7$H$_{13}$O$_2$	7.85	0.67	129.0916
C$_4$H$_6$N$_3$O$_2$	5.64	0.53	128.0460	C$_7$H$_{17}$N$_2$	8.22	0.50	129.1154
C$_4$H$_8$N$_4$O	6.02	0.36	128.0699	C$_7$H$_3$N$_3$	8.60	0.33	129.0089
C$_5$H$_4$O$_4$	5.62	0.93	128.0109	C$_8$H$_{17}$O	8.38	0.51	129.0328
C$_5$H$_6$NO$_3$	6.00	0.75	128.0348	C$_7$H$_3$N$_3$	8.76	0.34	129.0328
C$_5$H$_8$N$_2$O$_2$	6.37	0.57	128.0580	C$_8$H$_{17}$O	8.96	0.55	129.1280

续表

分子式	M+1	M+2	MW	分子式	M+1	M+2	MW
C_8HO_2	8.74	0.74	128.9976	$C_4H_{11}N_4O$	6.06	0.36	131.0934
$C_8H_{19}N$	9.33	0.39	129.1519	$C_5H_7O_4$	5.67	0.93	131.0344
C_8HNO	9.11	0.57	129.0215	$C_5H_9NO_3$	6.05	0.75	131.0583
$C_8H_5N_2$	9.49	0.40	129.0453	$C_5H_{11}N_2O_2$	6.42	0.58	131.0821
C_9H_5O	9.84	0.63	129.0340	$C_5H_{13}N_3O$	6.79	0.40	131.1060
C_9H_7N	10.22	0.47	129.0579	$C_5H_{15}N_4$	7.17	0.22	131.1298
$C_{10}H_6$	10.95	0.54	129.0705	$C_6H_{11}O_3$	6.78	0.80	131.0708
			130	$C_6H_{13}NO_2$	7.15	0.62	131.0947
$C_3H_4N_3O_3$	4.57	0.69	130.0014	$C_6H_{15}N_2O$	7.53	0.45	131.1185
$C_3H_6N_4O_2$	4.94	0.50	130.0491	$C_6H_{17}N_3$	7.90	0.27	131.1424
$C_4H_4NO_4$	4.92	0.90	130.1040	C_6HN_3O	7.68	0.46	131.0120
$C_4H_6N_2O_3$	5.80	0.72	130.0379	$C_6H_3N_4$	8.06	0.29	131.0359
$C_4H_8N_3O_2$	5.67	0.54	130.0617	$C_7H_{15}O_2$	7.88	0.67	131.1072
$C_4H_{10}N_4O$	6.05	0.36	130.0856	$C_7H_{17}NO$	8.26	0.50	131.1311
$C_5H_6O_4$	5.66	0.93	130.0266	C_7HNO_2	8.04	0.68	131.0007
$C_5H_8NO_3$	6.03	0.75	130.0504	$C_7H_3N_2O$	8.41	0.51	131.0246
$C_5H_{10}N_2O_2$	6.40	0.58	130.0743	$C_7H_5N_3$	8.79	0.34	131.0484
$C_5H_{12}N_3O$	6.78	0.40	130.0981	$C_8H_3O_2$	8.77	0.74	131.0133
$C_5H_{12}N_3O$	7.15	0.22	130.1220	C_8H_5NO	9.15	0.57	131.0371
$C_5H_{12}N_3O$	6.76	0.79	130.0630	$C_8H_7N_2$	9.52	0.40	131.0610
$C_6H_{12}NO_2$	7.14	0.62	130.0866	C_9H_7O	9.88	0.64	131.0497
$C_6H_{14}N_2O$	7.51	0.45	130.1107	C_9H_9N	10.25	0.47	131.0736
$C_6H_{16}N_3$	7.88	0.27	130.1346	$C_{10}H_{11}$	10.98	0.54	131.0861
C_6N_3O	7.67	0.46	130.0042				**132**
$C_5H_{12}N_4$	8.04	0.29	130.0280	$C_3H_4N_2O_4$	4.23	0.87	132.0171
$C_7H_{14}O_2$	7.87	0.67	130.0994	$C_3H_6N_3O_3$	4.60	0.69	132.0410
$C_7H_{16}NO$	8.24	0.50	130.1233	$C_3H_8N_4O_2$	4.97	0.50	132.0648
C_7NO_2	8.02	0.68	129.9929	$C_4H_6NO_4$	4.96	0.90	132.0297
$C_7H_{18}N_2$	8.62	0.33	130.1471	$C_6H_5N_4$	8.09	0.29	133.0515
C_8H_4NO	9.13	0.57	130.0293	C_7HO_3	7.70	0.86	132.9925
$C_8H_6N_2$	9.50	0.40	130.0532	$C_7H_3NO_2$	8.07	0.69	133.0164
C_9H_6O	9.86	0.63	130.0419	$C_7H_5N_2O$	8.45	0.51	133.0402
C_9H_8N	10.23	0.47	130.0657	$C_4H_8N_2O_3$	5.33	0.72	132.0535
$C_{10}H_{10}$	10.97	0.54	130.0783	$C_4H_{10}N_3O_2$	5.70	0.54	132.0774
			131	$C_4H_{12}N_4O$	6.08	0.36	132.1012
$C_3H_3N_2O_4$	4.21	0.87	131.0093	$C_5H_8O_4$	5.69	0.93	132.0422
$C_3H_5N_3O_3$	4.58	0.69	131.0331	$C_5H_{10}NO_3$	6.06	0.76	132.0661
$C_3H_7N_4O_2$	4.96	0.50	131.0570	$C_5H_{12}N_2O_2$	6.44	0.58	132.0899
$C_4H_5NO_4$	4.96	0.90	131.0218	$C_5H_{14}N_3O$	6.81	0.40	132.1136
$C_4H_7N_2O$	5.31	0.72	131.0457	$C_5H_{16}N_3O$	7.18	0.23	132.1377
$C_4H_9N_2O_3$	5.69	0.54	131.0695	C_5N_4O	6.97	0.41	132.0073

续表

分子式	M+1	M+2	MW	分子式	M+1	M+2	MW
$C_6H_{12}O_3$	6.79	0.80	132.0786	$C_{10}H_{13}$	11.01	0.55	133.1018
$C_6H_{14}NO_2$	7.17	0.62	132.1025	$C_{11}H$	11.90	0.64	133.0078
$C_6H_{16}N_2O$	7.54	0.45	132.1264				**134**
$C_6N_2O_2$	7.32	0.63	131.9960	$C_3H_6N_2O_4$	4.26	0.87	134.0328
$C_6H_2N_3O$	7.70	0.46	132.0198	$C_3H_8N_3O_3$	4.63	0.69	134.0566
$C_6H_4N_4$	8.07	0.29	132.0437	$C_3H_{10}N_4O_2$	5.01	0.51	134.0805
$C_7H_{16}O_2$	7.90	0.67	132.1151	$C_4H_8NO_4$	4.99	0.90	134.0453
C_7O_3	7.68	0.86	131.9847	$C_4H_{10}N_2O_3$	5.36	0.72	134.0692
$C_7H_2NO_2$	8.06	0.68	132.0085	$C_4H_{12}N_3O_2$	5.74	0.54	134.0930
$C_7H_4N_2O$	8.43	0.51	132.0324	$C_4H_{14}N_4O$	6.11	0.36	134.1169
$C_7H_6N_3$	8.80	0.34	132.0563	$C_5H_{10}O_4$	5.72	0.94	134.0579
$C_8H_4O_2$	8.79	0.74	132.0211	$C_5H_{12}NO_3$	6.09	0.76	134.0817
C_8H_6NO	9.16	0.57	132.0449	$C_5H_{14}N_2O_2$	6.47	0.58	134.1056
$C_8H_8N_2$	9.54	0.41	132.0668	$C_5N_3O_2$	6.63	0.59	133.9991
C_9H_8O	9.89	0.64	132.0575	$C_5H_2N_4O$	7.00	0.41	134.0229
$C_9H_{10}N$	10.27	0.47	132.0814	$C_6H_{14}O_3$	6.82	0.80	134.0943
$C_{10}H_{12}$	11.00	0.55	132.0939	C_6NO_3	6.98	0.81	133.9878
C_{11}	11.89	0.64	132.0000	$C_6H_2N_2O_2$	7.36	0.64	134.0116
			133	$C_6H_4N_3O$	7.73	0.46	134.0355
$C_3H_5N_2O_4$	4.24	0.87	133.0249	$C_6H_6N_4$	8.11	0.29	134.0594
$C_3H_7N_3O_3$	4.62	0.69	133.0488	$C_7H_2O_3$	7.71	0.86	134.0003
$C_3H_9N_4O_2$	4.99	0.50	133.0726	$C_7H_4NO_2$	8.09	0.69	134.0242
$C_4H_7NO_4$	4.97	0.90	133.0375	$C_7H_6N_2O$	8.46	0.52	134.0480
$C_4H_9N_2O_3$	5.35	0.72	133.0614	$C_7H_8N_3$	8.84	0.35	134.0719
$C_4H_{11}N_3O_2$	5.72	0.54	133.0852	$C_8H_6O_2$	8.82	0.74	134.0368
$C_4H_{13}N_4O$	6.10	0.36	133.1091	C_8H_8NO	9.19	0.58	134.0606
$C_5H_9O_4$	5.70	0.94	133.0501	$C_8H_{10}N_2$	9.57	0.41	134.0845
$C_5H_{11}NO_3$	6.08	0.76	133.0739	$C_9H_{10}O$	9.92	0.64	134.0723
$C_5H_{13}N_2O_2$	6.45	0.58	133.0976	$C_9H_{12}N$	10.30	0.48	134.0970
$C_5H_{15}N_3O$	6.83	0.40	133.1216	$C_{10}H_{14}$	11.03	0.55	134.1096
C_5HN_4O	6.98	0.41	133.0151	$C_{10}N$	11.19	0.57	134.0031
$C_6H_{13}O_3$	6.81	0.80	133.0865	$C_{11}H_2$	11.92	0.65	134.0157
$C_6H_{15}NO_2$	7.18	1.62	133.1103				**135**
$C_6HN_2O_2$	7.34	0.63	133.0036	$C_3H_9N_3O_3$	4.65	0.69	135.0644
$C_6H_3N_3O$	7.72	0.46	133.0277	$C_3H_{11}N_4O_2$	5.02	0.51	135.0883
$C_7H_7N_3$	8.82	0.35	133.0641	$C_4H_9NO_4$	5.00	0.90	135.0532
$C_8H_5O_2$	8.80	0.74	133.0289	$C_4H_{11}N_2O_3$	5.38	0.72	135.0770
C_8H_7NO	9.18	0.57	133.0528	$C_4H_{13}N_3O_2$	5.75	0.54	135.1009
$C_8H_9N_2$	9.55	0.41	133.0767	$C_4H_{11}O_4$	5.74	0.94	135.0657
C_9H_9O	9.91	0.64	133.0653	$C_5H_{13}NO_3$	6.11	0.76	135.0896
$C_9H_{11}N$	10.28	0.48	133.0892	$C_5HN_3O_2$	6.64	0.59	135.0069

分子式	M+1	M+2	MW	分子式	M+1	M+2	MW
$C_5H_3N_4O$	7.02	0.41	135.0306	$C_{11}H_4$	11.95	0.65	136.0313
C_6HNO_3	7.00	0.81	134.9956				**137**
$C_6H_3N_2O_2$	7.37	0.84	135.0195	$C_3H_9N_2O_4$	4.31	0.88	137.0563
$C_6H_5N_3O$	7.75	0.46	135.0423	$C_3H_{11}N_3O_3$	4.68	0.69	137.0801
$C_6H_7N_4$	8.12	0.29	135.0672	$C_4H_{11}NO_4$	5.14	0.90	137.0688
$C_7H_3O_3$	7.73	0.86	135.0082	$C_4HN_4O_2$	5.94	0.55	137.0100
$C_7H_5NO_2$	8.10	0.69	135.0320	$C_5HN_2O_3$	6.30	0.77	136.9987
$C_7H_7N_2O$	8.48	0.52	135.0559	$C_5H_3N_3O_2$	6.67	0.59	137.0226
$C_7H_9N_3$	8.85	0.35	135.0798	$C_5H_5N_4O$	7.05	0.42	137.0464
$C_8H_7O_2$	8.84	0.74	135.0446	C_6HO_4	6.66	0.99	136.9874
C_8H_9NO	9.21	0.58	135.0684	$C_6H_3NO_3$	7.03	0.81	137.0113
$C_8H_{11}N_2$	9.58	0.41	135.0923	$C_6H_5N_2O_2$	7.40	0.64	137.0351
$C_9H_{11}O$	9.94	0.64	135.0810	$C_6H_7N_3O$	7.78	0.47	137.0590
$C_9H_{13}N$	10.31	0.48	135.1049	$C_6H_9N_4$	8.15	0.29	137.0829
$C_{10}H_{15}$	11.05	0.55	135.1174	$C_7H_5O_3$	7.76	0.86	137.0238
$C_{10}HN$	11.20	0.57	135.0109	$C_7H_7NO_2$	8.14	0.69	137.0477
$C_{11}H_3$	11.93	0.65	135.0235	$C_7H_9N_2O$	8.51	0.52	137.0715
			136	$C_7H_{11}N_3$	8.88	0.35	137.0954
$C_3H_8N_2O_4$	4.29	0.87	136.0484	$C_8H_9O_2$	8.87	0.75	137.0603
$C_3H_{10}N_3O_3$	4.66	0.69	136.0723	$C_8H_{11}NO$	9.24	0.58	137.0841
$C_3H_{12}N_4O_2$	5.04	0.51	136.0961	$C_8H_{13}N_2$	9.62	0.41	137.1080
$C_4H_{10}NO_4$	5.02	0.90	136.0610	$C_9H_{13}O$	9.97	0.65	137.0967
$C_4H_{12}N_2O_3$	5.39	0.72	136.0848	$C_9H_{15}N$	10.35	0.48	137.1205
$C_4N_4O_2$	5.93	0.55	136.0022	C_9HN_2	10.50	0.50	137.0140
$C_5H_{12}O_4$	5.75	0.94	136.0735	$C_{10}HO$	11.08	0.56	137.1331
$C_5N_2O_3$	6.28	0.77	136.0651	$C_{10}H_{17}$	10.86	0.73	137.0027
$C_5H_2N_3O_2$	6.66	0.59	136.0147	$C_{10}H_3N$	11.24	0.57	137.0266
$C_5H_4N_4O$	7.03	0.42	136.0366	$C_{11}H_5$	11.97	0.65	137.0391
C_6O_4	6.64	0.99	135.9796				**138**
C_6NO_3	7.01	0.81	136.0034	$C_3H_{10}N_2O_4$	4.32	0.88	138.0641
$C_6H_2NO_3$	7.69	0.64	136.0273	$C_4N_3O_3$	5.58	0.73	137.9940
$C_6H_4N_2O_2$	7.76	0.46	136.0511	$C_4H_2N_4O_2$	5.96	0.55	138.0178
$C_6H_6N_3O$	8.14	0.29	136.0750	C_5NO_4	5.94	0.95	137.9827
$C_6H_8N_4$	7.75	0.86	136.0160	$C_5H_2N_2O_3$	6.32	0.77	138.0065
$C_7H_4O_3$	8.12	0.69	136.0399	$C_5H_4N_3O_2$	6.69	0.59	138.0304
$C_7H_6NO_2$	8.49	0.52	136.0637	$C_5H_6N_4O$	7.06	0.42	138.0542
$C_9H_{14}N$	10.33	0.48	136.1127	$C_6H_2O_4$	6.67	0.99	137.9953
C_9H_2	10.49	0.50	136.0062	C_6H_4NO	7.05	0.81	138.0191
$C_{10}H_{16}$	11.06	0.55	136.1253	$C_6H_6N_2O_7$	7.42	0.64	138.0429
$C_{10}O$	10.85	0.73	135.9949	$C_6H_8N_3O$	7.80	0.47	138.0668
$C_{10}H_2N$	11.22	0.57	136.0187	$C_6H_{10}O_4$	8.17	0.30	138.0907

分子式	M+1	M+2	MW	分子式	M+1	M+2	MW
$C_7H_6O_3$	7.78	0.86	138.0317	$C_{10}H_3O$	10.89	0.74	139.0184
$C_7H_8NO_2$	8.15	0.69	138.0555	$C_{10}H_5N$	11.27	0.58	139.0422
$C_7H_{10}N_2O$	8.53	0.52	138.0794	$C_{11}H_7$	12.00	0.66	139.0548
$C_7H_{12}N_3$	8.90	0.35	138.1032				**140**
$C_8H_{10}O_2$	8.88	0.75	138.0681	$C_4N_2O_4$	5.24	0.91	139.9858
$C_8H_{12}NO$	9.26	0.58	138.0919	$C_4H_2N_3O_3$	5.62	0.79	140.0096
$C_8H_{14}N_2$	9.63	0.42	138.1158	$C_4H_4N_4O_2$	5.99	0.55	140.0335
C_8N_3	9.79	0.43	138.0093	$C_5H_5NO_4$	5.97	0.95	139.9983
$C_9H_{14}O$	9.99	0.65	138.1045	$C_5H_4N_2O_3$	6.35	0.77	140.0222
$C_9H_{16}N$	10.36	0.48	138.1284	$C_5H_6N_3O_2$	6.72	0.60	140.0460
C_9NO	10.15	0.66	137.9980	$C_5H_8N_4O$	7.10	0.42	140.0699
$C_9H_2N_2$	10.52	0.50	138.0218	$C_6H_4O_4$	6.70	0.99	140.0109
$C_{10}H_{18}$	11.09	0.56	138.1409	$C_6H_6NO_3$	7.08	0.82	140.0348
$C_{10}H_2O$	10.88	0.73	138.0106	$C_6H_8N_2O_2$	7.45	0.64	140.0586
$C_{10}H_4N$	11.25	0.57	138.0344	$C_6H_{10}N_3O$	7.83	0.47	140.0825
$C_{11}H_6$	11.98	0.65	138.0470	$C_6H_{12}N_4$	8.20	0.30	140.1063
			139	$C_7H_8O_3$	7.81	0.87	140.0473
$C_4HN_3O_3$	5.60	0.73	139.0018	$C_7H_{10}NO_2$	8.18	0.69	140.0712
$C_4H_3N_4O_2$	5.97	0.55	139.0257	$C_7H_{12}N_2O$	8.56	0.52	140.0950
C_5HNO_4	5.96	0.95	138.9905	$C_7H_{14}N_3$	8.93	0.36	140.1189
$C_5H_3N_2O_3$	6.33	0.77	139.0144	C_7N_4	9.09	0.37	140.0124
$C_5H_5N_3O_2$	6.71	0.59	139.0382	$C_8H_{12}O_2$	8.92	0.75	140.0837
$C_5H_7N_4O$	7.08	0.42	139.0621	$C_8H_{14}NO$	9.29	0.58	140.1076
$C_6H_3O_4$	6.69	0.98	139.0031	$C_8H_{16}N_2$	9.66	0.42	140.1315
$C_6H_5NO_3$	7.06	0.82	139.0269	C_8N_2O	9.45	0.60	140.0011
$C_6H_7N_2O_3$	7.44	0.64	139.0508	$C_8H_2N_3$	9.82	0.43	140.0249
$C_6H_9N_3O$	7.81	0.47	139.0746	$C_9H_{16}O$	10.02	0.65	140.1202
$C_6H_{11}N_4$	8.19	0.30	139.0985	C_9O_2	9.80	0.83	139.9898
$C_7H_7O_3$	7.79	0.86	139.0395	$C_9H_{18}N$	10.39	0.49	140.1440
$C_7H_9NO_2$	8.17	0.69	139.0634	C_9H_2NO	10.18	0.67	140.0136
$C_7H_{11}N_2O$	8.54	0.52	139.0872	$C_9H_4N_2$	10.55	0.50	140.0375
$C_7H_{13}N_3$	8.92	0.55	139.1111	$C_{10}H_{20}$	11.13	0.56	140.1566
$C_8H_{11}O_2$	8.90	0.75	139.0759	$C_{10}H_4O$	10.91	0.74	140.0262
$C_8H_{13}NO$	9.27	0.58	139.0998	$C_{10}H_6N$	11.28	0.56	140.0501
$C_8H_{15}N_2$	9.65	0.42	139.1236	$C_{11}H_8$	12.01	0.66	140.0626
C_8HN_3	9.81	0.43	139.0171				**141**
$C_9H_{15}O$	10.00	0.65	139.1123	$C_4HN_2O_4$	5.26	0.92	140.9936
$C_9H_{17}N$	10.38	0.49	139.1362	$C_4H_3N_{43}O_3$	5.63	0.73	141.0175
C_9HNO	10.16	0.66	139.0058	$C_4H_5N_4O_2$	6.01	0.56	141.0413
$C_9H_3N_2$	10.54	0.50	139.0297	$C_5H_3NO_4$	5.99	0.95	141.0062
$C_{10}H_{19}$	11.11	0.56	139.1488	$C_5H_5N_2O_3$	6.36	0.77	141.0300

分子式	M+1	M+2	MW	分子式	M+1	M+2	MW
$C_5H_7N_3O_2$	6.74	0.60	141.0539	$C_7H_{14}N_2O$	8.59	0.53	142.1107
$C_5H_9N_4O$	7.11	0.42	141.0777	$C_7H_{16}N_3$	8.96	0.36	142.1346
$C_6H_5O_4$	6.72	0.99	141.0187	C_7N_3O	8.75	0.54	142.0042
$C_6H_7NO_3$	7.09	0.82	141.0426	$C_8H_2N_4$	9.12	0.37	142.0280
$C_6H_9N_2O_2$	7.47	0.64	141.0664	$C_8H_{14}O_2$	8.95	0.75	142.094
$C_6H_{11}N_3O$	7.84	0.47	141.0903	$C_8H_{16}NO$	9.32	0.59	142.1233
$C_6H_{13}N_4$	8.22	0.30	141.1142	C_8NO_2	9.10	0.77	141.9929
$C_7H_9O_3$	7.83	0.87	141.0552	$C_8H_{18}N_2$	9.70	0.42	142.1471
$C_7H_{11}NO_2$	8.20	0.70	141.0790	$C_8H_2N_2O$	9.48	0.60	142.0167
$C_7H_{13}N_2O$	8.57	0.53	141.1029	$C_8H_4N_3$	9.85	0.44	142.0406
$C_7H_{15}N_3$	8.95	0.36	141.1267	$C_9H_{18}O$	10.05	0.65	142.1358
C_7HN_4	9.11	0.37	141.0202	$C_9H_2O_2$	9.84	0.83	142.0054
$C_8H_{13}O_2$	8.93	0.75	141.0916	$C_9H_{20}N$	10.43	0.49	142.1597
$C_8H_{15}NO$	9.31	0.59	141.1154	C_9H_4NO	10.21	0.67	142.0293
$C_8H_{17}N$	9.68	0.42	141.1393	$C_9H_6N_2$	10.58	0.51	142.0532
C_8HN_2O	9.46	0.60	141.0089	$C_{10}H_{22}$	11.16	0.56	142.1722
$C_8H_3N_3$	9.84	0.43	141.0328	$C_{10}H_6O$	10.94	0.74	142.0419
$C_9H_{17}O$	10.04	0.65	141.1280	$C_{10}H_8N$	11.32	0.58	142.0657
C_9HO_2	9.82	0.83	140.9976	$C_{11}H_{10}$	12.05	0.66	142.0783
$C_9H_{19}N$	10.41	0.49	141.1519				**143**
C_9H_3NO	10.19	0.67	141.0215	$C_4H_3N_2O_4$	5.29	0.92	143.0093
$C_9H_5N_2$	10.57	0.50	141.0453	$C_4H_5N_3O_3$	5.66	0.74	143.0331
$C_{10}H_{21}$	11.14	0.56	141.1644	$C_4H_7N_4O_2$	6.04	0.56	143.0570
$C_{10}H_5O$	10.93	0.74	141.0340	$C_5H_5NO_4$	6.02	0.95	143.0218
$C_{10}H_7N$	11.30	0.58	141.0579	$C_5H_7N_2O_3$	6.40	0.78	143.0457
$C_{11}H_9$	12.03	0.66	141.0705	$C_5H_9N_3O_2$	6.77	0.60	143.0695
			142	$C_5H_{11}N_4O$	7.14	0.42	143.0934
$C_4H_2N_2O_4$	5.27	0.92	142.0014	$C_6H_7O_4$	6.75	0.99	143.0344
$C_4H_4N_3O_3$	5.65	0.74	142.0253	$C_6H_9NO_3$	7.13	0.82	143.0583
$C_4H_6N_4O_2$	6.02	0.56	142.0491	$C_6H_{11}N_2O_2$	7.50	0.65	143.0821
$C_5H_4NO_4$	6.00	0.95	142.0140	$C_6H_{13}N_3O$	7.88	0.47	143.1060
$C_5H_6N_2O_3$	6.38	0.77	142.0379	$C_6H_{15}N_4$	8.25	0.60	143.1298
$C_5H_8N_3O_2$	6.75	0.60	142.0617	$C_7H_{11}O_3$	7.86	0.87	143.0708
$C_5H_{10}N_4O$	7.13	0.42	142.0856	$C_7H_{13}NO_2$	8.23	0.70	143.0947
$C_6H_6O_4$	6.74	0.99	142.0266	$C_7H_{15}N_2O$	8.61	0.53	143.1185
$C_6H_8NO_3$	7.11	0.82	142.0504	$C_7H_{17}N_3$	8.98	0.36	143.1424
$C_6H_{10}N_2O_2$	7.48	0.64	142.0743	C_7HN_3O	8.76	0.54	143.0120
$C_6H_{12}N_3O$	7.86	0.47	142.0981	$C_7H_3N_4$	9.14	0.37	143.0359
$C_6H_{14}N_4$	8.23	0.30	142.1220	$C_8H_{15}O_2$	8.96	0.76	143.1072
$C_7H_{10}O_3$	7.84	0.87	142.0630	$C_8H_{17}NO$	9.34	0.59	143.1311
$C_7H_{12}NO_2$	8.22	0.70	142.0868	C_8HNO_2	9.12	0.77	143.0007

续表

分子式	M+1	M+2	MW	分子式	M+1	M+2	MW
$C_8H_{19}N_2$	9.71	0.42	143.1549	$C_9H_8N_2$	10.62	0.51	144.0688
$C_8H_3N_2O$	9.49	0.60	143.0246	$C_{10}H_8O$	10.97	0.74	144.0575
$C_8H_5N_3$	9.87	0.44	143.0484	$C_{10}H_{10}N$	11.35	0.58	144.0814
$C_9H_{19}O$	10.07	0.65	143.1436	$C_{11}H_{12}$	12.08	0.67	144.0939
$C_9H_3O_2$	9.85	0.83	143.0133	C_{12}	12.97	0.77	144.0000
$C_9H_{21}N$	10.44	0.49	143.1675				**145**
C_9H_5NO	10.23	0.67	143.0371	$C_4H_5N_2O_4$	5.32	0.92	145.0249
C_9H7N_2	10.60	0.51	143.0610	$C_4H_7N_3O_3$	5.70	0.74	145.0488
$C_{10}H_7O$	10.96	0.74	143.0497	$C_4H_9N_4O_2$	6.07	0.56	145.0726
$C_{10}H_9N$	11.33	0.58	143.0736	$C_5H_7NO_4$	6.05	0.96	145.0375
$C_{11}H_{11}$	12.06	0.66	143.0861	$C_5H_9N_2O_3$	6.43	0.78	145.0614
			144	$C_5H_{11}N_3O_2$	6.80	0.60	145.0852
$C_4H_4N_2O_4$	5.31	0.92	144.0171	$C_5H_{13}N_4O$	7.18	0.43	145.1091
$C_4H_6N_3O_3$	5.68	0.74	144.0410	$C_6H_9O_4$	6.78	1.00	145.0501
$C_4H_8N_4O_2$	6.05	0.56	144.0648	$C_6H_{11}NO_3$	7.16	0.82	145.0739
$C_5H_6NO_4$	6.04	0.95	144.0297	$C_6H_{13}N_2O_2$	7.53	0.65	145.0978
$C_5H_8N_2O_3$	6.41	0.78	144.0535	$C_6H_{15}N_3O$	7.91	0.48	145.1216
$C_5H_{10}N_3O_2$	6.79	0.60	144.0774	$C_7H_{17}N_4$	8.28	0.30	145.1455
$C_5H_{12}N_4O$	7.16	0.42	144.1012	C_6HN_4O	8.06	0.41	145.0151
$C_6H_8O_4$	6.77	1.00	144.0422	$C_7H_{13}O_3$	7.89	0.87	145.0865
$C_6H_{10}NO_3$	7.14	0.82	144.0661	$C_7H_{15}NO_2$	8.26	0.70	145.1103
$C_6H_{12}N_2O_2$	7.52	0.65	144.0899	$C_7H_{17}N_2O$	8.64	0.53	145.1342
$C_6H_{14}N_3O$	7.89	0.47	144.1138	$C_7HN_2O_2$	8.42	0.71	145.0038
$C_6H_{16}N_4$	8.27	0.30	144.1377	$C_7H_{19}N_3$	8.01	0.36	145.1580
C_6H_4O	2.05	0.49	144.0073	$C_7H_3N_3O$	2.80	0.54	145.0277
$C_7H_{12}O_3$	7.87	0.87	144.0786	$C_7H_5N_4$	9.17	0.38	145.0515
$C_7H_{14}NO_2$	8.25	0.70	144.1025	$C_8H_{17}O_2$	9.00	0.76	145.1229
$C_7H_{16}N_2O$	8.62	0.53	144.1264	C_8HO_3	8.78	0.94	145.9925
$C_7N_2O_2$	8.41	0.71	143.9960	$C_8H_{19}NO$	9.37	0.59	145.1467
$C_7H_{18}N_3$	9.00	0.36	144.1502	$C_8H_3NO_2$	9.15	0.77	145.0164
$C_7H_2N_3O$	8.78	0.54	144.0198	$C_8H_5N_2O$	9.53	0.61	145.0402
$C_7H_4N_4$	9.15	0.38	144.0437	$C_8H_7N_3$	9.90	0.44	145.0641
$C_8 H_{16}O_2$	8.98	0.76	144.1151	$C_9H_5O_2$	9.88	0.84	145.0289
C_8O_3	8.76	0.94	143.9847	C_9H_7NO	10.26	0.67	145.0528
$C_8H_{18}NO$	9.35	0.59	144.1389	$C_9H_9N_2$	10.63	0.51	145.0767
$C_8H_2NO_2$	9.14	0.77	144.0085	$C_{10}H_9O$	10.99	0.75	145.0653
$C_8H_{20}N_2$	9.73	0.42	144.1628	$C_{10}H_{11}N$	11.36	0.59	145.0892
$C_8H_4N_2O$	9.51	0.60	144.0324	$C_{11}H_{17}$	12.09	0.67	145.1018
$C_8H_6N_3$	9.89	0.44	144.0563	$C_{12}H$	12.98	0.77	145.0078
$C_9H_{20}O$	10.08	0.66	144.1515				**146**
$C_9H_4O_2$	9.87	0.84	144.0211	$C_4H_6N_2O_4$	5.34	0.92	146.0328
C_9H_6NO	10.24	0.67	144.0449	$C_4H_8N_3O_3$	5.71	0.74	146.0566

分子式	M+1	M+2	MW	分子式	M+1	M+2	MW
$C_4H_{10}N_4O_2$	6.09	0.56	146.0805	$C_6H_{13}NO_3$	7.19	0.82	147.0896
$C_5H_8NO_4$	6.07	0.96	146.0453	$C_6H_{15}N_2O_2$	7.56	0.65	147.1134
$C_5H_{10}N_2O_3$	6.44	0.78	146.0692	$C_6H_{17}N_3O$	7.94	0.48	147.1373
$C_5H_{12}N_3O_2$	6.82	0.60	146.0930	$C_6HN_3O_2$	7.72	0.66	147.0069
$C_5H_{14}N_4$	7.19	0.43	146.1169	$C_6H_3N_4O$	8.10	0.49	147.0308
$C_6H_{10}O_4$	6.80	1.00	146.0579	$C_7H_{15}O_3$	7.92	0.87	147.1021
$C_6H_{12}NO_3$	7.17	0.82	146.0817	$C_7H_{17}NO_2$	8.30	0.70	147.1260
$C_6H_{14}N_2O_2$	7.55	0.65	146.1056	C_7HNO_3	8.08	0.89	146.9956
$C_6H_{16}N_3O$	7.92	0.48	146.1295	$C_7H_3N_2O_2$	8.45	0.72	147.0195
$C_6N_3O_2$	7.71	0.66	145.9991	$C_7H_5N_3O$	8.83	0.55	147.0433
$C_6H_{18}N_4$	8.30	0.31	146.1533	$C_7H_7N_4$	9.20	0.38	147.0672
$C_6H_2N_4O$	8.08	0.94	146.0229	$C_8H_3O_3$	8.81	0.94	147.0082
$C_7H_{14}O_3$	7.91	0.87	146.0943	$C_8H_5NO_2$	9.18	0.78	147.0320
$C_7H_{16}NO_2$	8.28	0.70	146.1182	$C_8H_7N_2O$	9.56	0.61	147.0559
C_7NO_3	8.06	0.88	145.9878	$C_8H_9N_3$	9.93	0.44	147.0798
$C_7H_{18}N_2O$	8.65	0.53	146.1420	$C_9H_7O_2$	9.92	0.84	147.0446
$C_7H_2N_2O_2$	8.44	0.71	146.0116	C_9H_9NO	10.29	0.68	147.0684
$C_7H_4N_3O$	8.81	0.55	146.0355	$C_9H_{11}N_2$	10.66	0.51	147.0923
$C_7H_6N_4$	9.19	0.38	146.0394	$C_{10}H_{11}O$	11.02	0.75	147.0810
$C_8H_{18}O_2$	9.01	0.76	146.1307	$C_{10}H_{13}N$	11.40	0.59	147.1049
$C_8H_2O_3$	8.79	0.94	146.0003	$C_{11}H_{15}$	12.13	0.67	147.1174
$C_8H_4NO_2$	9.17	0.77	146.0242	$C_{11}HN$	12.28	0.69	147.0109
$C_8H_6N_2O$	9.54	0.61	146.0480	$C_{12}H_3$	13.02	0.78	147.0235
$C_8H_8N_3$	9.92	0.44	146.0719				**148**
$C_9H_6N_2$	9.90	0.84	146.0368	$C_4H_6N_2O_4$	5.37	0.92	148.0484
C_9H_8NO	10.27	0.67	146.0606	$C_4H_{10}N_3O_3$	5.74	0.74	148.0723
$C_9H_{10}N_2$	10.65	0.51	146.0845	$C_4H_{12}N_4O_2$	6.12	0.56	148.0961
$C_{10}H_{10}O$	11.01	0.75	146.0732	$C_5H_{10}NO_4$	6.10	0.96	148.0610
$C_{10}H_{12}N$	11.38	0.59	146.0970	$C_5H_{12}N_2O_3$	6.48	0.78	148.0848
$C_{11}H_{14}$	12.11	0.67	146.1096	$C_5H_{14}N_3O_2$	6.85	0.60	148.1087
$C_{11}N$	12.27	0.69	146.0031	$C_5H_{16}N_4O$	7.22	0.43	148.1325
$C_{12}H_2$	13.00	0.77	146.0157	$C_5N_4O_2$	7.01	0.61	148.0022
			147	$C_6H_{12}O_4$	6.83	1.00	148.0735
$C_4H_7N_2O_4$	5.35	0.92	147.0406	$C_8H_{14}NO_3$	7.21	0.83	148.0974
$C_4H_9N_3O_3$	5.73	0.74	147.0644	$C_6H_{16}N_2O_2$	7.58	0.65	148.1213
$C_4H_{11}N_4O_2$	6.10	0.56	147.0883	$C_6N_2O_3$	7.36	0.84	147.9909
$C_5H_9NO_4$	6.08	0.96	147.0532	$C_6H_2N_3O_2$	7.74	0.66	148.0147
$C_5H_{11}N_2O$	6.46	0.78	147.0770	$C_6H_4N_4O$	8.11	0.49	148.0386
$C_5H_{13}N_3O_2$	6.83	0.60	147.1009	$C_7H_{16}O_3$	7.94	0.88	148.1100
$C_5H_{15}N_4O$	7.21	0.43	147.1247	C_7O_4	7.72	1.06	147.9796
$C_6H_{11}O_4$	6.82	1.00	147.0657	$C_7H_2NO_3$	8.09	0.89	148.0034

续表

分子式	M+1	M+2	MW	分子式	M+1	M+2	MW
$C_7H_4N_2O_2$	8.47	0.72	148.0273	$C_9H_{13}N_2$	10.70	0.52	149.1080
$C_7H_6N_3O$	8.84	0.55	148.0511	$C_{10}H_{13}O$	11.05	0.75	149.0967
$C_7H_8N_4$	9.22	0.38	148.0750	$C_{10}H_{15}N$	11.43	0.59	149.1205
$C_8H_4O_3$	8.83	0.94	148.0160	$C_{10}HN_2$	11.58	0.61	149.0140
$C_8H_6NO_2$	9.20	0.78	148.0399	$C_{11}H_{17}$	12.16	0.67	149.1331
$C_8H_8N_2O$	9.57	0.61	148.0637	$C_{11}HO$	11.94	0.85	149.0027
$C_8H_{10}N_3$	9.95	0.45	148.0876	$C_{11}H_3N$	12.32	0.69	149.0266
$C_9H_8O_2$	9.93	0.84	148.0524	$C_{12}H_5$	13.05	0.78	149.0391
$C_9H_{10}NO$	10.31	0.88	148.0763				
$C_9H_{12}N_2$	10.68	0.52	148.1001				**150**
$C_{10}H_{12}O$	11.04	0.75	148.0888	$C_4H_{10}N_2O_4$	5.40	0.92	150.0641
$C_{10}H_{14}N$	11.41	0.59	148.1127	$C_4H_{12}N_3O_3$	5.78	0.74	150.0879
$C_{10}N_2$	11.57	0.61	148.0062	$C_4H_{14}N_4O_2$	6.15	0.56	150.1118
$C_{11}H_{16}$	12.14	0.67	148.1253	$C_5H_{12}NO_4$	6.13	0.96	150.0766
$C_{11}O$	11.93	0.85	147.9949	$C_5H_{14}N_2O_3$	6.51	0.78	150.1005
$C_{11}H_2N$	12.30	0.69	148.0187	$C_5N_3O_3$	6.66	0.79	149.9940
$C_{12}H_4$	13.03	0.78	148.0313	$C_5H_2N_4O_2$	7.04	0.62	150.0178
			149	$C_6H_{14}O_4$	6.86	1.00	150.0892
$C_4H_9N_2O_4$	5.39	0.92	149.0563	C_6NO_4	7.02	1.01	149.9827
$C_4H_{11}N_3O_3$	5.76	0.74	149.0801	$C_8H_2N_2O_3$	7.40	0.84	150.0065
$C_4H_{13}N_4O_2$	6.13	0.56	149.1040	$C_6H_4N_3O_2$	7.77	0.67	150.0304
$C_5H_{11}NO_4$	6.12	0.96	149.0688	$C_6H_8N_4O$	8.14	0.49	150.1542
$C_5H_{13}N_2O_3$	6.49	0.78	149.0927	$C_7H_2O_4$	7.75	1.06	149.9953
$C_5H_{15}N_3O_2$	6.87	0.61	149.1185	$C_7H_4NO_3$	8.13	0.89	150.0191
$C_5HN_4O_2$	7.02	0.62	149.0100	$C_7H_6N_2O_2$	8.50	0.72	150.0429
$C_6H_{13}O_4$	6.85	1.00	149.0814	$C_7H_8N_3O$	8.88	0.55	150.0668
$C_6H_{15}NO_3$	7.22	0.83	149.1052	$C_8H_8O_3$	8.86	0.95	150.0317
$C_6HN_2O_3$	7.38	0.84	148.9987	$C_8H_8NO_2$	9.23	0.78	150.0555
$C_6H_3N_3O_2$	7.75	0.66	149.0226	$C_8H_{10}N_2O$	9.61	0.61	150.0794
$C_6H_5N_4O$	8.13	0.49	149.0464	$C_8H_{12}N_3$	9.98	0.45	150.1032
C_7HO_4	7.74	1.06	148.9874	$C_9H_{10}O_2$	9.96	0.84	150.0681
$C_7H_3NO_3$	8.11	0.89	149.0113	$C_9H_{12}NO$	10.34	0.68	150.0919
$C_7H_5N_2O_2$	8.49	0.72	149.0351	$C_9H_{14}N_2$	10.71	0.52	150.1158
$C_7H_7N_3O$	8.86	0.55	149.0590	C_9N_3	10.87	0.54	150.0093
$C_7H_9N_4$	9.23	0.38	149.0829	$C_{10}H_{14}O$	11.07	0.75	150.1045
$C_8H_5O_3$	8.84	0.95	149.0238	$C_{10}H_{16}N$	11.44	0.60	150.1284
$C_8H_7NO_2$	9.22	0.78	149.0477	$C_{10}NO$	11.23	0.77	149.9980
$C_8H_9N_2O$	9.59	0.61	149.0715	$C_{10}H_2N_2$	11.60	0.61	150.0218
$C_8H_{11}N_3$	9.97	0.45	149.0954	$C_{11}H_{18}$	12.17	0.68	150.1409
$C_9H_9O_2$	9.95	0.84	149.0603	$C_{11}H_2O$	11.96	0.85	150.0106
$C_9H_{11}NO$	10.32	0.68	149.0841	$C_{11}H_4N$	12.33	0.70	150.0344
				$C_{12}H_6$	13.06	0.78	150.0470

注：表头中 M+1 表示比该分子多 1 个相对质量的同位素峰与该分子离子峰的丰度比；M+2 中表示比该分子多 2 个相对质量的同位素峰与该分子离子峰的丰度比；MW 表示某分子的分子量。